高等院校信息技术系列教材

嵌入式系统原理及应用

基于STM32微控制器与Proteus

屈霞　刘麟　主编

王维　张玉　赵晓峰　副主编

清华大学出版社

北京

内 容 简 介

本书讲述目前较新的占据国内大部分 32 位微控制器市场的 ST(意法半导体)公司推出的基于 ARM Cortex-M3 处理器的 STM32F103 微控制器及应用。

全书共分 3 部分：第一部分(第 1~3 章)介绍嵌入式系统的概念、ARM Cortex-M3 处理器的体系结构、STM32F103 微控制器工作原理等，还介绍 Keil μVision5(Keil5)结合 Proteus 8.17 对 STM32F103 微控制器进行开发和仿真的方法。第二部分(第 4~8 章)讲述 STM32F103 片上外设的原理及应用，包括 GPIO、中断、EXTI、定时器、USART、ADC 等，并分别利用 Keil5 和 Proteus 8.17 对片上外设典型工程应用进行设计和仿真。第三部分(第 9 章)讲述 STM32F103 典型的开发应用实例，包括 STM32F103 与十多种常用传感器、通信模块和显示器等接口的软硬件设计，给出了硬件电路原理图和程序流程图。

本书适合作为高等院校计算机、电子信息、自动化、机电工程等相关专业的本科生、研究生嵌入式相关课程的教材或实验教学、课程设计的教材；也可供高职学校同类专业使用，可供从事嵌入式开发的技术和研究人员参考。

图书在版编目(CIP)数据

嵌入式系统原理及应用：基于 STM32 微控制器与 Proteus/屈霞，刘麟主编. -- 北京：清华大学出版社，2025.9. --(高等院校信息技术系列教材). -- ISBN 978-7-302-70336-5

Ⅰ. TP368.1

中国国家版本馆 CIP 数据核字第 20258TF992 号

责任编辑：袁勤勇 杨 枫
封面设计：常雪影
责任校对：李建庄
责任印制：曹婉颖

出版发行：清华大学出版社
  网 址：https://www.tup.com.cn，https://www.wqxuetang.com
  地 址：北京清华大学学研大厦 A 座   邮 编：100084
  社 总 机：010-83470000   邮 购：010-62786544
  投稿与读者服务：010-62776969，c-service@tup.tsinghua.edu.cn
  质量反馈：010-62772015，zhiliang@tup.tsinghua.edu.cn
  课件下载：https://www.tup.com.cn，010-83470236
印 装 者：三河市君旺印务有限公司
经 销：全国新华书店
开 本：185mm×260mm   印 张：20   字 数：459 千字
版 次：2025 年 9 月第 1 版   印 次：2025 年 9 月第 1 次印刷
定 价：59.00 元

产品编号：112620-01

前言

在万物互联的智能化时代,嵌入式系统作为智能设备的核心技术,正深刻改变着工业生产、消费电子和物联网领域的创新格局。STM32F103 微控制器凭借其基于 ARM Cortex-M3 内核的高性能、丰富外设资源及高性价比,长期占据国内 32 位微控制器市场的主导地位。然而,当前嵌入式系统教学普遍面临"理论抽象难理解、实践门槛高、工程应用脱节"的痛点。现有嵌入式系统书籍,或阐述某款嵌入式处理器基本原理与应用,或讲解某种嵌入式操作系统的原理及应用开发,或仅讲述嵌入式实验与实践,往往侧重单一编程技术而忽视硬件协同设计,导致学生难以构建完整的嵌入式开发能力体系。

针对上述问题,作者根据 20 余年嵌入式系统教学与产业实践经验,将嵌入式系统的理论知识和基于 STM32F103 微控制器的企业实际案例相结合,采用 Keil MDK 联合 Proteus 对实例进行软硬件设计,呈现"虚实融合"的教学模式,让抽象概念具象化、复杂系统可操作化,助力学生实现从理论认知到工程创新的跨越。

本书从结构上分为 3 部分:

第一部分(第 1~3 章)为系统内核,介绍嵌入式系统的概念和组成,分析 ARM Cortex-M3 处理器的体系结构、编程模型、STM32F103 微控制器工作原理和最小系统等,阐述 Keil μVision5 (Keil5)联合 Proteus 8.17 对 STM32F103 微控制器进行开发和仿真的方法。

第二部分(第 4~8 章)为片内外设,讲述 STM32F103 微控制器常用的片上外设/接口的原理及应用,包括 GPIO、中断、EXTI、定时器、USART、ADC 等,并分别利用 Keil5 与 Proteus 8.17 采用库函数方式对片上外设典型工程应用进行软硬件设计和仿真。

第三部分(第 9 章)为跨学科创新实践,讲述基于 STM32F103 微控制器的典型实例,包括温湿度传感器 DHT11、激光数字式颗粒物浓度传感器 A4-CG、空气质量传感器 MQ135、Arduino 液位传感器、光强度传感器 BH1750、颜色传感器 TCS3472、加速度传感器

JY60、热成像传感器 MLX90640、闪电传感器 SEN0290、土壤湿度传感器 YL-69、超声波传感器 HC-SR04、压力传感器 HX711、红外传感器 YL-62、温度传感器 DS18B20 等十余种传感器、通信模块(Wi-Fi 模块、蓝牙模块和 DWM1000 模块)和显示器等接口的软硬件设计,给出了硬件电路原理图和程序流程图。

本书具有以下特点:

第一,将嵌入式系统的理论与 STM32F103 微控制器的企业实际应用开发结合。从读者认知的角度,以嵌入式系统的组成为线索,采用自下而上的方式,硬件上由 ARM Cortex-M3 处理器内核到 STM32F103 微控制器外设,再到基于 STM32F103 微控制器的典型控制系统实例;应用软件采用库函数方式编程实现。结构合理,内容由浅入深、循序渐进,系统性强,易于读者理解。

第二,重视嵌入式硬件设计。目前大多数嵌入式书籍对于嵌入式硬件原理和接口设计涉及极少,本书突出 STM32F103 微控制器硬件原理、片内外设/接口底层驱动设计以及实际控制系统硬件设计,结合 Proteus 8.17,给出了所有实例的电路原理图。

第三,构建"理论精讲—虚拟仿真—工程实战"的三维融合。本书聚焦 STM32F103 核心原理,利用 Keil MDK 联合 Proteus 8.17,给出无操作系统下的 STM32F103 片内外设的虚拟仿真以及产业工程实例的硬件电路原理图设计、程序流程图设计和实物图,使读者掌握嵌入式系统理论知识的同时,具备一定的基于 STM32F103 微控制器的测控系统软硬件开发和调试能力。

第四,先进的虚拟仿真工具 Proteus 在嵌入式系统原理课程教学中使用,通过在课堂将行业实际案例虚拟实现,使教学情景化和动态化,激发学习动机,让学生看到学习成效。学生利用企业真实案例,随时随地独立完成案例修改和创新训练,找到学习乐趣,从而达到课程教学目的。

本书得到了常州大学重点教材立项资助,由常州大学屈霞、刘麟担任主编,屈霞完成了 1、3、4、5、6、7、8、9 章的编写以及全书的整体架构、全书的统稿工作。刘麟参与完成本书的整体架构和目录的确定,完成了第 2 章的编写;由王维、张玉和赵晓峰担任副主编,王维、张玉和赵晓峰参与完成了第 9 章产业实例的设计。

本书在编写过程中始终得到清华大学出版社袁勤勇老师和杨枫老师的大力支持,在此,我们表示由衷的感谢。

本书参考学时数为 48～64,任课教师可根据实际情况对教材内容进行取舍或者补充。

由于作者学识有限,书中疏漏之处在所难免,敬请广大读者批评和指正。如果读者对本书有任何建议、意见和想法,欢迎和作者联系交流。

屈 霞

2025 年 7 月于常州大学

目录

Contents

第1章

嵌入式系统概述

本章讲述嵌入式系统的基础知识,从嵌入式系统的概念、特点、组成和 ARM (Advanced RISC Machines)方面为读者打开嵌入式系统之门。

1.1 嵌入式系统的概念和特点

1.1.1 嵌入式系统的概念

嵌入式系统(embedded system),是"嵌入式计算机系统"的简称,它是相对于通用计算机系统而言的。一般把"嵌入"更大、专用的系统中的计算机系统,称为"嵌入式系统"或"嵌入式计算机系统"。

当前,嵌入式系统已经渗透到人们生活的各个方面,如家用的洗衣机、微波炉、电冰箱、智能玩具、数字视频、Internet 终端、电视、机顶盒、数字音频播放器、游戏机等。还有工业中的智能测量仪表、汽车电子设备、数控装置、可编程控制器、机器人等,商用的电子秤、各类收款机、POS 系统、条形码阅读器、商用终端、IC 卡输入设备、取款机、自动服务终端、防盗系统、自动柜员机、点钞机等;办公用的复印机、打印机、扫描仪、程控交换机、网络设备、录音录像机、电视会议设备、数字音频广播系统等;医用的 X 光机、超声波诊断仪、心脏起搏器、监护仪、辅助诊断系统等;军用的导弹控制装备、火炮控制装置、坦克、舰艇、微型无人机、火星车、反狙击机器人等。

嵌入式系统的应用数量远超通用计算机。一台通用计算机的外部设备中就包含十多个嵌入式微处理器,如键盘、硬盘、网卡、声卡、显示器等都是由嵌入式微处理器控制的。一台汽车上装配有数十个负责娱乐、安全、自主导航等功能的嵌入式微处理器。

在新能源、自动驾驶、人工智能(AI)等热点激励下,嵌入式系统产业已经发展至新阶段。这种应用领域的扩大,使得"嵌入式系统"外延极广。嵌入式系统的定义可以从技术、系统、广义和应用等角度给出。

1. 从技术的角度

嵌入式系统的一般定义是,以应用为中心,以计算机技术为基础,软、硬件可裁剪,从而能够适应实际应用中对功能、可靠性、成本、体积、功耗等严格要求的专用计算机系统。

这是国内普遍认同的嵌入式系统的定义。

2. 从系统的角度

嵌入式系统是设计完成复杂功能的硬件和软件,并使其紧密耦合在一起的计算机系统,是更大系统的一个完整子系统。

3. 从广义的角度

嵌入式系统是任何一个非个人计算机(PC)和大型计算机的计算机系统。

4. 从应用的角度

IEEE(Institute of Electrical and Electronics Engineers,电气电子工程师学会)给出的嵌入式系统定义是:"控制、监视或者辅助设备、机器和车间运行的装置"(原文为 devices used to control, monitor, or assist the operation of equipment, machinery or plants)。

1.1.2　嵌入式系统的特点

嵌入式系统集软硬件于一体,以功耗、成本、体积、可靠性、处理能力、实时性等为指标。通常需要操作系统支持,代码小、执行速度快;专用紧凑,用途固定,成本敏感;可靠性要求高;多样性,应用广泛、种类繁多。与通用计算机相比较,嵌入式系统具有以下特点。

1. 专用性

嵌入式系统通常是面向某个特定应用,其硬件和软件都是为特定用户群设计的,是针对特定用途的"专用系统"。

2. 实时性好

许多嵌入式系统应用于数据采集、生产过程控制、传输通信等场合,主要对宿主对象进行控制,需要对内部和外部事件及时作出反应,特别是要在操作系统中有所反应,需要嵌入式实时操作系统支持。嵌入式实时操作系统已经成为一个重要和独特的研究方向。

3. 可裁剪性好

受到体积、功耗和成本等限制,嵌入式系统的硬件和软件必须高效地配置,量体裁衣,去除冗余,力争在同样的硅片面积上实现更高的性能,从而降低成本,在具体应用中更具竞争力。

4. 可靠性和稳定性

有些嵌入式系统必须持续工作在无人值守的苛刻环境,运行环境差异大,如监控设备工作在危险性高的工业环境或条件极端恶劣的野外环境;很多嵌入式系统负责执行与产品质量控制、人身与设备安全乃至国家安全密切相关的关键计算任务。可靠性和稳定性对于嵌入式系统有着特别重要的意义,平均无故障工作时间(Mean Time Between Failures,MTBF)成为关键的参数。

5. 功耗低

很多嵌入式设备"嵌入"对象体系中,不可能配置交流电源或容量较大的电源,为了省电和减少发热量,一般用电池供电,如移动电话、iPad、数码相机、航空航天设备和无人机等,减小功耗一直是嵌入式系统追求的目标。

6. 体积小

嵌入式处理器把通用计算机系统中许多由板卡完成的任务集成在芯片内部,从而有利于实现小型化,方便将嵌入式系统嵌入目标系统中。

7. 非垄断

嵌入式系统是将计算机技术、半导体工艺、电子技术和通信技术与各领域实际应用相结合的产物,这决定了它是技术密集、资金密集、高度分散、不断创新的知识集成系统,其专用性决定了没有一种嵌入式系统可以垄断嵌入式市场,嵌入式技术有创新余地和持续强劲的发展态势。

正是由于嵌入式系统的这些特点,嵌入式系统应用十分广泛,凡是与产品结合在一起的具有微处理器的系统都叫作嵌入式系统。嵌入式系统已在国防、国民经济及社会生活各领域普遍应用,具体涉及工业控制、国防军事、航空航天、交通管理、信息家电、网络及电子商务、消费电子、办公自动化产品、汽车电子、金融商业、生物医学和环境工程等各个领域,而且随着电子技术和计算机软件技术的发展,不仅在这些领域中的应用越来越深入,而且在其他传统的非信息类设备中也逐渐显现出其用武之地。

1.2　嵌入式系统的组成

嵌入式系统主要由嵌入式处理器、外围设备、嵌入式操作系统和应用软件等组成,如图 1-1 所示。

1. 嵌入式处理器

嵌入式处理器是嵌入式系统的核心,是控制、辅助系统运行的硬件单元。其范围极其广阔,从最初的 4 位处理器,仍在大规模应用的 8 位单片机,到受到广泛青睐的 32 位和64 位嵌入式中央处理器(Central Processing Unit,CPU)。

嵌入式处理器与 PC 上的通用 CPU 的最大不同点在于嵌入式处理器大多工作在为特定用户群设计的系统中。它具有小型化、高效率、高可靠性等特征。现今市面上由大的硬件厂商推出的嵌入式处理器有 1500 多种,其中使用最为广泛的有 ARM、MIPS、

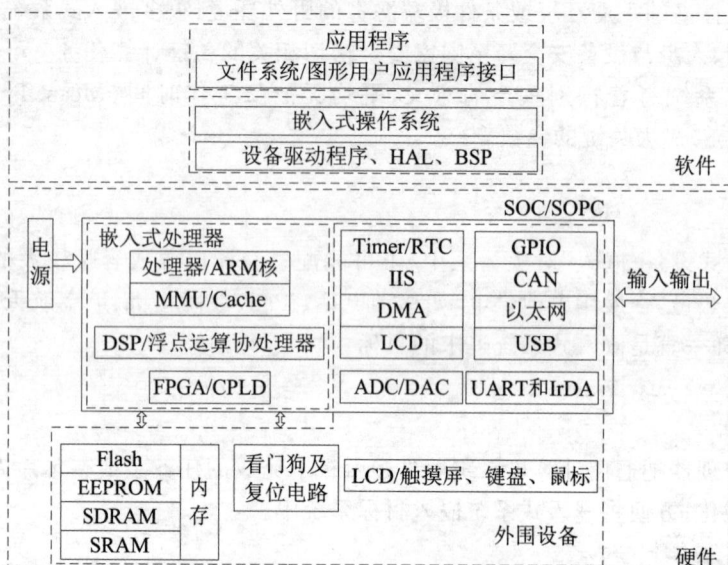

图 1-1　嵌入式系统组成

Power PC 等。

根据技术特点，嵌入式处理器可以分成下面 4 类：

1) 嵌入式微处理器（Micro Processor Unit，MPU）

MPU 是由通用计算机 CPU 演变而来的，其特征是具有 32 位以上的处理器，具有较高的性能。与通用计算机处理器不同的是，在实际嵌入式应用中，MPU 只保留和嵌入式应用紧密相关的功能硬件，去除其他的冗余功能部分，这样就以最低的功耗和资源实现嵌入式应用的特殊要求。MPU 具有体积小、重量轻、功耗低、成本低、可靠性高等优点。

目前主要的 MPU 类型有 Power PC、Motorola 68000、MIPS、ARM/StrongARM、Am186/88、386EX 等。

2) 嵌入式微控制器（Micro Controller Unit，MCU）

MCU 的典型代表是单片机，MCU 通常以某种处理器为核心，其芯片内部集成 ROM/EPROM/EEPROM、RAM/Flash、定时/计数器、I/O、总线逻辑、看门狗、串行口、脉宽调制输出、A/D、D/A 等各种必要功能外设和接口，适合于控制，因此称微控制器。与 MPU 相比，MCU 最大特点是单片化，体积大大减小，从而使功耗和成本下降、可靠性提高。从 20 世纪 70 年代出现到今天，经过了近 50 年的发展，MCU 仍然是嵌入式系统的主流选择，目前占据嵌入式系统约 70% 的市场份额，在嵌入式设备中有着极其广泛的应用。

MCU 代表性产品包括 ST 公司的 STM32F1/F2/F3/F4/F7 系列，Intel 公司的 8051，TI 公司的 Tiva C，NXP 公司的 LPC1857/53 系列，Microchip 公司的 PIC12/16/18/24，ATMEL 公司的 ATmega 8/16/32/64/128 等。

3) 嵌入式数字信号处理器（Digital Signal Processor，DSP）

嵌入式 DSP 是专门用于信号处理方面的处理器，可以实现对离散时间信号的高速处理和计算。DSP 处理器对系统结构和指令进行了特殊设计，适合 DSP 算法，具有很高的编译效率和很快的执行速度。在数字滤波、FFT 和谱分析等方面都具有处理优势,自 1982 年世界上诞生首枚 DSP 芯片发展至今,DSP 在语音合成和编码解码器、语音处理、图像硬件处理、通信、计算机、智能化系统(如带智能逻辑的消费类产品、生物信息识别终端)等领域获得了大规模的应用。

目前广泛应用的 DSP 处理器有两种形式:一种是独立的专用 DSP 处理器,如 TI 的 TMS320C2000/C5000/C6000/C7000 系列;另一种是在通用微控制器或 SoC 中集成 DSP 模块,如英飞凌(Infineon)公司的 TriCore(MCU+DSP+实时内核)、NXP 的 i.MXRT 系列(Cortex-M+DSP 扩展指令)等。

4) 嵌入式片上系统(System on Chip,SoC)

SoC 是一种追求产品系统最大包容的集成器件,是目前嵌入式应用领域的热门话题之一。SoC 最大的特点是成功实现了软硬件无缝结合,直接在处理器片内嵌入操作系统的代码模块。它可选择地将微处理器核(如 ARM、RISC、MIPS、DSP 或是其他的微处理器)与通信接口单元(如 UART、USB、TCP/IP 通信单元、GPRS 通信接口、GSM 通信接口、IEEE 1394、蓝牙模块接口等)做成一个个独立的处理芯片。

SoC 具有极高的综合性,在一个硅片内部运用 VHDL 等实现一个复杂的系统。用户不需要再像传统的系统设计一样,绘制庞大复杂的电路板和连接焊制,只需要使用精确的语言,综合时序设计直接在器件库中调用各种通用处理器的标准,然后通过仿真之后就可以直接交付芯片厂商进行生产。由于绝大部分系统构件都是在系统内部,整个系统简洁紧凑,降低了功耗,系统的可靠性和设计生产效率大为提高。

SoC 往往是专用的,比较典型的 SoC 产品是高通 Snapdragon、三星 Exynos、苹果 A 系列、联发科天玑、华为麒麟系列等。

2. 外围设备

外围设备是指在一个嵌入式系统中,完成存储、通信、模数转换、调试、显示等功能的其他部件。根据功能,外围设备分为以下 3 类。

1) 存储器

存储器存储运行的程序和数据,包括静态易失型存储器(RAM、SRAM)、动态易失型存储器(DRAM)和非易失型存储器(Flash、EEPROM、FRAM)。其中,Flash(闪存或快闪存储器)又分为 NOR Flash 和 NAND Flash,Flash 以高密度、低价格、寿命长、可擦写次数多、存储速度快及电气可编程等优点成为目前嵌入式系统中使用最多的非易失型存储器。

2) I/O 接口和通用设备接口

I/O 接口和通用设备接口完成嵌入式处理器与 I/O 设备之间的转换、通信、速度匹配等功能,包括并行 I/O 口、RS-232 串口、IrDA 红外接口、蓝牙接口、Wi-Fi 接口、ZigBee 接口、RF 接口、GSM/GPRS 接口、UART/USART、CAN、LAN、SPI 串行外围设备接口、IIS、VGA、DVI、HDMI、I2C 现场总线接口、LIN、USB 通用串行总线接口、Ethernet 以太网接口、SDIO、FPGA/CPLD、VGA 视频输出接口等,以及定时器、RTC、看门狗、DAC、ADC、DMA 等。

3) I/O 设备

I/O 设备是完成人机交互功能和机机交互功能的设备,包括 LED、LCD、按键、数码管、蜂鸣器、鼠标和触摸屏等人机交互设备,以及各类传感器、继电器和电机等机机交互设备。

3. 嵌入式操作系统

从软件结构方面,嵌入式软件分为无操作系统和带操作系统两种,下面介绍这两种软件以及嵌入式操作系统(Embedded Operation System,EOS)的功能、组成和类型。

1) 无操作系统的嵌入式系统软件和带操作系统的嵌入式系统软件

对于硬件配置较低、功能单一、软件规模较小或应用领域集中的嵌入式系统,无须专门的操作系统(Operation System,OS)。无操作系统的嵌入式系统软件由引导程序(由汇编语言编程)和应用程序(由 C 语言编程)两部分组成,应用程序直接架构在硬件之上。系统上电后,引导程序完成自检、存储器映射、时钟系统初始化、外设接口配置等硬件初始化和 C 程序运行环境初始化等功能,最后跳转到主函数 main(),实现嵌入式系统的主要功能。

对于功能复杂和对可靠性、可移植性、实时性等要求高的嵌入式系统,需要采用嵌入式操作系统。

带操作系统的嵌入式系统软件由设备驱动层、操作系统和应用程序组成。其中,设备驱动层由引导加载程序和设备驱动程序两部分组成,引导加载程序完成上电后硬件自检、初始化配置、加载并启动操作系统的工作;设备驱动程序提供库函数对硬件进行初始化和管理,为上层应用程序提供透明的设备操作接口。

2) 嵌入式操作系统的功能

操作系统是一种用途广泛的系统软件,负责嵌入式系统的全部硬件和软件资源的分配、任务调度,控制、协调并发活动,并为用户提供方便的应用接口。操作系统的功能包括:处理器管理、存储器管理、设备管理、文件管理和用户接口等。

3) 嵌入式操作系统的组成

操作系统由嵌入式操作系统内核、嵌入式网络组件、嵌入式文件系统和嵌入式图形用户接口(GUI)等组成。

(1) 操作系统内核完成任务调度和管理、存储器管理、任务间通信与同步、定时器管理、中断管理等功能。

(2) 网络组件包括 ZigBee 协议、蓝牙协议、Wi-Fi 协议、红外协议、链路层地址解析协议/反向地址解析协议(ARP/RARP)、点到点协议(PPP)及网络层互联网协议(IP)、传输层传输控制协议(TCP)和用户数据报协议(UDP)等。网络组件是操作系统内核的上层组件,为应用程序提供服务,它可裁剪。

(3) 文件系统有 μC/FS、FATFS、EXT3、YAFFS 等,它可裁剪。

(4) 图形用户界面为用户提供文字、图形、显示和输入,常用的有 μC/GUI、MicroWindows 等,它可裁剪。

4) 嵌入式操作系统类型

嵌入式操作系统一般以操作系统内核名称命名,目前,广泛使用的嵌入式操作系统

内核有 µC/OS-II、嵌入式 Linux、VxWorks、Android、iOS、华为鸿蒙（HUAWEI HarmonyOS）等。

（1）µC/OS-II 前身是 µC/OS，由美国人 Jean Labrosse 在 1992 年开发。µC/OS-II 是源码公开、可移植、可裁剪、占用资源少、抢占式多任务的嵌入式实时内核，它包含进程调度、时钟管理、内存管理和进程间的通信和同步等基本功能。虽然 µC/OS-II 没有提供 I/O 管理、文件系统和网络等额外的服务，但 uC/OS-II 具有可扩展性且源码开放，用户可根据需要实现这些功能。µC/OS-II 绝大部分源码采用 ANSI C 编写，全部核心代码只有 8.3KB，最小内核编译后仅有 2KB，具有执行效率高、占用空间小、实时性能优良和可扩展性强等特点，µC/OS-II 已经移植到了几乎所有知名的 CPU 上。2000 年，µC/OS-II 通过美国航空管理局认证，主要应用在飞行器、照相机、医疗器械、音响设备、发动机控制、高速公路电话系统、自动提款机等领域。

（2）嵌入式 Linux 由于源代码公开并且遵循 GPL 协议，已成为研究热点。Linux 内核小（最小只有约 134KB）、效率高、更新速度快、可定制。遍布全球的众多 Linux 爱好者都是 Linux 开发者的强大技术支持；Linux 是免费的 OS，在价格上极具竞争力，Linux 适用于多种 CPU 和多种硬件平台，支持二三十种 CPU。Linux 性能稳定、裁剪性好，开发和使用都很容易。Linux 目前已成为嵌入式产品的首选，50% 的正在开发的嵌入式系统项目选择 Linux 作为操作系统，其市场份额遥遥领先于其他嵌入式操作系统。Linux 的应用领域有信息家电、掌上计算机（PDA）、机顶盒、数据网络、Ethernet Switches、路由器、远程通信、医疗电子、交通运输计算机外设、工业控制、航空航天领域等。

（3）VxWorks 操作系统是美国 Wind River 公司于 1983 年设计开发的商用嵌入式实时操作系统（RTOS），其使用广泛、市场占有率高。VxWorks 实时操作系统由 400 多个相对独立、短小精悍的目标模块组成，用户使用时可裁剪和配置。VxWorks 提供基于优先级的任务调度、通信、中断、定时器、内存管理等功能，支持多种处理器，提供统一的编程接口和一致的运行特性；应用在通信、军事、航空航天等高精尖技术及实时性要求极高的领域中，如卫星通信、飞机导航、军事演习和导弹制导等。VxWorks 操作系统在 F-16、F-18 战斗机、B-2 隐形轰炸机、爱国者导弹、火星探测器等上都有使用。

（4）Android 是由美国 Google 公司和开放手机联盟共同研发的基于 Linux 内核的自由及开放源代码的移动操作系统，主要用于智能手机和平板计算机。2017 年 3 月，在全部上网设备操作系统中，Android 以市场份额 37.93% 名列第一。

Android 系统架构分为 4 层，由高到低分别是应用程序层、应用程序框架层、系统运行库层和 Linux 内核层。Android 大多数的应用程序是使用 Java 语言编写，应用程序包包括浏览器、SMS 短消息程序、联系人管理程序、日历、地图等。Linux 内核控制包括安全、存储器管理、程序管理、网络堆栈和驱动程序模型等。

（5）iOS 是由苹果公司开发的类 UNIX 的商业操作系统，主要用于 iPhone、iPod touch、iPad 等移动设备。iOS 系统架构分为 4 层：核心操作系统层 the Core OS layer、核心服务层 the Core Services layer、媒体层 the Media layer 和可轻触层 the Cocoa Touch layer。系统操作占用存储空间大概 1.1GB。其软件开发工具包 SDK 可以免费下载，允许开发人员开发和测试 iPhone 和 iPod touch 的应用程序；但开发人员必须加入 iPhone

开发者计划,并且需要付款以获得苹果的批准后才能发布软件。iPhone SDK 包含所需的资料和工具,方便开发人员用来开发、测试、运行、调试和调优程序以适合 iOS。iOS 开发环境是 Xcode,XcodeIDE 支持代码的基本编辑、编译、调试环境以及 iOS 的开发。

(6) 华为鸿蒙 HarmonyOS 是华为公司于 2019 年 8 月发布的基于开源项目 OpenHarmony 开发的面向多种全场景智能设备的商用分布式操作系统,HarmonyOS 可以将人、设备、场景有机联系。2024 年 10 月 22 日,HarmonyOS NEXT 5.0 发布,成为中国首个实现全栈自研的操作系统,标志着中国在操作系统领域取得突破性进展。成为继 iOS 和 Android 系统后全球第三大移动操作系统,使用 HarmonyOS 的设备超过 10 亿台,覆盖办公、社交、娱乐等数十个领域。HarmonyOS 全面突破操作系统核心技术,从上层的 AI、多媒体、图形、安全隐私、集成开发环境、编程框架、编译器、编程语言、数据库,到底层的全场景互联、文件系统、OS 内核等方面,都拥有了自己的核心技术,采用独有的鸿蒙内核。HarmonyOS 为开发者提供模组、开发板和解决方案,支持家电、安防、运动健康等产品的组件定制、驱动开发和分布式能力集成。HUAWEI DevEco 在开发过程中提供一站式开发、编译、调试和烧录,组件可以按需定制,减少资源占用,开发环境内置安全检查能力,开发者在开发过程中可以进行可视化调试。

4. 应用软件

应用软件是针对特定的实际专业领域,基于嵌入式硬件平台,能实现用户预期目标的软件。在用户任务有时间和精度要求时,应用软件需要嵌入式操作系统的支持,但在简单的应用场景下可以不需要专门的操作系统。有操作系统的嵌入式软件开发,很大部分的工作是应用软件层的任务划分、任务设计以及任务间的同步和通信。

嵌入式应用软件代码基本要求是高质量、高可靠性、高实时性,在准确性、安全性和稳定性等方面能够满足实际应用的需要,通过尽可能地优化以减少系统资源的消耗和降低硬件成本。应用软件是最活跃的力量,每种应用软件均有特定的应用背景。尽管规模较小,但专业性较强,不像操作系统和支撑软件那样受制于国外产品,是我国嵌入式软件的优势领域。

嵌入式软件的特点如下:

(1) 软件一般固化在存储器中。

(2) 软件代码要求高质量、高可靠性。

(3) 软件代码要求高实时性。

(4) 多任务实时操作系统已成为嵌入式软件的必需。

1.3　嵌入式处理器 ARM

目前,全球嵌入式处理器已经超过 1500 多种,ARM 是在业界被广泛使用和影响较大的嵌入式处理器之一。

ARM 既代表 ARM 公司,也指 ARM 公司设计的 32 位 RISC 处理器内核及其体系架构。

第一个基于 ARM 架构的处理器——ARM1,于 1985 年 4 月在英国剑桥 Acorn Computer 公司开发并测试成功。1990 年,为推广 ARM 技术而成立 ARM 公司。ARM 公司是全球领先的 32/64 位 RISC 微处理器知识产权(IP)设计供应商,通过将其高性能、低成本、低功耗的 RISC 微处理器、外围和系统芯片设计技术授权给合作伙伴来生产各具特色的芯片。ARM 先后推出了一系列产品,包括 ARM7、ARM9、ARM10、ARM11 和 SecurCore 系列。全球有 200 家以上半导体厂商购买了 ARM 内核或架构授权,生产自己的嵌入式处理器,包括 TI、ST、NXP、Atmel、Samsung、华为和中兴等。ARM 产品快速进入世界市场并占据领先地位,每一系列产品都提供一套相对独特的性能。ARM 公司在经典处理器 ARM11 以后的产品改用 Cortex 命名,并分成 Cortex-A、Cortex-R 和 Cortex-M 三类,旨在为各种不同的市场提供服务。Cortex 系列中部分内核是基于 ARMv7 体系架构,是 2004 年 ARM 公司推出的指令集架构。Cortex 系列划分为三大系列。

(1) Cortex-A 系列,基于 ARMv7-A 体系结构,主要面向尖端的基于虚拟内存的操作系统及追求高性能的嵌入式用户应用,通常带有存储管理单元(MMU),如运行 Android、iOS、Linux、Windows CE 和 Symbian 操作系统的消费娱乐和无线产品,还有数字电视、机顶盒、平板电脑、智能手机等。

(2) Cortex-R 系列,基于 ARMv7-R 体系结构,主要面向实时操作系统应用,如汽车电子、网络和影像系统。

(3) Cortex-M 系列,基于 ARMv7-M 体系结构,主要面向低成本、低功耗和高性价比的控制领域,如工业控制、测量仪表和医疗器械等。Cortex-M 系列又进一步分为 Cortex-M0、Cortex-M1、Cortex-M3、Cortex-M4 和 Cortex-M7 等系列。

本书以 ARM Cortex-M3 为核心进行讲解,ARM Cortex-M3 是一款高效能、低功耗、低成本的 32 位 RISC 处理器,在减少尺寸和降低硬件资源消耗基础上,具有优秀的控制效果。

习 题 1

1. 嵌入式系统的定义是什么?
2. 嵌入式系统的特点有哪些?
3. 列举嵌入式系统的主要应用。
4. 嵌入式系统的组成有哪些?
5. 嵌入式微处理器和嵌入式微控制器有什么区别和联系,各有哪些典型产品?
6. 嵌入式处理器可以分为哪几类?
7. 嵌入式外围设备有哪些?
8. 简述无操作系统的嵌入式系统软件组成和启动过程。
9. 描述嵌入式操作系统的功能和组成。
10. 简述 ARM Cortex 处理器的体系结构和分类,它们分别适合哪些应用场合。

第 2 章

基于 ARM Cortex-M3 处理器的
STM32F103 微控制器

本章及后续各章节讲述 STM32 的增强型产品 STM32F103。本章以 STM32F103 微控制器为目标,在介绍 ARM Cortex-M3 结构、总线接口、编程型、数据类型、工作状态、特权分级和工作模式、寄存器组、汇编指令、异常和中断的基础上,讲述 STM32F103 微控制器的最小系统、时钟系统、功耗模式和安全检测。

2.1 Cortex-M3 处理器结构

ARM Cortex-M3 处理器主要由 Cortex-M3 内核和调试接口两部分组成。其结构图如图 2-1 所示。

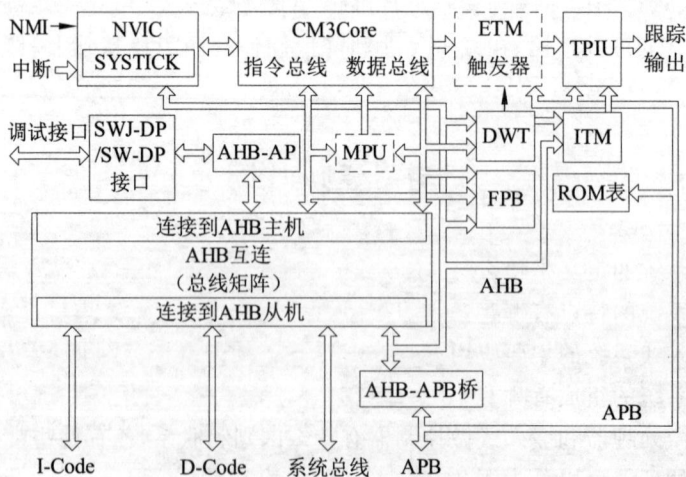

图 2-1　ARM Cortex-M3 结构图

1. Cortex-M3 内核

Cortex-M3 内核是 32 位的,内部数据总线、寄存器、存储器接口也都是 32 位的。

Cortex-M3 采用哈佛结构,因此取指令和数据访问可以并行运行。其指令总线和数据总线共享同一个 4GB 的存储器空间。

Cortex-M3 内核由中央处理器核 CM3Core、嵌套向量中断控制器 NVIC、系统定时器 SYSTICK、可选的存储器保护单元(MPU)和总线矩阵等组成。

1) 中央处理器核 CM3Core

CM3Core 采用哈佛结构,具有独立的指令总线和数据总线,取指(令)和加载/存储数据可以同时执行,显著提高了效率。

CM3Core 主要包括算数逻辑运算单元(ALU)、寄存器组、指令译码器、取指单元等。

2) 嵌套向量中断控制器 NVIC

NVIC 与 CM3Core 紧耦合,包含多个系统控制寄存器,采用嵌套向量中断机制,能在中断发生时,自动取出对应的中断服务程序入口地址,直接调用中断服务程序,且支持中断嵌套,使得高优先级中断及时得到处理。Cortex-M3 的中断延迟只有 12 个时钟周期。

3) 系统定时器 SYSTICK

SYSTICK 内置于 NVIC 中,是一个 24 位的减计数器,每隔一定时间间隔会产生一个"滴答"中断,作为系统执行任务的时基。SYSTICK 的时钟源可以来自内部时钟 FCLK 或外部时钟 STCLK。

4) 存储器保护单元 MPU

MPU 属于选配单元,它可以把存储器分出一些区域予以保护,可以让部分区域在用户级下成为只读存储器,防护用户程序破坏其中的数据。

5) 总线矩阵(bus matrix)

总线矩阵是 Cortex-M3 处理器关键互连组件,是一个 32 位的 AHB(Advanced High performance Bus)总线互联网络,用于将 Cortex-M3 内核和调试接口连接到 I-Code 总线、D-Code 总线、系统总线和私有外设总线等不同类型的外部总线,实现数据在不同类型总线上的传输。

总线矩阵支持非对齐访问、位带功能和写缓冲功能。

2. 调试系统

Cortex-M3 处理器的调试系统包括 SW-DP/SWJ-DP(串行线调试端口/串行线 JTAG 调试端口)、AHB-AP(AHB 访问端口)、ETM(嵌入式跟踪宏单元)、DWT(数据观察点触发器)、ITM(仪器化跟踪宏单元)、TPIU(跟踪端口接口单元)、FPB(Flash 修补和断点单元)和 ROM 表等。

2.2　Cortex-M3 总线接口

总线接口将 Cortex-M3 内核、调试接口连接到外部总线。Cortex-M3 的总线接口如图 2-2 所示。总线接口有 I-Code、D-Code、系统总线、外部私有外设总线和内部私有外设总线等。

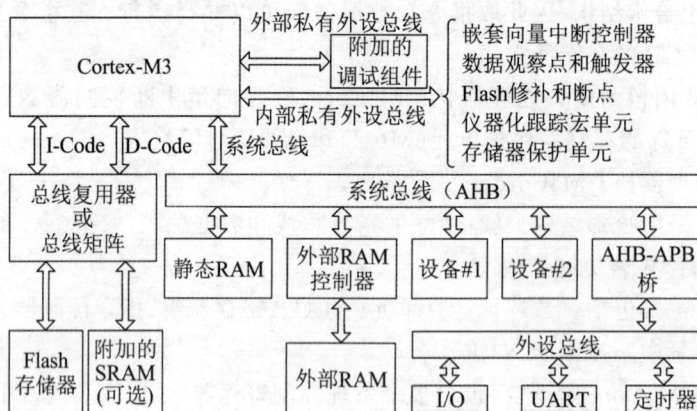

图 2-2　Cortex-M3 的总线接口

1. I-Code 总线

I-Code 总线是一条基于 AHB-Lite 总线协议的 32 位总线,用于在 0x00000000～0x1FFFFFFF 地址空间上的取指和取向量。Cortex-M3 内核取指按字操作,可以一次取出两条 16 位 Thumb-2 指令。

2. D-Code 总线

D-Code 总线是一条基于 AHB-Lite 总线协议的 32 位总线,用于在 0x00000000～0x1FFFFFFF 地址空间上的数据访问。连接到 D-Code 总线上的任何设备都需支持 AHB-Lite 的对齐访问。

3. 系统总线

系统总线是一条基于 AHB-Lite 总线协议的 32 位总线,映射到 0x20000000～0xDFFFFFFF 和 0xE0100000～0xFFFFFFFF 存储空间,用于访问 SRAM、片上外设、片外 RAM、片外扩展设备等。例如,取指令、取向量及数据和调试访问。系统总线上所有数据传送都是对齐的。

4. 外部私有外设总线

外部私有外设总线是基于 APB 总线协议的 32 位总线,用于存储空间 0xE0040000～0xE00FFFFF 的取数据和调试访问,由于部分空间被嵌入式跟踪宏单元 ETM、跟踪端口接口单元 TPIU 和 ROM 表占用,可用空间为 0xE0042000～0xE00FF000。

5. 内部私有外设总线

内部私有外设总线是 AHB 总线,负责 Cortex-M3 内部外设存储空间 0xE0000000～0xE003FFFF 的取数据和调试访问。用于访问嵌套向量中断控制器、数据观察点触发器、Flash 修补和断点单元、仪器化跟踪宏单元、存储器保护单元。

2.3　Cortex-M3 编程模型

本节介绍 Cortex-M3 编程模型,包括数据类型、工作状态、特权分级、工作模式、寄存器组织、指令集、异常和中断等,为基于 Cortex-M3 处理器的软件设计打下基础。

2.3.1　Cortex-M3 数据类型

Cortex-M3 支持下列数据类型:
(1) 字节(Byte),长为 8 位。
(2) 半字(Halfword),长为 16 位,必须与 2 字节边界对准的方式存取。
(3) 字(Word),长为 32 位,必须与 4 字节边界对准的方式存取。

2.3.2　Cortex-M3 处理器工作状态

Cortex-M3 处理器可以工作在以下两种状态:Thumb 状态和调试状态。处理器正常工作时,处于 Thumb 状态,处理器执行 16 位和 32 位半字对齐的 Thumb-2 指令。当处理器停止并进行调试时,进入调试状态。

2.3.3　Cortex-M3 特权分级和工作模式

Cortex-M3 提供了一种对存储器关键区域访问的保护机制,使得普通用户的应用程序不能意外或恶意地执行要害的操作。因此 Cortex-M3 处理器对程序赋予两种权限:特权级(privileged)和用户级(unprivileged,非特权级)。

Cortex-M3 支持两种工作模式:线程模式(thread mode)和处理者模式(handler mode)。Cortex-M3 特权分级和处理器工作模式关系如表 2-1 所示。这提供了一种用户程序和系统程序分离的执行方式,在操作系统开启一个用户程序后,通常在用户级下执行,即使用户程序代码错误,也不会造成系统崩溃或受损。

表 2-1　Cortex-M3 特权分级和工作模式关系

	特　权　级	用　户　级
异常处理者代码	处理者模式	错误用法
主应用程序代码	线程模式	线程模式

1. 两种特权分级

(1) 特权级。在特权级下,可以执行任意指令,可以访问所有存储器资源。异常服务程序必须在特权级下执行。

(2) 用户级。在用户级下,部分指令(如对 xPSR 寄存器操作的指令)被禁止,也会限制对系统控制空间的寄存器进行操作。

2. 两种工作模式

(1) 线程模式。当复位或从异常返回时,Cortex-M3 会进入线程模式;该模式是用户应用程序的运行模式,该模式下,执行特权级或者用户级代码。

(2) 处理者模式。当触发异常时,Cortex-M3 会进入处理者模式;该模式是异常或操作系统内核代码运行模式,执行特权级代码。

3. 工作模式和特权级间的切换

Cortex-M3 可以在两种工作模式和两种特权级间进行切换,如图 2-3 所示。

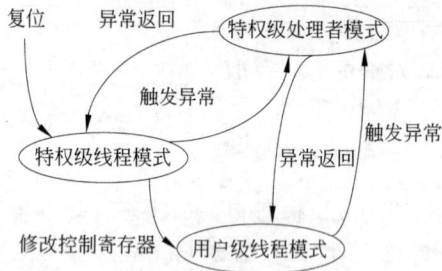

图 2-3　Cortex-M3 工作模式和特权级间的切换

1) 两种工作模式间的切换

当触发异常,将使 Cortex-M3 中断用户应用程序的执行,从线程模式切换到处理者模式,执行异常服务程序;当从异常返回时,将从处理者模式切换到线程模式,从断点继续执行用户应用程序。

2) 两种特权级之间的切换

修改控制寄存器的最低位,将使 Cortex-M3 从特权级线程模式切换到用户级线程模式。反之,从用户级线程模式到特权级需要借助异常实现。

2.3.4　Cortex-M3 的寄存器组织

Cortex-M3 处理器字长 32 位,其 32 位寄存器分为如下 5 类。

1. 通用寄存器 R0～R12

R0～R12 通常用来数据操作。复位后,初始值未知。13 个通用寄存器分为两类。

(1) R0～R7 为低组寄存器,可以被所有指令访问。

(2) R8～R12 为高组寄存器,只能被 32 位指令访问。

2. 堆栈指针寄存器 R13

R13 又称堆栈指针 SP,指向堆栈的出口和入口。堆栈操作时,SP 的最低 2 位被忽略,即堆栈是 4 字节边界对齐的,堆栈指针必须指向地址以 0x0、0x4、0x8、0xC 结尾的内存区域。

3. 链接寄存器 R14

R14 用作子程序链接寄存器(Link Register,LR)。R14 通常用于存放子程序和异常返回地址,即 R15 的备份。例如,执行 BL(分支并链接)指令时,处理器自动将断点地址保存在 R14,子程序结束后,断点地址由 R14 返回到 PC。

```
        BL  SUBR            ;转移到 SUBR
        ...                 ;返回到此
SUBR    ...                 ;子程序入口地址
        MOV  PC,R14         ;返回
```

4. 程序计数器 R15(PC)

R15 又称为程序计数器(PC),用于存放下一条要执行的指令地址。由于修改 R15 的值,将实现程序的跳转,因此要谨慎地使用 R15。由于 Cortex-M3 指令至少是半字对齐的,所以读取 PC 时,读到的 PC 位[0]是 0。在直接写 PC 的指令或者使用分支指令时,需要保证加载到 PC 的值是奇数,即位[0]是 1,表明是在 Thumb 状态下执行。如果 PC 的位[0]写入了 0,将被认为试图转入 ARM 状态,处理器将产生一个 fault 异常。

5. 特殊功能寄存器 SFR

特殊功能寄存器必须通过专门指令(MSR/MRS)访问,Cortex-M3 处理器的特殊功能寄存器有程序状态寄存器 xPSR、中断屏蔽寄存器以及控制寄存器。

1) 程序状态寄存器 xPSR

程序状态寄存器有 3 个子状态寄存器,分别是应用程序 APSR、中断号 IPSR 和执行 EPSR;通过指令 MSR/MRS,3 个子状态寄存器可以单独访问或组合访问,组合访问使用 xPSR 或者 PSR 寄存器名。3 个子状态寄存器和组合访问使用 xPSR。程序状态寄存器各位如图 2-4 所示。

寄存器	31	30	29	28	27	26:25	24	23:20	19:16	15:10	9	8	...	4:0
APSR	N	Z	C	V	Q									
IPSR														Exception Number
EPSR						ICI/IT	T			ICI/IT				
xPSR	N	Z	C	V	Q	ICI/IT	T			ICI/IT				Exception Number

图 2-4 程序状态寄存器

程序状态寄存器各位含义如下:

(1) N:负数或小于标志。N=1 表示运算结果为负数或小于;N=0 表示运算结果为正数或大于。

(2) Z:零标志,Z=1 表示运算结果为零;Z=0 表示运算结果为非零。

(3) C:进位/借位标志。加法运算:当运算结果产生进位时(无符号数溢出),C=1,否则 C=0。减法运算:当产生借位(无符号数溢出),C=0,否则 C=1。

(4) V:溢出标志,对于加/减法运算,当操作数和运算结果为二进制的补码表示的带符号数时,V=1 表示符号位溢出,V=0 表示没有溢出。

(5) Q:饱和标志。

(6) ICI/IT:可中断-可继续的指令位。IF-THEN 指令的执行状态位。

(7) T:Thumb 状态位,T 位总是 1,如果试图将该位清零,会引起 fault 异常。

（8）Exception Number：当前正在处理的中断向量号或异常号。

2）中断屏蔽寄存器

中断屏蔽寄存器用来控制中断的使能和禁止，包括 FAULTMASK、PRIMASK 和 BASEPRI。

（1）FAULTMASK：该寄存器只有 1b，默认值为 0，表示使能异常；若置 1，除 NMI 外禁止其他异常。

（2）PRIMASK：只有 1b，默认值为 0，表示使能中断；若置 1，禁止除 NMI 和硬 fault 外的其他异常。

（3）BASEPRI：最多有 9b，默认值为 0，表示使能中断；它定义被屏蔽优先级的阈值，若被设置成某个值后，所有优先级号大于或等于此值的中断都被禁止。

3）控制寄存器 CONTROL

CONTROL 只有 2b。

CONTROL[0]定义特权级。0 表示特权级；1 表示用户级。

CONTROL[1]选择堆栈指针。0 表示使用主堆栈指针 MSP；1 表示使用进程堆栈指针 PSP。

2.3.5 Cortex-M3 汇编指令

1. Cortex-M3 指令格式

Cortex-M3 汇编指令由操作码和操作数构成，操作码表示指令功能，操作数表示参与操作的立即数或操作数地址。指令格式如下。

```
<op>{<cond>}{S}<Rd>,<Rn>{,<operand2>}
```

其中，< >内的项是必需的，{ }内的项是可选的。

（1）op：操作码，如 ADD、SUB、LDR 等。操作码不能顶格写，前面需要至少一个空格符。

（2）cond：条件码，表示指令的执行条件。几乎所有的 ARM 指令可包含一个可选的条件码，用两个英文缩写字符表示各种条件码；如果没有，表示无条件执行。条件码如表 2-2 所示，共 16 种助记符。

表 2-2 条件码

条件码助记符	标　志	含　义
EQ	Z 置位	相等
NE	Z 清零	不相等
CS/HS	C 置位	无符号数大于或等于
CC/LO	C 清零	无符号数小于
MI	N 置位	负数

续表

条件码助记符	标　　志	含　　义
PL	N 清零	正数或零
VS	V 置位	溢出
VC	V 清零	未溢出
HI	C 置位,Z 清零	无符号数大于
LS	C 清零,Z 置位	无符号数小于或等于
GE	N 等于 V	带符号数大于或等于
LT	N 不等于 V	带符号数小于
GT	Z 清零且 N 等于 V	带符号数大于
LE	Z 置位或 N 不等于 V	带符号数小于或等于
AL	任何	无条件执行
NV	任何	从不执行

【例 2-1】　当 APSR 中 Z=1,跳转到子程序 sub1。

```
BEQ sub1;
```

（3）S：使用后缀 S 来区分是否根据执行结果修改条件码标志。若要更新条件码标志,则指令中须包含后缀 S。

【例 2-2】　R0 与 R2 执行加法存放在 R4,且修改条件码标志。

```
ADDS R4,R0,R2
```

（4）Rd：目标寄存器。

（5）Rn：第一个操作数寄存器。

（6）operand2：第二操作数寄存器,可以是立即数、寄存器或者寄存器移位等方式。

【例 2-3】　举例第二操作数寄存器是立即数、寄存器和寄存器移位方式。

```
ADD R1,R2,#0x35
SUBS R3,R2,R1
ADDEQS R9,R5,R5,LSL #3
```

2. Thumb-2 指令

Cortex-M3 使用 Thumb-2 指令,不支持 ARM 指令。其支持的汇编指令如下。

1）Cortex-M3 支持的 16 位指令

（1）数据处理指令：ADD、ADC、SUB、SBC、CMP、CMN、NEG、MUL、AND、ORR、EOR、BIC、TST、LSL、LSR、ASR、ROR、MOV、MVN、CPY、REV、REVH、REVSH、STXB、STXH、UTXB、UTXH。

（2）跳转指令：B{＜cond＞}、BL、CBZ、CBNZ、IT。

（3）存储器数据传送指令：LDR、LDRH、LDRB、LDRSH、LDRSB、STR、STRH、STRB、LDMIA、STMIA、PUSH、POP。

（4）其他 16 位指令：SVC、BKPT、NOP、CPSIE、CPSID。

2）Cortex-M3 支持的 32 位指令

（1）32 位数据处理指令：ADD、ADC、ADDW、SUB、SBC、SUBW、CMP、CMN、MUL、MLA、MLS、UMULL、UMLAL、SMULL、SMLAL、UDIV、SDIV、AND、ORR、ORN、EOR、BIC、RBIT、TST、TEQ、ASR、LSR、LSL、ROR、RRX、MOVW、MOV、MOVT、MVN、REV、REVH/REV16、REVSH、SXTB、SXTH、UXTB、UXTH、UBFX、SBFX、BFC、BFI、CLZ、SSAT、USAT。

（2）跳转指令：B、BL、TBB、TBH。

（3）存储器数据传送指令：LDR、LDRH、LDRB、LDRSH、LDRD、LDM、STR、STRH、STRB、STRD、STM、LDMIA、STMIA、PUSH、POP。

（4）其他 32 位指令：LDREX、LDREXH、LDREXB、STREX、STREXH、STREXB、CLREX、MRS、MSR、NOP、SEV、WFE、WFI、ISB、DSB、DMB。

2.3.6　Cortex-M3 异常和中断

1. 异常和中断的概念

异常（exception）由内部或外部源产生并引起处理器处理一个事件，如系统复位、软件中断、试图执行未定义指令、取指或存储器访问失败、外部中断都会引起异常。

中断（interrupt）是一种特殊的异常事件，如外部中断。中断是"意外突发事件"，中断请求信号来自处理器内核外面，如各种外设或外扩的外设。

Cortex-M3 支持 15 个系统异常和 240 个非系统异常中断（IRQ），但具体使用多少个非系统异常中断是由芯片生产商决定的。所有中断机制由嵌套向量中断控制器 NVIC 实现。

2. Cortex-M3 异常优先级管理

Cortex-M3 支持 3 个固定的高优先级和 256 级的可编程优先级（抢占优先级 128 级），Cortex-M3 处理器优先级及异常向量如表 2-3 所示。优先级数值越小，优先级越高。表 2-3 中复位、NMI 和硬 fault 这 3 个系统异常的优先级固定，高于其他异常。其他异常的优先级是可编程的。

表 2-3　Cortex-M3 处理器优先级及异常向量

编　号	类　　型	优　先　级	简　　介	异常向量入口地址偏移量
0	MSP 的初始值	N/A	没有异常	0x00
1	Reset	−3（最高）	复位	0x04
2	NMI	−2	不可屏蔽中断（来自 NMI 输入脚）	0x08

续表

编　号	类　　型	优先级	简　　　介	异常向量入口地址偏移量
3	HardFault	−1	各种错误,常见的有堆栈空间不足、存储溢出、数组访问越界和被屏蔽的其他错误触发等	0x0c
4	MemManage	可编程	存储器管理错误	0x10
5	BusFault	可编程	总线错误	0x14
6	UsageFault	可编程	使用错误,如使用无效指令	0x18
7～10	保留	N/A	N/A	0x1c～0x28
11	SVCall	可编程	使用 SVC 指令调用系统服务	0x2c
12	Debug Monitor	可编程	调试监视器(断点、数据观察点或者是外部调试请求)	0x30
13	保留	N/A	N/A	0x34
14	PendSV	可编程	可挂起的系统服务请求	0x38
15	SysTick	可编程	系统滴答定时器	0x3c
16	IRQ♯0	可编程	外中断♯0	0x40
17	IRQ♯1	可编程	外中断♯1	0x44
18～255	IRQ♯2～ IRQ♯239	可编程	外中断 2～239	0x48～0x3FC

Cortex-M3 异常优先级管理办法：Cortex-M3 异常优先级分为抢占优先级和子优先级。抢占优先级使得 Cortex-M3 实现中断嵌套,支持高抢占优先级可以打断低抢占优先级异常的服务程序,得到及时响应。子优先级处理当抢占优先级相同的异常同时申请时,优先响应子优先级最高的异常事件。当 2 个异常的优先级(抢占优先级和子优先级)都相同时,优先响应中断编号小的异常事件。

Cortex-M3 异常优先级采用分组设置,使用一个 8b 位段来确定优先级分组。抢占优先级在高位,剩下的低位为子优先级。因此抢占优先级最多 7b,即最多 128 级抢占优先级。有一种特殊情况是 8b 都分给子优先级,则表示禁止 Cortex-M3 的中断嵌套。

实际应用中绝大多数芯片采用较少的位数来确定优先级数,如 3b(8 级优先级数)、4b(16 级优先级数)、5b(32 级优先级数)等。如 STM32 采用 4b 确定 16 级优先级。

3. Cortex-M3 的异常向量表

异常出现后强制从异常类型对应的固定存储器地址开始执行程序,这些固定的地址称为异常向量(exception vectors)。Cortex-M3 的异常向量表是一个字型数组,每个中断编号对应该异常服务程序的入口地址,每个地址为 4 字节。ARM Cortex-M3 处理器中断向量如表 2-3 所示。复位后,异常向量表位于 0 地址。

4. Cortex-M3 的异常处理过程

Cortex-M3 的异常处理过程分为异常响应、执行异常服务程序和异常返回 3 个阶段。异常响应包括保存现场(将 xPSR、PC、LR 等 8 个重要寄存器入栈)、获得异常服务程序的入口地址及取指、更新寄存器(SP、xPSR 和 PC)等;异常返回时需要恢复现场,先前入栈的寄存器内容出栈,程序从断点处继续执行。

5. Cortex-M3 的堆栈

堆栈是按"先进后出"(FILO)的特定顺序进行存取的存储区。堆栈寻址是隐含的,使用堆栈指针 SP 指向堆栈的栈顶。

1) 堆栈分类

(1) 根据入栈时 SP 增长方向,堆栈分类如下。

① 递增堆栈(ascending stack):SP 向高地址方向生长。

② 递减堆栈(descending stack):SP 向低地址方向生长。

(2) 根据栈指针的指向位置,堆栈分类如下。

① 满堆栈:SP 指向最后压入堆栈的有效数据。

② 空堆栈:SP 指向下一个数据放入的空位置。

(3) 堆栈类型。将堆栈的递增与递减、满堆栈和空堆栈组合,就有 4 种类型的堆栈。ARM 处理器支持所有这 4 种类型的堆栈。

① 满递增:堆栈通过增大存储器的地址向上增长,SP 指向内含有效数据项的最高地址。

② 空递增:堆栈通过增大存储器的地址向上增长,SP 指向堆栈上的第一个空位置。

③ 满递减:堆栈通过减小存储器的地址向下增长,SP 指向内含有效数据项的最低地址。

④ 空递减:堆栈通过减小存储器的地址向下增长,SP 指向堆栈下的第一个空位置。

2) Cortex-M3 支持的堆栈

Cortex-M3 堆栈采用字对齐的"满递减"堆栈。当执行入栈操作时,SP 先减 4,再将数据写入新地址字单元。当执行出栈操作时,先从 SP 处取出字数据,SP 再增加 4。

6. Cortex-M3 的双堆栈机制

Cortex-M3 支持双堆栈,有 2 个堆栈指针 SP:主堆栈 MSP 和进程堆栈 PSP。当前使用哪个堆栈由控制寄存器 CONTROL[1]决定。

(1) CONTROL[1]为 0 时,只使用主堆栈 MSP,即用户程序和异常服务程序共享一个堆栈 MSP。如图 2-5 所示,在应用程序中为线程模式,堆栈指针使用 MSP,当异常产生,中断用户程序的执行,从线程模式切换到处理者模式,堆栈指针为 MSP,中断返回后,切换到线程模式还是使用 MSP。复位后使用此方式,从 0 地址处加载 MSP。

(2) CONTROL[1]为 1 时,与 CONTROL[1]为 0 时不同的是,在应用程序中线程模式下堆栈指针改用 PSP。

双堆栈机制可以有效防止用户程序的错误堆栈,防止破坏操作系统使用的堆栈。

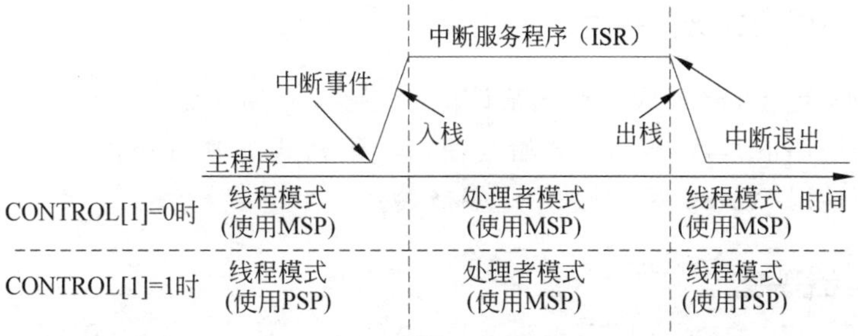

图 2-5　Cortex-M3 堆栈的切换

2.4　Cortex-M3 存储结构

2.4.1　存储格式

Cortex-M3 处理器是 32 位的,支持的最大寻址空间为 4GB(2^{32} 字节)。其存储器在 0～3 字节地址放置第 1 个存储的字数据,在 4～7 字节地址放置第 2 个存储的字数据,以此类推,使用 2^{32} 个 8 位字节的单一、线性地址空间。将字节地址作为无符号数看待,范围为 0～$2^{32}-1$。

以字节为单位寻址的存储器中有小端格式(little endian)和大端格式(big endian)两种存储格式存储字数据,两种方式根据最低有效字节与相邻较高有效字节相比是存放在较低地址还是较高地址来区分。

1. 小端格式

在小端格式中,低编号字节地址中存放的是字数据的低字节,高编号字节地址存放的是字数据的高字节。

【例 2-4】　使用小端格式将字数据 0x78ABCDEF 存放于 0x4000100C 字地址上。小端格式如图 2-6 所示。

2. 大端格式

在大端格式中,字数据的高字节存储在低编号字节地址中,而低字节存放在高编号字节地址中。

【例 2-5】　将字数据 0x78ABCDEF 存放于 0x40001000 字地址上,大端格式如图 2-7 所示。

0x4000100F	0x78
0x4000100E	0xAB
0x4000100D	0xCD
0x4000100C	0xEF

0x40001003	0xEF
0x40001002	0xCD
0x40001001	0xAB
0x40001000	0x78

图 2-6　小端格式　　　　**图 2-7　大端格式**

3. Cortex-M3 的存储器格式

Cortex-M3 能以小端或大端格式来访问存储器,一般在复位时确定,且在运行中不能修改。需要说明的是,Cortex-M3 始终使用小端格式读取指令和访问私有外设总线区。这里推荐使用 Cortex-M3 时采用小端格式。

2.4.2　存储器映射

Cortex-M3 处理器采用哈佛结构,将数据存储器和程序存储器分开,但它们共享 4GB 的存储器空间,采用统一编址。

Cortex-M3 存储器从低地址到高地址分为代码区(512MB)、片上 SRAM 区(512MB)、片上外设区(512MB)、片外 RAM 区(1GB)、片外外设区(1GB)、系统区(512MB),如图 2-8 所示。

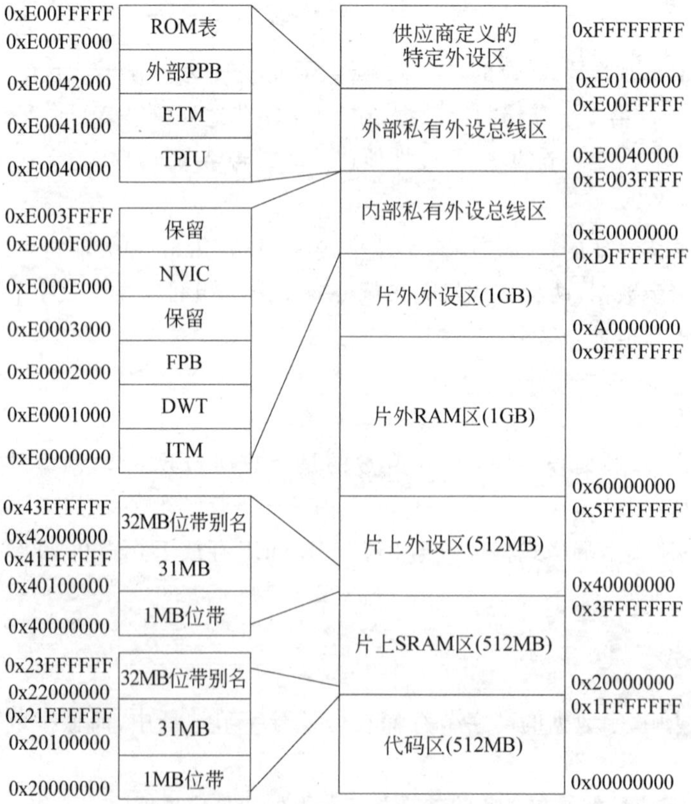

图 2-8　Cortex-M3 存储器

(1) 代码区(0x00000000～0x1FFFFFFF):是应用程序理想的存放区域,系统启动后中断向量表默认存放在此位置。在该区域,取指令和访问数据分别在 I-Code 总线和 D-Code 总线上执行。

(2) 片上 SRAM 区(0x20000000～0x3FFFFFFF):可以把代码复制到该区域执行,

在该区域,取指和访问数据通过系统总线执行。在片上 SRAM 区,存在一个 1MB 的位带区(总共 $2^{20} \times 8$ 个位变量)和对应的 32MB 位带别名区,位带区中的每一位对应位带别名区中一个字。位带访问只适合数据访问。通过位带功能,将多个布尔型数据打包在单一的字中,同时可以从位带别名区对其直接访问。

（3）片上外设区(0x40000000~0x5FFFFFFF):该区域为片上外设寄存器映射区,用户通过内存访问的方式操作外设寄存器就可以控制片上外设。片上外设区也有一个 1MB 的位带区和对应的 32MB 的位带别名区,主要用于提高访问外设的速度。该区不执行用户指令。

（4）片外 RAM 区(0x60000000~0x9FFFFFFF):用于因片内 RAM 不够而外接 RAM 和外部设备。在片外 RAM 区,指令读取和数据访问都在系统总线上执行。

（5）片外外设区(0xA0000000~0xDFFFFFFF):主要用于片外外设,通过系统总线访问,不执行指令。

（6）系统区(0xE0000000~0xFFFFFFFF):用于特色外设,包括内部私有外设总线区(0xE0000000~0xE003FFFF)、外部私有外设总线区(0xE0040000~0xE00FFFFF)和芯片供应商定义的特定外设区(0xE0100000~0xFFFFFFFF)。对 NVIC、FPB、DWT 和 ITM 等组件的访问在内部私有外设总线 AHB 上执行;对 TPIU、ETM、ROM 表等组件的访问通过外部私有外设总线 APB 执行。

2.5　基于 ARM Cortex-M3 的 STM32 微控制器

1. STM32 微控制器

ARM 公司负责设计 IP(Intellectual Property)核(如 Cortex-M3),它提供高性能、低功耗、低成本和高可靠性的 RISC 处理器核、外围部件和系统级芯片应用解决、设计方案。ARM 公司作为 fabless(无晶圆)、chipless(无芯片)这一生产模式最为成功典范,不生产、不销售芯片,采用 IP 核授权的方式允许其他半导体公司生产基于 ARM 处理器的产品。世界各大半导体公司(如 ST、TI、ATMEL、TOSHIBA 等)在 ARM 技术基础上,根据自己产品定位,添加自己的设计(如 ROM、RAM、TIM、USART、CAN 和 USB 等),并推出基于 ARM 内核的微控制器(MCU)产品投入市场,关系如图 2-9 所示。

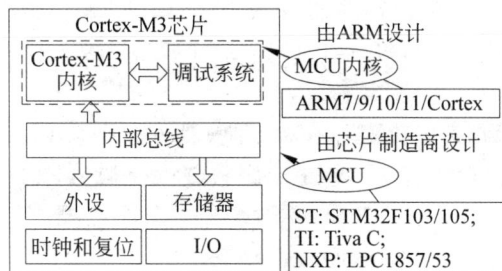

图 2-9　ARM 内核和 MCU 产品

目前已有几十家知名半导体公司购买了 Cortex-M3 内核,设计和生产了基于 Cortex-M3 的微控制器产品。现在市场上常见的基于 Cortex-M3 的微控制器主要有 ST (意法半导体公司)的 STM32 系列、TI(德州仪器公司)的 Stellaris 和 NXP(恩智浦半导体公司)的 LPC1857/53 等。其中 STM32 系列微控制器以其低成本、低功耗、高性价比的优势,占据了国内大部分 32 位微控制器市场。

根据不同应用需求,STM32 系列微控制器产品包括高性能、主流和超低功耗三大类。高性能产品有 STM32F2/STM32F4/STM32F7;主流产品有 STM32F0/STM32F1/STM32F3;超低功耗产品有 STM32L0/STM32L1/STM32L4。

主流系列中的 STM32F1 微控制器具有低功耗、高性能和可接受的价格,在 STM32 微控制器中处于领先地位。STM32F1 产品有以下 5 种,它们的引脚、外设和软件均兼容。

STM32F100,超值型,24MHz CPU,多达 128KB 的 Flash,具有电机控制和 CEC 功能。

STM32F101,基本型,36MHz CPU,多达 1MB 的 Flash。

STM32F102,USB 型,48MHz CPU,多达 128KB 的 Flash,具备 USB FS。

STM32F103,增强型,72MHz CPU,多达 1MB 的 Flash、电机控制、USB 和 CAN 等。

STM32F105/107,互联网型,72MHz CPU,具有以太网 MAC、CAN 和 USB 2.0 OTG。

2. STM32 系列微控制器产品命名规则

STM32 系列微控制器的命名按照顺序由 9 个字段信息组成,如图 2-10 所示。

1) 系列名

以 STM32 开头,代表 ST 公司基于 ARM Cortex-M 的 32 位微控制器。

2) 类型名

第二部分是类型,有 F(Flash Memory,通用快闪)、W(无线系统)、L(低功耗低电压,1.65~3.6V)等。

3) 子系列名

第三部分是子系列,Cortex-M0 内核子系列有 050 和 051;Cortex-M3 内核子系列有 100(超值型)、101(基本型)、102(USB 基本型)、103(增强型)、105(USB 互联网型)、107 (USB 互联网型/以太网型)、108(IEEE 802.15.4 标准)、151(不带 LCD)、152/162(带 LCD)、205/207(摄像头)、215/217(摄像头和加密)。ARM Cortex-M4 内核子系列有 405/407(MCU+FPU,摄像头),415/417(MCU+FPU,摄像头和加密)等。

4) 引脚数

第四部分表示引脚数,有 F(20 脚)、G(28 脚)、K(32 脚)、T(36 脚)、H(40 脚)、C(48 脚)、U(63 脚)、R(64 脚)、O(90 脚)、V(100 脚)、Q(132 脚)、Z(144 脚)、I(176 脚)和 X (256 脚)等。

5) Flash 存储器容量

第五部分是 Flash 容量,小容量有 4(16KB)和 6(32KB);中等容量有 8(64KB)和 B (128KB);大容量有 C(256KB)、D(384KB)、E(512KB)、F(768KB)和 G(1MB)。

型号规则	第1段	第2段	第3段	第4段	第5段	第6段	第7段	第8段	第9段
	标识	类型	子系列	引脚数	闪存容量	封装	温度	代码	选项
示例	STM32	F	103	C	8	T	6	A	XXX

STM32为32位微控制器

F=通用器件

101=基本型
102=USB型
103=增强型
105/107=互联网型

T=36脚
C=48脚
R=64脚
V=100脚
Z=144脚

4=16KB
6=32KB
8=64KB
B=128KB
C=256KB
D=384KB
E=512KB

H=BGA
T=LQFP
U=VFQFPN
Y=WLCSP64

6=工业级−40～85℃
7=工业级−40～105℃

A或空(详见产品数据手册)

XXX=已编写的器件代码(3个数字)
TR=卷带式包装

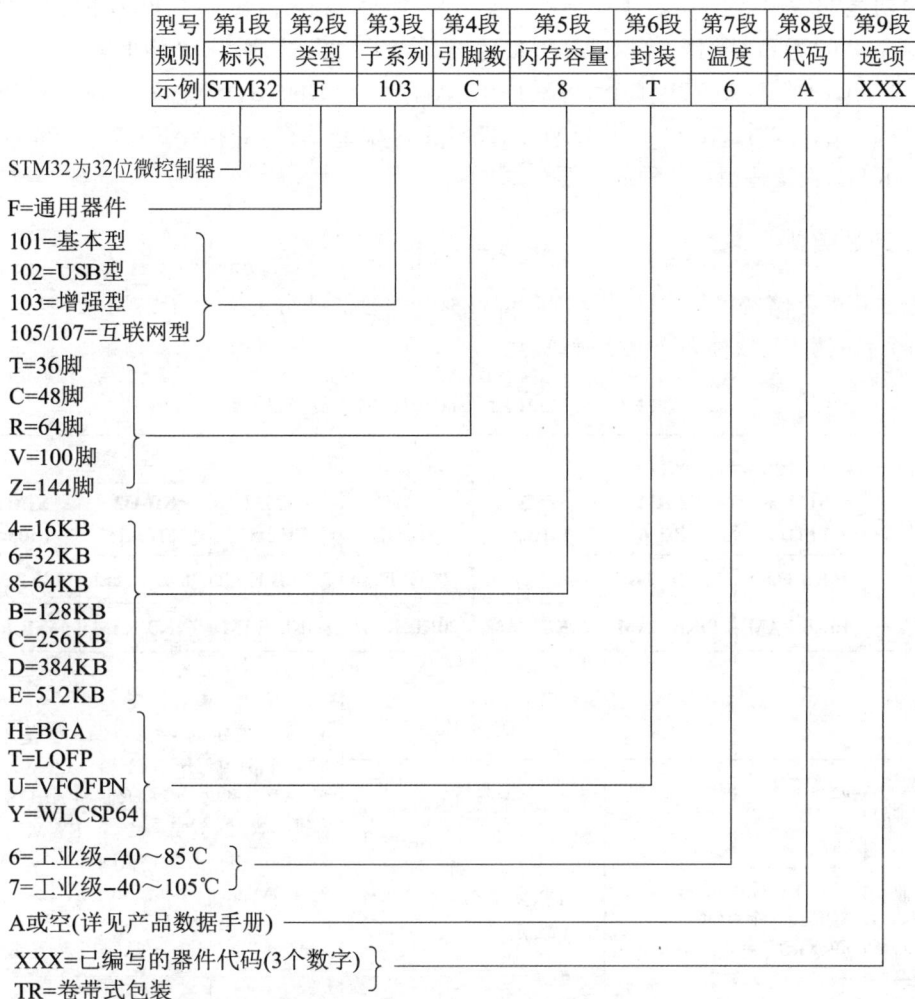

图 2-10　STM32 系列微控制器的命名规则

6）封装

第六部分是封装，H（BGA）为球栅阵列封装，T（LQFP）为薄型四侧引脚扁平封装，U（VFQFPN）为超薄细间距四方扁平无铅封装，Y（WLCSP）为晶圆片级芯片规模封装。

7）温度范围

第七部分表示温度，工业级有两种：6（−40～85℃）和 7（−40～105℃）。

例如，STM32F103C8T6 表示基于 Cortex-M3 内核的 32 位微控制器、通用、增强型、48 个引脚、64KB 闪存、LQFP 封装、−40～85℃工业级温度范围。

2.6　STM32F103 微控制器概述

STM32F103 具有 16KB～1MB Flash 和多种可选的外设，性能优秀价格低，被广泛应用在各种工业控制系统中。例如，STM32F103ZE 是 ST 公司推出的 ARM Cortex-M3

产品中功能非常强大的一款微控制器。其主频 72MHz，片内集成 512KB Flash、64KB SRAM、FSMC 总线（支持 NOR、SRAM、色液晶等总线类外设）、8 个定时器、3 个 SPI/I2S、2 个 I2C、3 个 USART、1 个 USB、1 个 CAN、1 个 SDIO、3 个 12 位 16 通道 ADC、2 个 12 位 DAC、112 个 GPIO、2 个 UART。8MHz 晶振作为微控制器的时钟，32768Hz 晶振用于 RTC，广泛适用于各种应用场合。

1. 产品类型

根据片上存储器容量和外设数，STM32F103 微控制器分为 3 个子系列，如表 2-4 所示。3 个系列引脚、软件和功能完全兼容。

表 2-4　STM32F103 微控制器的 3 类产品

引脚数目	小　容　量		中　容　量		大　容　量		
	STM32 F103x4	STM32 F103x6	STM32 F103x8	STM32 F103xB	STM32 F103xC	STM32 F103xD	STM32 F103xE
	16KB Flash	32KB Flash	64KB Flash	128KB Flash	256KB Flash	384KB Flash	512KB Flash
	16KB RAM	10KB RAM	20KB RAM	20KB RAM	48KB RAM	64KB RAM	64KB RAM
Z(144 脚)					4 个 16 位定时器、2 个 16 位基本定时器、3 个 SPI、2 个 I2C、3 个 USART 和 2 个 UART、1 个 USB、1 个 CAN、2 个 I2S、2 个 PWM 定时器、1 个 SDIO、3 个 ADC、2 个 DAC，有 FSMC		
V(100 脚)			3 个 16 位定时器、2 个 SPI、2 个 I2C、3 个 USART、1 个 USB、1 个 CAN、1 个 ADC、1 个 PWM 定时器				
R(64 脚)	2 个 16 位定时器、1 个 SPI、1 个 I2C、2 个 USART、1 个 USB、1 个 CAN、2 个 ADC、1 个 PWM 定时器						
C(48 脚)							
T(36 脚)							

(1) 小容量产品：指 STM32F103x4/6 命名的微控制器，见附录 C。

(2) 中容量产品：指 STM32F103x8/B 命名的微控制器，见附录 B。

(3) 大容量产品：指 STM32F103xC/D/E 命名的微控制器，见附录 A。

2. STM32F103 微控制器内部结构

STM32F103 微控制器内部结构如图 2-11 所示。由 5 个主动单元和 4 个被动单元构成，通过多级 AHB 总线架构相互连接。

(1) 5 个主动单元：包括 Cortex-M3 内核指令总线 I-Code、数据总线 D-Code、系统总线 S-bus、DMA1 和 DMA2。I-Code 总线将内核的指令总线与 Flash 指令接口连接；D-Code 总线将内核的 D-Code 与存储器的数据接口连接；系统总线连接内核的系统总线到总线矩阵；DMA 总线将 DMA 的 AHB 接口与总线矩阵连接。

总线矩阵用于连接内核的系统总线、D-Code 和 DMA 到 SRAM、Flash 和外设，AHB

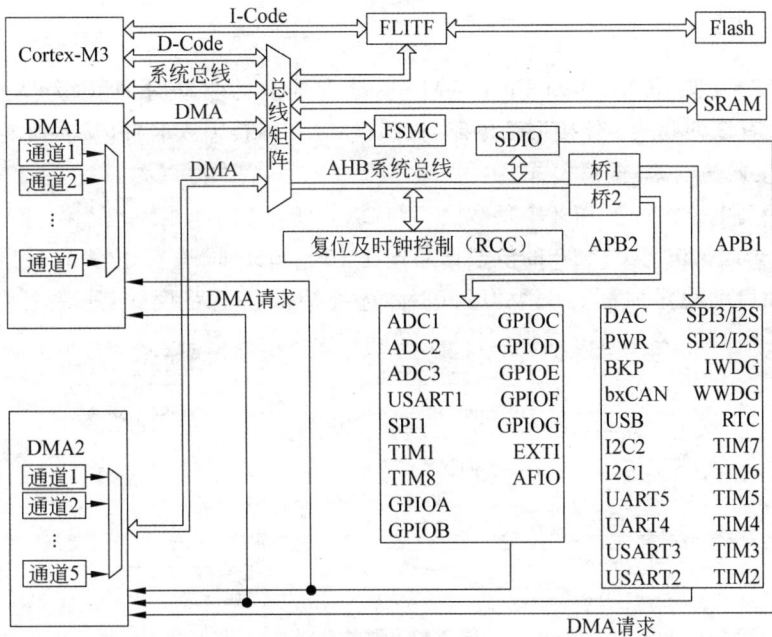

图 2-11　STM32F103 微控制器内部结构

外设通过总线矩阵与系统总线相连,运行 DMA 访问。

（2）4 个被动单元：包括内部 SRAM、内部 Flash、FSMC 以及 AHB 到 APB 桥,该桥主要用来连接 APB 设备。

两个 AHB-APB 桥在 AHB 和两个 APB 总线间提供同步。APB1 速度为 36MHz,APB2 速度为 72MHz。APB2 总线连接高速外设（最高 72MHz）,APB1 总线连接较低速外设（最高 36MHz）。

在 APB2 总线下有通用数字输入输出口 PA[15：0]、PB[15：0]、PC[15：0]、PD[15：0]、PE[15：0]、PF[15：0]、PG[15：0]、TIM1、TIM8、高速 SPI1、高速异步通信 USART1、AFIO、EXTI、ADC1、ADC2、ADC3 和温度传感器等。

在 APB1 总线下有备份接口、TIM2～TIM7、异步通信 USART2-3、UART4-5、I2C1、I2C2、CAN、USB、DAC1、DAC2、SPI2/I2S、SPI3/I2S、IWDG、RTC、PWR 和 WWDG 看门狗定时器等接口。

2.7　STM32F103 微控制器的最小系统

STM32F103 微控制器的最小系统是指能使微控制器正常工作所需要的最少元件,包括微控制器、时钟电路、复位电路、电源电路、调试和下载电路。虽然 STM32F103 微控制器内部包含 RC 振荡器和复位电路,但为了精确和可靠,可在片外配置时钟和复位电路。

1. 时钟电路

外部时钟主要作为 ARM Cortex-M3 内核和外设的驱动时钟,称为高速外部时钟 HSE,HSE 有 2 种模式:外接振荡电路(振荡模式)和外接输入时钟(从属模式)。

1) 外接振荡电路(振荡模式)

外接振荡电路由晶振和 2 个负载电容组成,如图 2-12(a)所示。晶振(JZ)频率为 4~16MHz,两个起振电容 C1、C2 的值根据晶振在 10~30pF 间调节,位置靠近晶振引脚,以减小失真和启动稳定时间。STM32F103 首选外接振荡电路模式,通常在 OSC_IN 和 OSC_OUT 引脚外接 8MHz 晶振,可产生精确和稳定的主时钟。

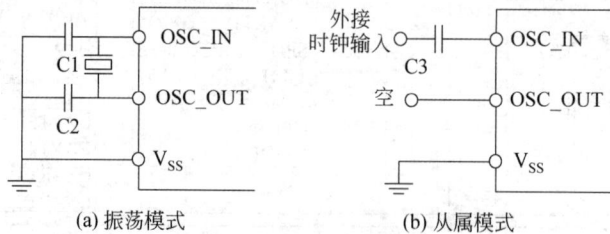

(a) 振荡模式   (b) 从属模式

图 2-12 时钟电路

2) 外接输入时钟(从属模式)

从属模式如图 2-12(b)所示,外接时钟频率为 4~25MHz,且该时钟幅值不小于 200mV,时钟信号通过一个 100pF 电容连接 OSC_IN,OSC_OUT 引脚悬空。

2. 复位电路

系统复位将复位除时钟控制/状态寄存器 RCC-CSR 的复位标志和备用寄存器外的所有寄存器,可以由 NRST 引脚低电平、WWDG 复位、上电(POR)/掉电(PDR)复位等触发。具体复位源可查看控制/状态寄存器 RCC-CSR 中的复位标志来识别。STM32F103 的复位电路如图 2-13 所示,分为外部复位和内部复位。

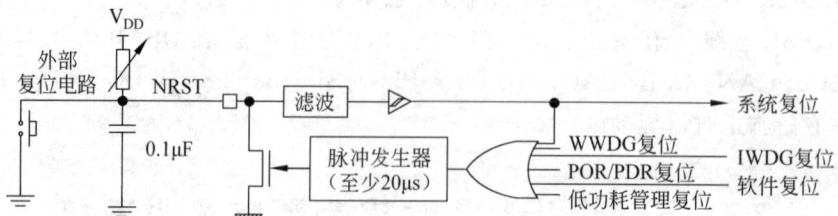

图 2-13 STM32F103 的复位电路

(1) 外部复位。由按键、电容和电阻组成,复位源作用于 NRST 引脚,在复位过程中保持低电平,为了使其充分复位,在+3.3V 电源时,复位时间可设置为 20ms 左右。复位入口地址为 0x00000004。

(2) 内部复位。可通过以下方式触发:WWDG 计数终止、IWDG 计数终止、上电/掉电复位,V_{DD} 引脚电压小于 V_{POR}/V_{PDR}、SW 复位(设置相应控制寄存器位)和低功耗管理复位等。

3. 电源电路

为了降低功耗和提高抗干扰能力，STM32F103 微控制器内部不同的功能电路模块采用不同的电源设计和管理方式。

1) 电源结构

电源结构如图 2-14 所示，由数字电源（V_{DD} 和 V_{SS}）、模拟电源（V_{DDA} 和 V_{SSA}、V_{REF+} 和 V_{REF-}）和备用电源 V_{BAT} 组成。

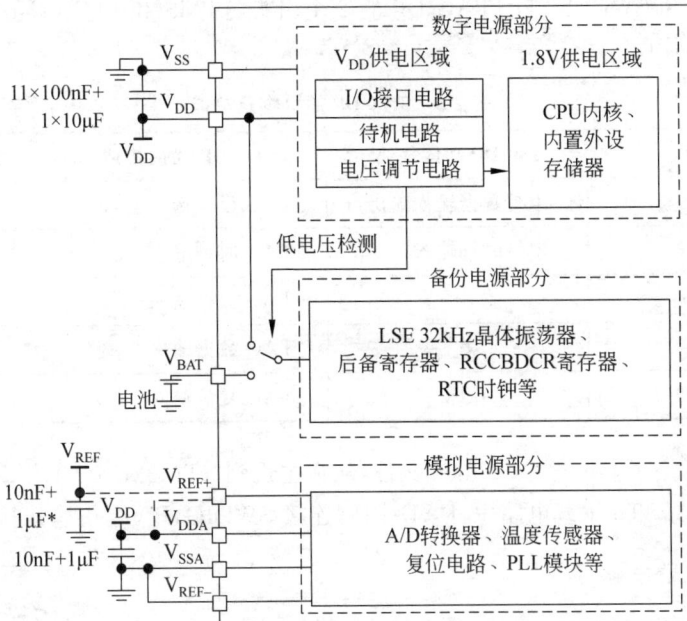

图 2-14　STM32F103 电源结构

2) 供电方案

(1) 数字电源 V_{DD}。V_{DD} 电压范围为 2.0～3.6V。用单电源供电，通过内置电压调节器将 3.3V 转换成 1.8V，为 Cortex-M3 内核、内存和数字外设提供高精度电源，3.3V 电源为 I/O 接口等电路供电。电压调节器有 3 种工作模式，可灵活调整供电范围及供电方式。如果 ADC 工作，则 V_{DD} 电压范围必须在 2.4～3.6V。

(2) 模拟电源 V_{DDA}。V_{DDA} 范围为 2.0～3.6V。V_{SSA} 为模拟电源地。供电区包括 ADC 电路、复位电路、RC 振荡器和 PLL 模块。为了提高 A/D 转换精度，ADC 使用一个独立的电源电路，通过 V_{REF+} 和 V_{REF-} 引脚上连接高频滤波电容和屏蔽措施可去除来自 PCB 板上的毛刺干扰。

对于 STM32F103 微控制器，在引脚数量小于或等于 64 时，V_{REF+} 和 V_{REF-} 分别连接到 V_{DDA} 和 V_{SSA}。在引脚数大于或等于 100 时，V_{REF+} 的电压范围在 2.4V～V_{DD}，V_{REF-} 连接到 V_{DDA}。

(3) 备份电源 V_{BAT}。V_{BAT} 电压范围为 1.8～3.6V。V_{BAT} 保证 STM32F103 进入深度睡眠模式时保持数据不丢失，当主电源 V_{DD} 断电时，为 RTC、外部 32kHz 振荡器和后备寄存器供电。可使用电池或其他电源连接到 V_{BAT} 脚上。如果没有连接电池，V_{BAT} 必须连接到 V_{DD}。

4. 调试和下载电路

STM32F103 微控制器内部集成了标准的 ARM CoreSight 调试端口 SWJ-DP（串口线/JTAG 调试端口），包括 SW-DP 和 JTAG-DP。

SW-DP 是 2 针串行线调试端口；JTAG-DP 是 5 针标准 JTAG 端口。SW-DP 的 2 个引脚（SWDIO 和 SWCLK）与 JTAG-DP 的 2 个引脚（JTMS 和 JTCK）复用，具体引脚及功能如表 2-5 所示。

表 2-5　SWJ-DP 的引脚及功能

SWJ-DP	SW-DP 功能描述	JTAG-DP 功能描述	引　脚　号
SWDIO/JTMS	串行数据输入输出	JTAG 模式选择输入	PA13
SWCLK/JTCK	串行时钟输入	JTAG 时钟输入	PA14
JTDI		JTAG 数据输入	PA15
JTDO		JTAG 数据输出	PB3
nJTRST		JTAG 复位输入	PB4

SW-DP 常用于实现程序（如 hex 文件）从宿主机到 STM32F103 的下载接口。例如，在 STM32F103C8T6 下载电路中，PA13 引脚连接 SWDIO，PA14 引脚连接 SWCLK。

5. 启动配置电路

1）启动选择

STM32F103 的启动方式由 BOOT1 和 BOOT0 两个引脚决定，通过配置这两个引脚的电平，可将存储空间起始地址 0x00000000 映射到不同存储区（用户 Flash、系统 Flash 或片内 SRAM）的起始地址，具体选择如表 2-6 所示。

表 2-6　STM32F103 启动模式

启动模式选择引脚		启 动 模 式	说　　明
BOOT0	BOOT1		
0	X	用户 Flash	用户 Flash 被选为启动区域，正常工作模式
1	0	系统 Flash	系统 Flash 被选为启动区域，用于串口程序下载
1	1	片内 SRAM	片内 SRAM 被选为启动区域，该模式用于调试

（1）从用户 Flash 启动。STM32F103 微控制器通常将 BOOT0 引脚接地，其存储空间起始地址 0x00000000 映射到用户 Flash 起始地址 0x08000000。复位后，将从用户 Flash 启动。

（2）从系统 Flash 启动。复位后，从系统 Flash 启动，存储空间起始地址 0x00000000

将映射到系统 Flash 起始地址 0x1FFFF000。系统 Flash 存放出厂时固化好的启动程序 Bootloader,可实现复位后对用户 Flash 的擦除与再编程。

（3）从片内 SRAM 启动。从片内 SRAM 启动,存储空间起始地址将映射到片内 SRAM 起始地址的 0x20000000。可在调试阶段从片内 SRAM 启动以加快下载速度,减少反复擦写对 Flash 的损坏。

2）启动过程

STM32F103 微控制器的启动代码是一段初始化系统的 ARM 汇编语言程序,是微控制器上电后程序执行的真正入口,完成从上电复位到跳转到主函数 main() 的准备工作。

启动代码在 startup_stm32f10x_xx.s（xx 根据控制器的存储容量大、中、小分别为 xl/hd、md、ld）中,由 ST 公司提供,其功能主要是定义栈空间、定义堆空间、定义异常向量表、定义异常服务程序和初始化堆栈。

Cortex-M3 规定,0 起始地址处存放堆顶指针,第 2 个字地址 0x00000004 处存储复位异常服务程序入口地址。

STM32F103 微控制器复位后,启动过程如下:首先根据 BOOT1 和 BOOT0 两个引脚设置确定将哪个存储区映射到 0 地址区。接着将 0 地址中栈顶指针取出放入主堆栈栈顶指针 MSP,从 0x00000004 字地址取出复位入口地址放入 PC。跳转执行复位异常服务程序 Reset_Handler,完成时钟系统初始化和 C 程序运行环境初始化,最后跳转到用户程序主函数 main() 执行。

2.8 STM32F103 微控制器的时钟系统

STM32F103 微控制器有一个功能完善而复杂的时钟系统,通过倍频和分频,不同性能、不同速度的电路采用不同的时钟源,既考虑了电磁兼容性,同时每个时钟源在不使用时可以单独关闭,以降低系统的功耗。

2.8.1 STM32F103 微控制器的时钟树

STM32F103 微控制器时钟系统结构（时钟树）如图 2-15 所示,从左至右,分为时钟源、系统时钟和其他时钟 3 种。

1. 时钟源

STM32F103 微控制器有以下 4 种时钟源。

1）高速外部时钟（HSE）

HSE 由外部晶体/陶瓷振荡器或者外部时钟源产生,频率范围为 4~16MHz。ST 官方推荐 8MHz 外接晶振作为 STM32F103 微控制器的 HSE。

2）高速内部时钟（HSI）

HSI 由片内 RC 振荡器产生,频率为 8MHz,可作为系统时钟 SYSCLK 或在 2 分频

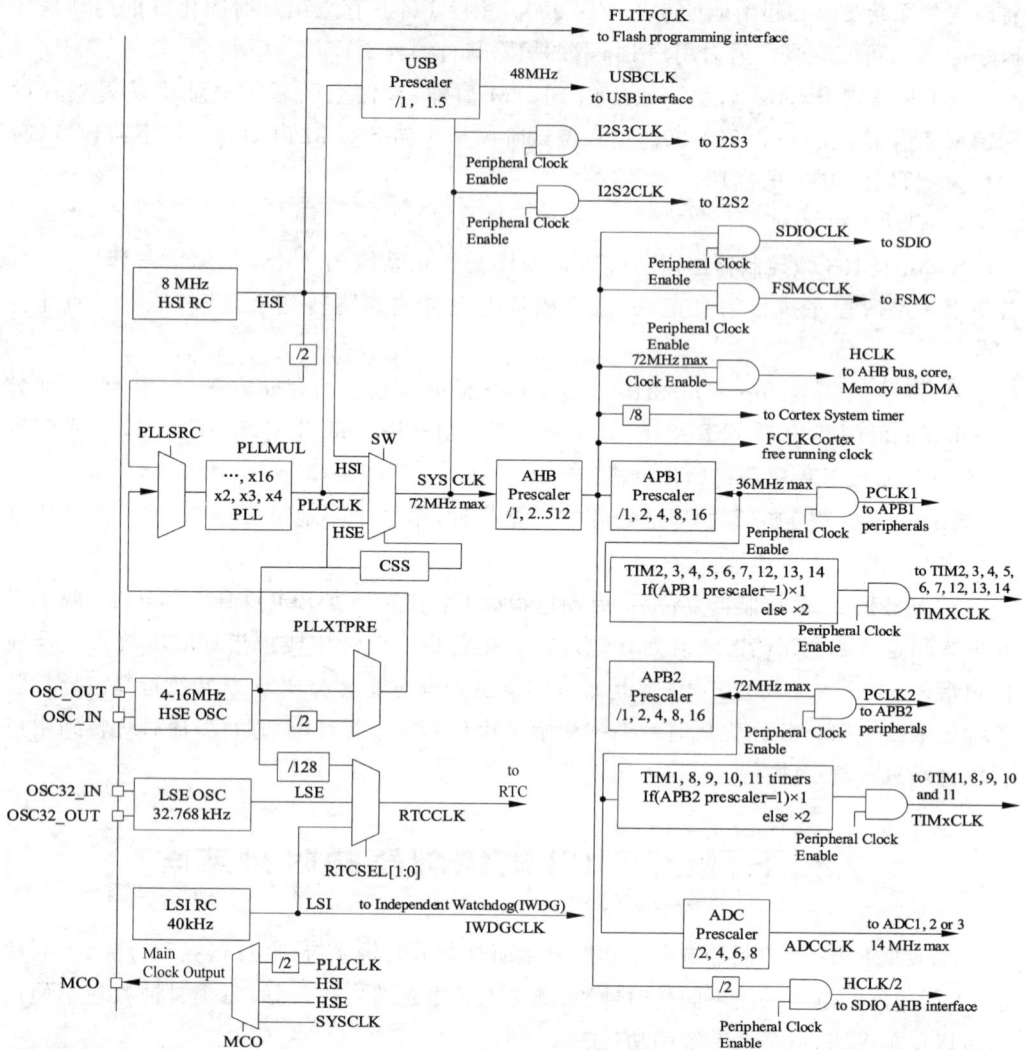

图 2-15　STM32F103 微控制器的时钟树

后作为 PLL 输入。HSI 频率精度较差。STM32F103 微控制器上电开始采用 HSI 作为初始的系统时钟。

3) 低速外部时钟(LSE)

LSE 由外接频率 32.768kHz 的石英晶体产生,提供给实时时钟 RTC 模块。

4) 低速内部时钟(LSI)

LSI 由片内频率 40kHz 的 RC 振荡器产生,为独立看门狗和实时时钟提供时钟。

2. 系统时钟(SYSCLK)

SYSCLK 为 STM32F103 微控制器的绝大部分部件提供时钟源。SYSCLK 是多路选择器 SW 根据用户设置选择 HSI、PLLCLK 或 HSE 中的一个输出得到。SYSCLK 最高频率为 72MHz。

3. 其他时钟

其他时钟主要是 SYSCLK 经过 AHB 预分频器提供给 STM32F103 的各个部件的时钟，以及主时钟输出 MCO。

1）高速总线 AHB 时钟 HCLK

HCLK 由 SYSCLK 经 AHB 预分频器后得到，一般预分频器系数设置为 1，HCLK 为 72MHz。作为 CPU 主频，HCLK 为 AHB 总线、内核、存储器、DMA 提供时钟。

2）系统定时器时钟 STCLK

STCLK 由 HCLK 经过 8 分频后送给 Cortex-M3 的系统定时器。

3）内核空闲运行时钟 FCLK

FCLK 由 SYSCLK 经 AHB 预分频器后得到。

4）APB1 外设时钟 PCLK1

PCLK1 由 SYSCLK 经 AHB 预分频器和 APB1 预分频器后得到。APB1 预分频器可选择 1、2、4、8、16 分频，PCLK1 最大频率为 36MHz。PCLK1 为连接在 APB1 的外设提供时钟，如 PWR、BKP、CAN、USB、I2C1、I2C2、USART2、USART3、UART4、UART5、SPI2/I2S、SPI3/I2S、RTC、DAC、IWDG、WWDG 等。如需使用挂载在 APB1 总线上的外设，需要开启 APB1 总线上该设备的时钟。

5）APB2 外设 PCLK2

PCLK2 由 SYSCLK 经 AHB 预分频器和 APB2 预分频器后得到。APB2 分频器可选择 1、2、4、8、16 分频，通常设置为 1，PCLK2 频率为 72 MHz。PCLK2 为连接在 APB2 上的外设提供时钟，如 USART1、SPI1、GPIOA～GPIOG、EXTI、AFIO。如需使用挂载在 APB2 总线上的外设，需要开启 APB2 总线上该设备的时钟。

6）SDIO 外设 SDIOCLK

SDIOCLK 由 SYSCLK 经 AHB 预分频器后得到。如需使用 SDIO 外设，需要开启 SDIOCLK。

7）可变静态存储控制器时钟 FSMCCLK

FSMC 外设的时钟，由 SYSCLK 经 AHB 预分频器后得到。如需使用 FSMC 外接存储器，需要开启 FSMCCLK。

8）定时器 TIM2～TIM7 时钟 TIMXCLK

TIMXCLK 由 APB1 总线上 PCLK1 倍频得到。如需使用 TIM2～TIM7 中任意一个或多个，需要开启 APB1 总线上对应定时器时钟。

9）定时器 TIM1/TIM8 时钟 TIMxCLK

TIMxCLK 由 APB2 总线上 PCLK2 倍频得到。如需使用 TIM1 或 TIM8，需要开启 APB2 总线上对应定时器 TIM 时钟。

10）ADC 时钟 ADCCLK

ADCCLK 是 ADC1～ADC3 的时钟，由 APB2 总线上 PCLK2 经过 ADC 预分频器得到。ADCCLK 最大为 14MHz。如需使用 ADC1～ADC3 中任意一个或多个，需要开启 APB2 总线上该 ADC 时钟。

11）主时钟输出 MCO

STM32F103 微控制器上有主时钟输出 MCO 引脚，通过用户编程配置，可选择 PLLCLK/2、HSI、HSE 或 SYSCLK 中的一路作为 MCO 输出，可实时检测时钟系统是否运行正常。

2.8.2 STM32F103 微控制器的时钟系统相关库函数

时钟系统中的时钟选择、预分频值设置和外设时钟使能等都是通过对复位和时钟控制 RCC 寄存器编程来实现。RCC 用于外设复位、时钟设置和管理。RCC 寄存器包括时钟控制寄存器 RCC_CR、时钟配置寄存器 RCC_CFGR、时钟中断寄存器 RCC_CIR、APB2 外设复位寄存器 RCC_APB2RSTR、APB1 外设复位寄存器 RCC_APB1RSTR、AHB 外设时钟使能寄存器 RCC_AHBENR、APB2 外设时钟使能寄存器 RCC_APB2ENR、APB1 外设时钟使能寄存器 RCC_APB1ENR、备份域控制寄存器 RCC_BDCR、控制/状态寄存器 RCC_CSR。

常用的 STM32F103 微控制器时钟系统相关库函数如下。

1. RCC_AHBPeriphClockCmd()函数

RCC_AHBPeriphClockCmd()函数说明如表 2-7 所示，其功能是使能或者禁止 AHB 外设时钟。

表 2-7　RCC_AHBPeriphClockCmd()函数说明

函数原型	void RCC_AHBPeriphClockCmd(uint32_t RCC_AHBPeriph, FunctionalState NewState)
输入参数 1	RCC_AHBPeriph：指定使能或禁止时钟的一个或多个 AHB 外设（见表 2-8）
输入参数 2	NewState：指定外设时钟的新状态（取值：ENABLE 或 DISABLE）
输出参数：无；返回值：无；先决条件：无；被调用函数：无	

表 2-8　RCC_AHBPeriph 不同取值

RCC_AHBPeriph 取值	功 能 描 述
RCC_AHBPeriph _DMA	DMA 时钟
RCC_AHBPeriph _SRAM	SRAM 时钟
RCC_AHBPeriph _FLITF	FLITF 时钟

2. RCC_APB1PeriphClockCmd()函数

RCC_APB1PeriphClockCmd()函数说明如表 2-9 所示，其功能是使能或者禁止 APB1 外设时钟。

表 2-9　RCC_APB1PeriphClockCmd()函数说明

函数原型	void RCC_APB1PeriphClockCmd(uint32_t RCC_APB1Periph, FunctionalState NewState)
输入参数 1	RCC_APB1Periph：指定使能或禁止时钟的一个或多个 APB1 外设（见表 2-10）

续表

函数原型	void RCC_APB1PeriphClockCmd(uint32_t RCC_APB1Periph，FunctionalState NewState)
输入参数 2	NewState：指定外设时钟的新状态（取值：ENABLE 或 DISABLE）
输出参数：无；返回值：无；先决条件：无；被调用函数：无	

表 2-10　RCC_APB1Periph 不同取值

RCC_APB1Periph 取值	功　能　描　述	RCC_APB1Periph 取值	功　能　描　述
RCC_APB1Periph_TIM2	TIM2 时钟	RCC_APB1Periph_I2C1	I2C1 时钟
RCC_APB1Periph_TIM3	TIM3 时钟	RCC_APB1Periph_I2C2	I2C2 时钟
RCC_APB1Periph_TIM4	TIM4 时钟	RCC_APB1Periph_CAN1	CAN1 时钟
RCC_APB1Periph_TIM5	TIM5 时钟	RCC_APB1Periph_USB	USB 时钟
RCC_APB1Periph_TIM6	TIM6 时钟	RCC_APB1Periph_DAC	DAC 时钟
RCC_APB1Periph_TIM7	TIM7 时钟	RCC_APB1Periph_CEC	CEC 时钟
RCC_APB1Periph_WWDG	WWDG 时钟	RCC_APB1Periph_BKP	BKP 时钟
RCC_APB1Periph_SPI2	SPI2 时钟	RCC_APB1Periph_PWR	PWR 时钟
RCC_APB1Periph_SPI3	SPI3 时钟	RCC_APB1Periph_UART4	UART4 时钟
RCC_APB1Periph_USART2	USART2 时钟	RCC_APB1Periph_UART5	UART5 时钟
RCC_APB1Periph_USART3	USART3 时钟	RCC_APB1Periph_ALL	全部 APB1 外设时钟

3. RCC_APB2PeriphClockCmd()函数

RCC_APB2PeriphClockCmd()函数说明如表 2-11 所示，其功能是使能或者禁止 APB2 外设时钟。

表 2-11　RCC_APB2PeriphClockCmd()函数说明

函数原型	void RCC _ APB2PeriphClockCmd（uint32 _ t RCC _ APB2Periph，FunctionalState NewState)
输入参数 1	RCC_APB2Periph：指定使能或禁止时钟的一个或多个 APB2 外设（见表 2-12）
输入参数 2	NewState：指定外设时钟的新状态（取值：ENABLE 或 DISABLE）
输出参数：无；返回值：无；先决条件：无；被调用函数：无	

【例 2-6】　打开 GPIOA 时钟源。

```
RCC_APB2PeriphClockCmd(RCC_APB2Periph_GPIOA, ENABLE);
```

4. RCC_ADCCLKConfig()函数

RCC_ADCCLKConfig()函数说明如表 2-13 所示，其功能是设置 ADCCLK。

表 2-12　RCC_APB2Periph 不同取值

RCC_APB2Periph 取值	功能描述	RCC_APB2Periph 取值	功能描述
RCC_APB2Periph_AFIO	复用 IO 时钟	RCC_APB2Periph_ADC1	ADC1 时钟
RCC_APB2Periph_GPIOA	GPIOA 时钟	RCC_APB2Periph_ADC2	ADC2 时钟
RCC_APB2Periph_GPIOB	GPIOB 时钟	RCC_APB2Periph_ADC3	ADC3 时钟
RCC_APB2Periph_GPIOC	GPIOC 时钟	RCC_APB2Periph_TIM1	TIM1 时钟
RCC_APB2Periph_GPIOD	GPIOD 时钟	RCC_APB2Periph_TIM8	TIM8 时钟
RCC_APB2Periph_GPIOE	GPIOE 时钟	RCC_APB2Periph_SPI1	SPI1 时钟
RCC_APB2Periph_GPIOF	GPIOF 时钟	RCC_APB2Periph_USART1	USART1 时钟
RCC_APB2Periph_GPIOG	GPIOG 时钟	RCC_APB2Periph_ALL	全部 APB2 外设时钟

表 2-13　RCC_ADCCLKConfig() 函数说明

函数原型	void ADC_ADCCLKConfig(uint32_t RCC_ADCCLKSource)
输入参数 1	RCC_ADCCLKSource：定义 ADCCLK，该时钟源自 APB2 时钟(PCLK2)(取值见表 2-14)
输出参数：无；返回值：无；先决条件：无；被调用函数：无	

表 2-14　RCC_ADCCLKSource 不同取值

RCC_ADCCLKSource 取值	功能描述
RCC_PCLK2_Div2	ADC 时钟 = PCLK/2
RCC_PCLK2_Div4	ADC 时钟 = PCLK/4
RCC_PCLK2_Div6	ADC 时钟 = PCLK/6
RCC_PCLK2_Div8	ADC 时钟 = PCLK/8

【例 2-7】　设置 ADC 的时钟为 PCLK 时钟的 1/6。

```
ADC_ADCCLKConfig(RCC_PCLK2_Div6);
```

2.9　STM32F103 微控制器的低功耗模式

在系统复位或电源复位后，STM32F103 微控制器处于运行模式，电压调节器工作正常，Cortex-M3 处理器正常运行，处理器内部外设（如 NVIC）正常运行，PLL、HSE、HSI 时钟正常运行。

当处理器不需要继续运行时，可以选择多种低功耗模式节省电能。低功耗模式主要是对处理器、SRAM、寄存器和 Cortex-M3 外部外设等供电的电源和时钟进行控制操作。对于 Cortex-M3 外部外设功耗的控制，只需对不使用时钟的外设尽可能关掉时钟源，所以低功耗模式重点是针对处理器内的功率消耗。

STM32F103 微控制器支持 3 种低功耗模式,即睡眠模式、停止模式和待机模式。

1. 睡眠模式

Cortex-M3 内核停止工作,但外设继续工作。

在关闭 PLL 和所有外设时钟(除唤醒 Cortex-M3 内核所需外设时钟)时,STM32F103 的睡眠电流约 1.3mA。

当 Cortex-M3 内核遇到 WFE 或 WFI 指令时,停止 CPU 时钟,但是片上外设还在工作,进入睡眠模式。当外设产生事件请求或中断请求时,内核被唤醒,退出睡眠模式。

2. 停止模式

Cortex-M3 内核和外设停止运行;1.8V 供电区域的所有时钟被停止,包括所有外设时钟、PLL、HSE、HSI 被断开;仅 SRAM 和寄存器内的内容被保留。电压调节器可运行在正常模式或低功耗模式。

在停机模式时,STM32F103 电流消耗约 $25\mu A$。

进入停止模式,需要设置电源控制寄存器的 SLEEPDEEP 位置位和 PDDS 位清零,当遇到 WFE 或 WFI 指令时,STM32F103 进入停止模式。停止模式可以通过事件或中断被唤醒。

3. 待机模式

Cortex-M3 内核和外设都停止工作,PLL、HSE、HSI 被关断;电压调节器被关闭,整个 1.8V 供电区域断电;SRAM 和寄存器内的内容丢失。仅后备寄存器和待机电路维持供电。

在待机模式时,STM32F103 电流消耗约 $1\sim3\mu A$。

进入待机模式,需要将电源控制寄存器的 SLEEPDEEP 位和 PDDS 位置位,当遇到 WFE 或 WFI 指令时,微控制器会进入待机模式。退出待机模式条件是 NRST 引脚复位、IWDG 复位、WKUP 引脚上升沿或 RTC 闹钟事件等。

2.10　STM32F103 微控制器的安全检测

当发生软硬件运行错误时,STM32F103 微控制器采用一系列功能电路模块来捕捉和处理,包括电源电压监视 PVD 和时钟安全系统 CSS 等。

1. 电源电压监视 PVD

在 STM32F103 微控制器电源管理模式中,有一个可编程 PVD 阈值并监测 V_{DD} 电源的 PVD。如图 2-16 所示,当 V_{DD} 低于或高于 PVD 阈值时,可产生中断请求信号,通过对中断事件的处理可发出警告信息或将处理器转入安全模式。PVD 的控制是通过对电压与电源控制寄存器(PWR_CR)的设置来完成的。PVD 调整范围为 2.2~2.9V,精度为

0.1V。

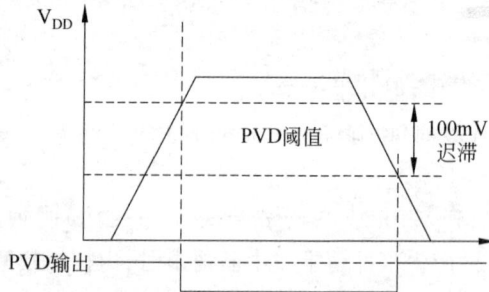

图 2-16　PVD 阈值和 PVD 输出

PVD 与 EXTI16 相连，在 EXTI16 使能时，当 STM32F103 的 V_{DD} 从低电压上升到 PVD 预设阈值以上，会产生中断通知软件供电恢复；当 V_{DD} 从高电压下降到 PVD 预设阈值以下时，会产生中断通知紧急处理。

2. 时钟安全系统 CSS

STM32F103 带有 CSS。CSS 可以通过软件被激活，一旦被激活，CSS 将在 HSE 启动延迟后使能，且在 HSE 关闭后关闭。

启动 CSS 后，它将实时监控 HSE，如果 HSE 出现故障，HSE 将会自动关闭，CSS 强制将 HSI 切换为微控制器的系统时钟源，并产生时钟安全中断，此中断连接到 NMI 中断。STM32F103 会将 HSE 失效事件送 TMI1 刹车输入端，以实现电机保护控制。

习　题　2

1. 简述 ARM Cortex-M3 处理器及其内核的组成。

2. Cortex-M3 总线接口有哪些？

3. 简述 Cortex-M3 处理器支持的数据类型。

4. 简述 Cortex-M3 处理器的工作状态有几种。

5. 简述 Cortex-M3 支持的特权分级和工作模式各有哪几种，阐述工作模式之间和特权级之间是如何切换的。

6. 简述 Cortex-M3 寄存器组织及功能。

7. 简述 Cortex-M3 的汇编指令格式。

8. 简述 Thumb-2 指令有哪些。

9. Cortex-M3 异常和中断有什么区别？Cortex-M3 最多支持多少个系统异常和多少种非系统异常中断(IRQ)？

10. 简述 Cortex-M3 的异常优先级管理方法。

11. 简述 ARM 处理器支持的 4 种堆栈类型。设 32 位堆栈指针 SP 指向字地址单元 0x1000，用满递减堆栈方式，将 4 个 32 位工作寄存器 R0、R1、R2、R3 内容入栈，出栈时弹出到 4 个 32 位工作寄存器 R5～R8。分别画出入栈和出栈后堆栈中情况，并指出出栈后

R5～R8 的内容。

12. 简述 Cortex-M3 支持的双堆栈。

13. 存储系统中大端格式和小端格式指的是什么？设 0xabcdef00 放在 0x4 字地址单元，试画两种存储格式下存储器地址及存储内容的图。

14. 简述 Cortex-M3 存储器分为哪些区。

15. 简述 ARM Cortex-M3 内核与 STM32 微控制器的联系。

16. 简述 STMF1 产品有哪些。

17. 简述 STM32 系列微控制器产品命名规则。

18. STM32F103 微控制器分为哪几个子系列？各有什么区别？

19. STM32F103 微控制器内部结构由哪几个部分组成？画出 STM32F103 微控制器系统结构图。

20. STM32F103 微控制器的 APB2 和 APB1 的频率分别是多少？APB2 总线和 APB1 总线下各有哪些外设？

21. STM32F103 微控制器的最小系统由哪几部分组成？

22. 简述 STM32F103 微控制器的电源结构和供电方案。

23. 简述 STM32F103 微控制器下载电路 SW-DP 的特点。

24. 简述 STM32F103 微控制器的启动方式有哪些。

25. STM32F103 微控制器有哪几种时钟源？

26. STM32F103 微控制器支持哪几种低功耗模式？

27. 简述电源电压监视(PVD)的功能。

28. 简述时钟安全系统(CSS)的功能。

第3章

STM32F103 应用工程的建立和仿真

开发 STM32F103 微控制器的应用程序,首先需要安装一款支持 STM32F10x 标准外设库的嵌入式开发工具,接着从 ST 官网下载 STM32F10x 标准外设库,然后在开发环境中新建应用工程,配置工程环境,编写用户程序源代码,对工程进行编译、链接和仿真。

本章在介绍 MDK-ARM V5.39 的安装、STM32F10x 标准外设库(Standard Peripherals Library)V3.6.0 的下载的基础上,以 STM32F103 具体应用工程为例,详细讲述工程的建立和仿真的完整过程。

3.1 嵌入式开发工具 MDK-ARM

3.1.1 认识 MDK-ARM

目前,市场上支持 STM32 微控制器应用软件开发的工具很多,如 MDK-ARM、IAREWARM、HiTOP、RIDE 和 TrueSTUDIO 等,其中,MDK-ARM 是当今使用最为普遍的 IDE 之一。

MDK-ARM(Microcontroller Developer Kit)是 ARM 公司针对 ARM 系列微控制器的集成调试环境软件。它集编辑、编译、宏汇编、调试、连接、错误定位、分析、在线烧录 Flash 等功能于一体,具有行业领先的 ARM C/C++ 编译工具链,完美支持 Cortex-M、Cortex-R4、ARM7 和 ARM9 等系列器件,包括 ST、Atmel、Freescale、NXP、TI 等众多大公司微控制器芯片。MDK-ARM 可以从其官方网站下载最新的版本。截至 2025 年 2月底,MDK-ARM 最新版本是 5.41,如图 3-1 所示。

3.1.2 安装 MDK-ARM

在编辑代码之前需要安装 MDK 软件,本书使用的软件版本是 MDK-ARM V5.39。它在国内具有良好的兼容性和技术支持。安装步骤如下。

(1) 右击 MDK539.exe,在弹出的快捷菜单中选择"以管理员身份运行"命令,弹出安装界面,如图 3-2 所示,单击 Next 按钮。

图 3-1　MDK-ARM V5.41 官方网站

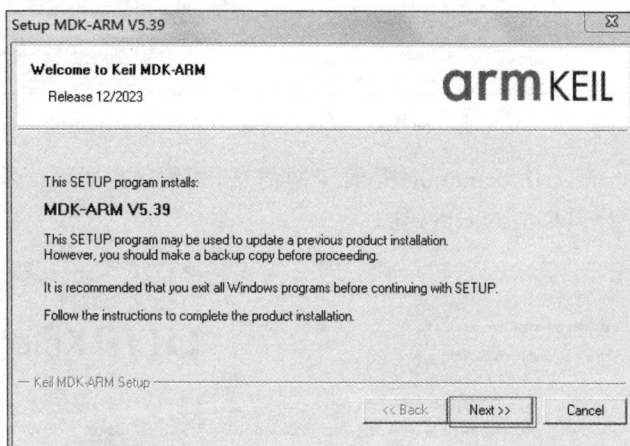

图 3-2　安装界面

（2）弹出 License Agreement 界面，如图 3-3 所示，勾选 I agree to all…，然后单击 Next 按钮。

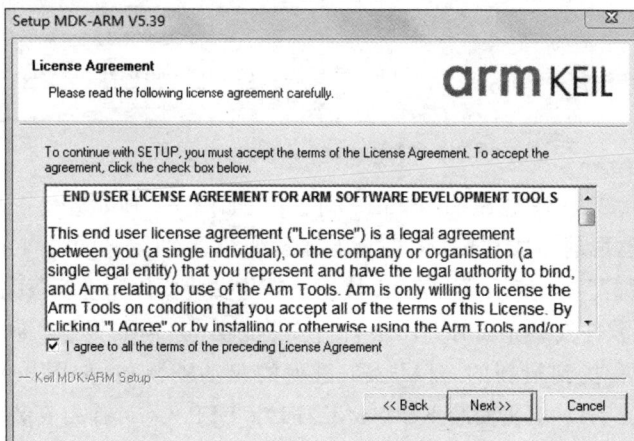

图 3-3　License Agreement 界面

（3）弹出选择安装路径界面，如图 3-4 所示。建议尽量选择英文路径。分别单击 Core 和 Pack 后的 Browse 按钮更改安装路径，建议安装在除 C 盘外的 D 盘或者其他盘，如创建一个 Keil5_v5 文件夹，然后单击 Next 按钮。

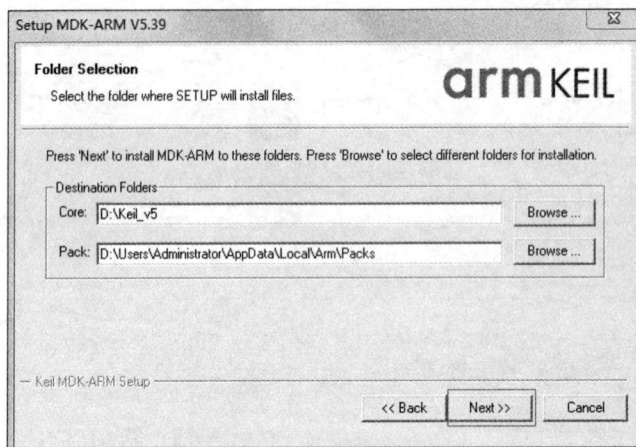

图 3-4　选择安装路径

（4）弹出 Customer Information 界面定制信息，如图 3-5 所示。填写姓名、公司名称、电子邮件等信息后，单击 Next 按钮。

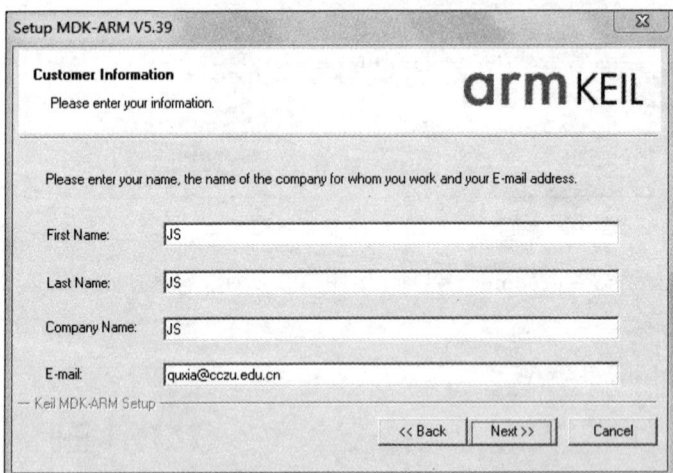

图 3-5　Customer Information 界面

（5）软件开始安装，弹出 Setup Status 对话框，如图 3-6 所示。

（6）安装完成，取消勾选 Show Release Notes，如图 3-7 所示。单击 Finish 按钮，弹出器件库安装对话框，如图 3-8 所示，单击 OK 按钮。等待安装器件库进度条完成后关闭。

（7）当 MDK 软件安装完成时并不会自行安装芯片包，需要根据实际需要来安装。进入芯片安装包官网，找到最新的 STM32F1 系列的驱动安装包，如图 3-9 所示，单击下载 STM32F1xx_DFP.2.4.1。双击安装 Keil.STM32F1xx_DFP.2.4.1，弹出安装界面如图 3-10 所示，选择路径，单击 Next 按钮安装，单击 Finish 按钮完成安装，如图 3-11 所示。

图 3-6　**Setup Status 对话框**

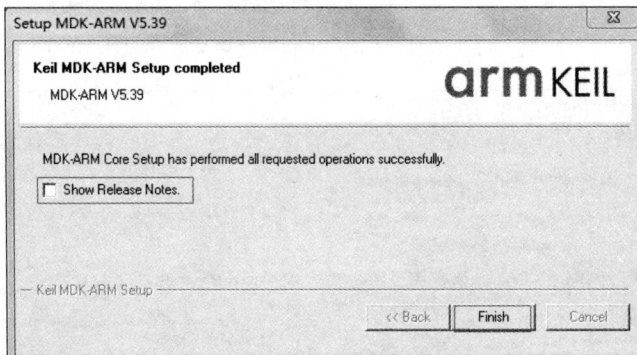

图 3-7　**软件安装完成对话框**

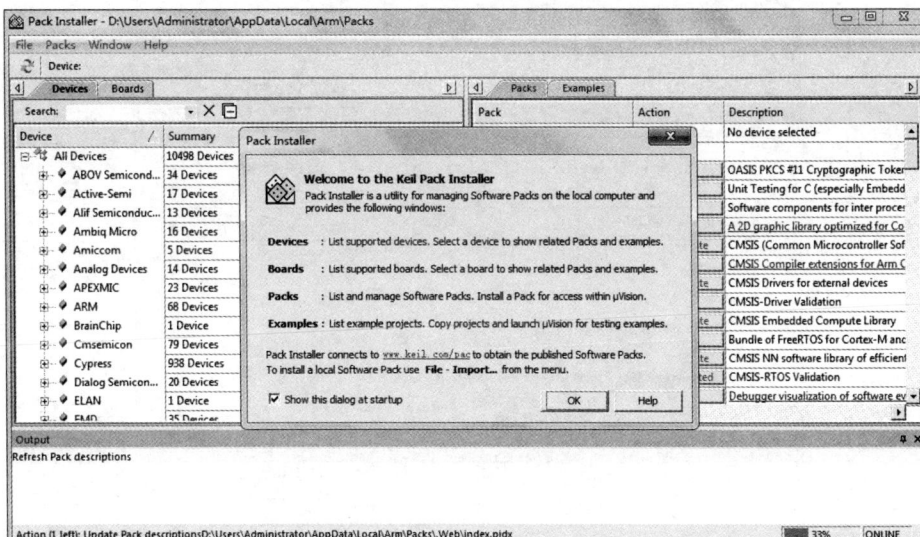

图 3-8　**器件库安装对话框**

图 3-9　STM32F1 系列的驱动安装包下载

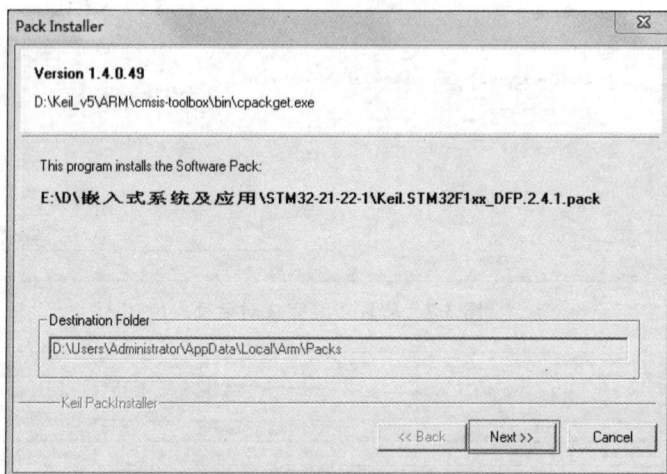

图 3-10　Keil.STM32F1xx_DFP.2.4.1 安装界面

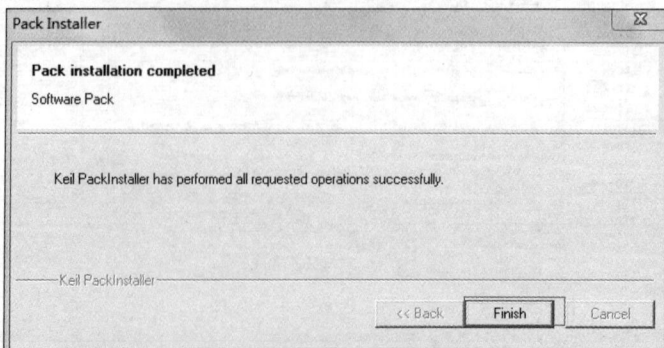

图 3-11　驱动安装包安装完成界面

3.1.3　注册 MDK-ARM

（1）右击桌面 Keil μVision5 图标，在弹出的快捷菜单中选择"以管理员身份运行"命令，弹出 Keil5 运行界面，如图 3-12 所示。

图 3-12　Keil5 运行界面

（2）单击菜单 File，选择 License Management 命令，弹出 License Management 对话框，如图 3-13 所示。根据图中 CID 码，通过注册软件 keygen_2032.exe 生成注册码，添加到 New Licence ID Code（LIC）文本框中，单击 Add LIC 按钮。注册成功后会显示有效期。

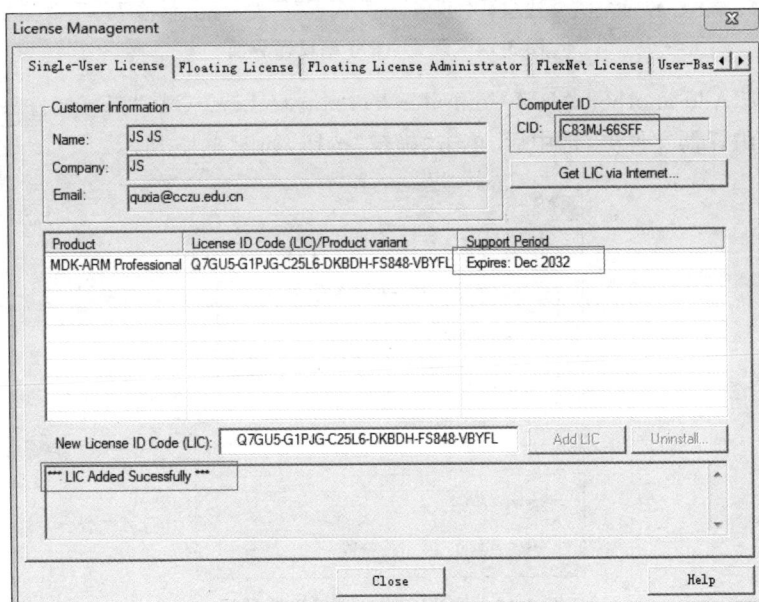

图 3-13　License Management 对话框

3.1.4 配置 ARMCC 编译器

MDK-ARM V5.37 以上版本没有自带 ARM 编译器，需要添加并正确配置，否则 Keil5 运行编译会报错。此时需要在 Keil 安装路径 ARM 文件下额外添加一个 ARM 编译器 ARMCC，并正确配置 ARM 编译器。配置步骤如下。

（1）配置时，打开 Keil5 三晶体堆图标 Manage Project Items，单击 Folders/Extensions 标签页，在 Use ARM Compiler 文本框后单击 ▭ 按钮，如图 3-14 所示。

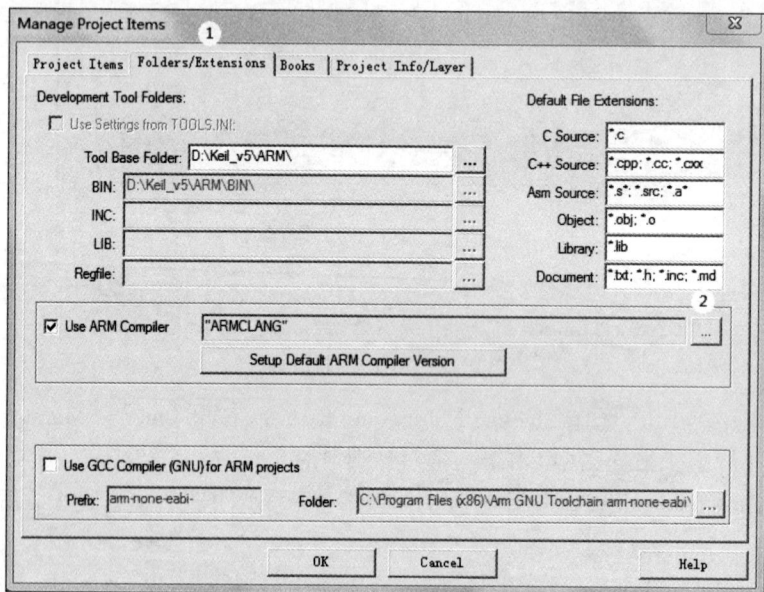

图 3-14 配置 ARM 编译器界面

（2）单击 Add another ARM Compiler Version to List…，在"浏览文件夹"窗口中找到 ARMCC 编译器文件夹，选中后，单击"确定"按钮，如图 3-15 所示。

图 3-15 选择 ARMCC 编译器界面

（3）可以看到新增加了 ARM 编译器版本 V5.06。单击 Close 按钮，如图 3-16 所示。

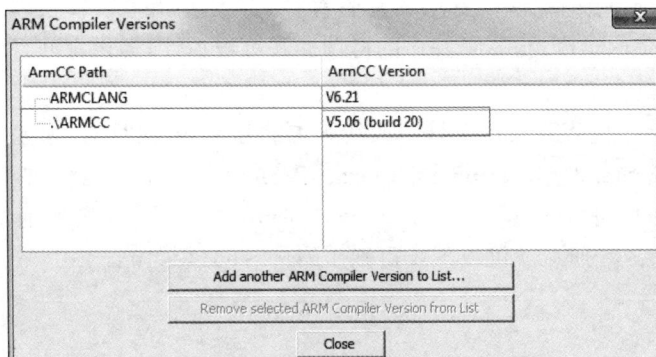

图 3-16 增加 ARM 编译器版本 V5.06

（4）Use ARM Compiler 文本框后增加了 ARMCC 编译器，单击 OK 按钮。ARM 编译器配置完成界面如图 3-17 所示。

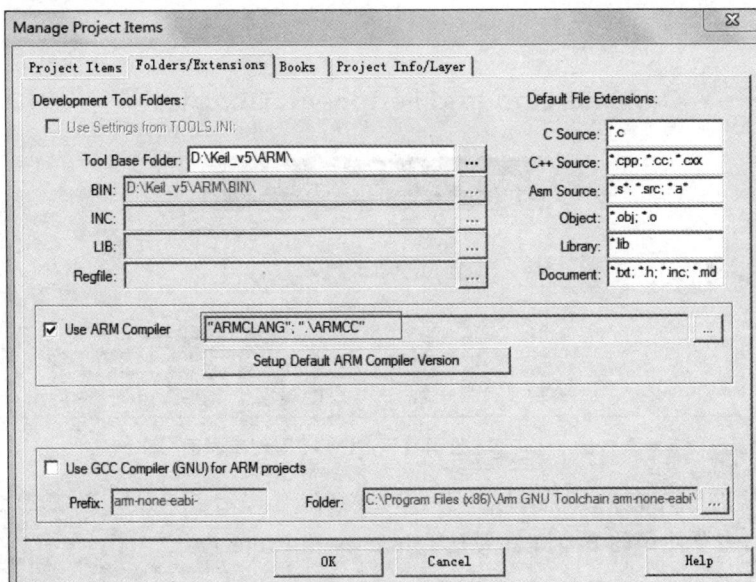

图 3-17 ARM 编译器配置完成界面

3.2 下载 STM32F10x 标准外设库

STM32F10x 标准外设库是用户开发 STM32F103 微控制器的有效工具，它为用户访问底层硬件提供了一个中间 API（Application Programming Interface）。STM32F10x 标准外设库是一个固件函数包，它由程序、数据结构和宏组成，包括了微控制器所有外设的性能特征。该函数库包括每一个外设的驱动描述和应用实例，每个外设驱动都由一组函数组成，这组函数覆盖了该外设所有功能。每个器件的开发都由一个通用 API 驱动，API 对该驱动程序的结构、函数和参数名称都进行了标准化。通过使用固件函数库，无须深入掌握底层硬件细节,可以不用读写寄存器,开发者就可以轻松应用每一个外设。这大大降低了开发的难度,提高了程序的可读性和可维护性,为用户开发 STM32F103 微控制器带来极大的方便。

截至 2025 年 2 月,ST 公司提供的最新版本的基于 STM32F1 系列微控制器的标准外设库是 STM32 Standard Peripheral Library V3.6.0。可从 ST 公司的官网下载。本书也以 3.6.0 版外设库讲解 STM32F103 微控制器的开发。如图 3-18 所示,按 F1 进入许可协议注册界面,完成注册后就可以下载得到压缩包 STM32F10x_StdPeriph_Lib_V3.6.0。

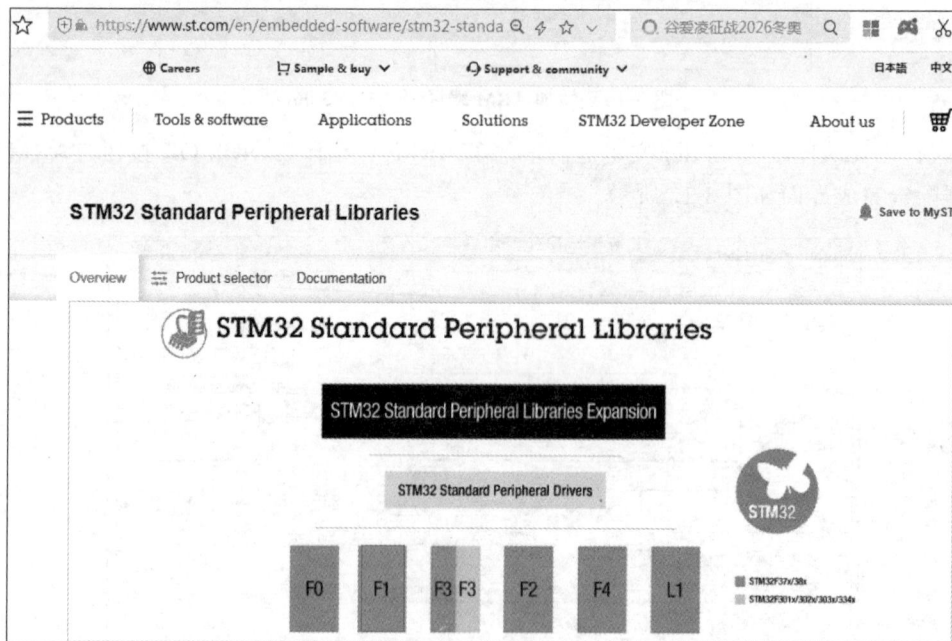

图 3-18　ST 公司官网 STM32 固件库界面

将下载后的压缩包解压后,打开 STM32F10x_StdPeriph_Lib_V3.6.0 文件夹,如图 3-19 所示,主要使用的 2 个文件夹是 Libraries 和 Project。

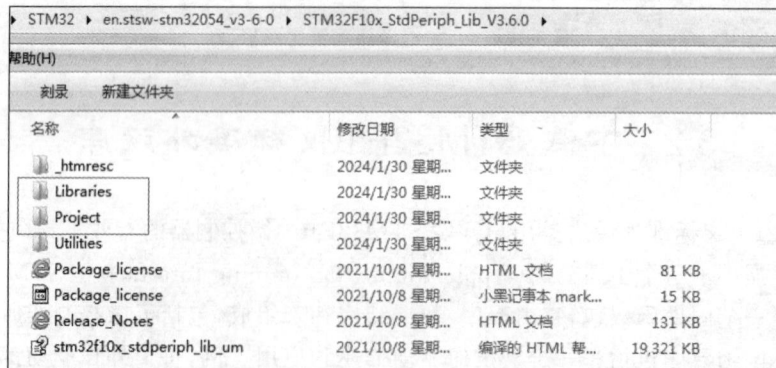

图 3-19　STM32F10x_StdPeriph_Lib_V3.6.0 的目录结构

(1) Libraries 文件夹:存放 STM32F10x 的各种库函数,包括固件库最核心的片上资源驱动文件夹 STM32F10x_StdPeriph_Driver 和内核库文件夹 CMSIS。

① STM32F10x_StdPeriph_Driver 文件夹,存放 STM32F10x 标准外设驱动库函数和 Cortex-M3 内核中的 NVIC 的驱动(misc.c 和 misc.h)。其中,外设驱动库函数包括片上 GPIO、ADC、TIM、USART、WWDG 等 22 种外设的驱动,每个外设驱动对应一个源代码 c 文件和一个 h 头文件。该文件夹下有 src 和 inc 两个子文件夹,src 存放基于 STM32F10x 片上资源的源代码 c 文件。inc 存放驱动头文件,如要用到某种资源,则必须把相应的头文件包含进来。

② CMSIS 文件夹,存放固件库启动文件和一些 M3 系列通用文件,包含 CM3 和 Documentation 子文件夹。在 CM3 子目录下有 CoreSupper 和 DeviceSupport 两个文件夹。

CoreSupper 存放 Cortex-M3 内核通用源文件 core_cm3.c 及头文件 core_cm3.h。

DeviceSupport 是设备外设支持函数文件夹。STM32F10x 的头文件 stm32f10x.h 和系统初始化源文件 system_stm32f10x.c 及头文件 system_stm32f10x.h 均包含在这个文件夹中。STM32F10x 系列微控制器的启动代码包含在 DeviceSupport\ST\STM32F10x\startup\arm 文件夹中,如图 3-20 所示,相关文件说明如表 3-1 所示。本工程项目使用 STM32F103R6 微控制器,属于小容量产品,对应启动代码文件是 startup_stm32f10x_ld.s。

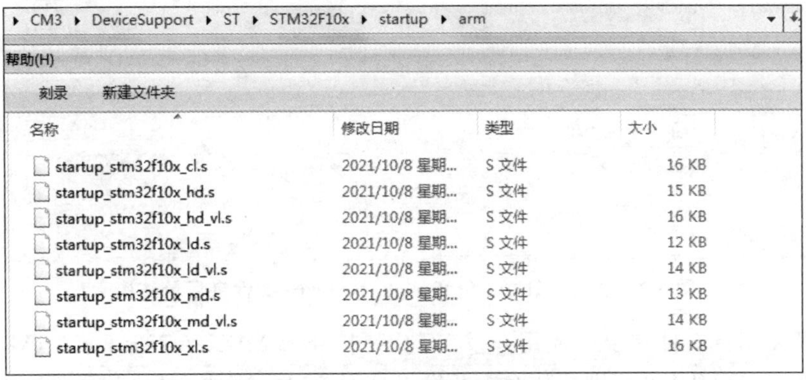

图 3-20　STM32F10x 系列微控制器的启动代码

表 3-1　STM32F10x 系列为控制器启动代码文件及说明

启动代码文件	启动代码文件说明
startup_stm32f10x_ld.s	小容量(Flash<64KB)STM32F101\STM32F102\STM32F103 系列的启动文件
startup _ stm32f10x _ ld.vl.s	小容量(Flash<64KB)STM32F100 系列的启动文件
startup _ stm32f10x _ md.s	中容量(Flash=64KB/128KB)STM32F101/STM32F102/STM32F103 系列的启动文件
startup _ stm32f10x _ md.vl.s	中容量(Flash=64KB/128KB)STM32F100 系列的启动文件
startup _ stm32f10x _ hd.s	大容量(Flash=256KB/384KB)STM32F101/STM32F102/STM32F103 系列的启动文件
startup _ stm32f10x _ hd.vl.s	大容量(Flash=256KB/384KB)STM32F100 系列的启动文件

启动代码文件	启动代码文件说明
startup_stm32f10x_xl.s	大容量（Flash＝512KB/1024KB）STM32F101/STM32F102/STM32F103 系列的启动文件
startup_stm32f10x_cl.s	互联网型 STM32F105/STM32F107 系列的启动文件

（2）Project 文件夹：存放 ST 官方提供的 STM32F10x 工程模板和外设驱动示例，包含 STM32F10x_StdPeriph_Template 和 STM32F10x_StdPeriph_Examples 两个子文件夹。

① STM32F10x_StdPeriph_Template 文件夹，包括 5 个开发工具文件夹和 5 个用户应用文件，如图 3-21 所示。

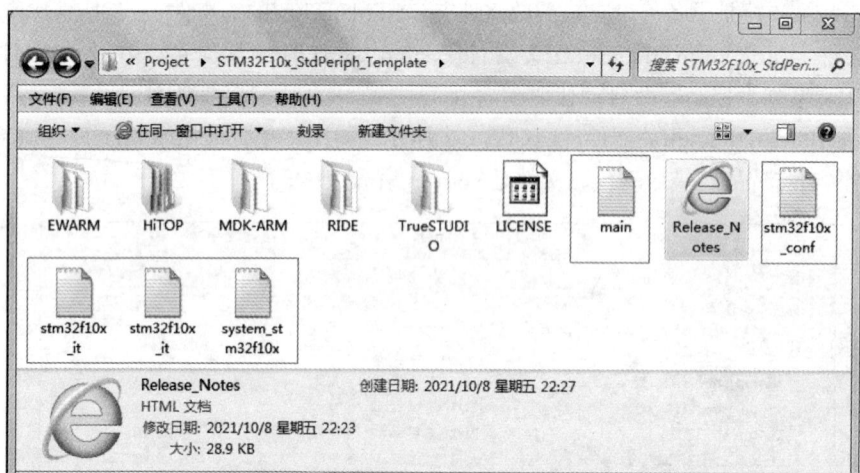

图 3-21 STM32F10x_StdPeriph_Template 文件夹目录结构

5 个开发工具文件夹根据使用开发工具不同，分为 MDK-ARM、EWARM、HiTOP、RIDE 和 TrueSTUDIO，分别存放对应开发工具下 STM32F10x 的工程文件。

5 个用户应用文件包括"main.c""stm32f10x_conf.h""stm32f10x_it.c""stm32f10x_it.h""system_stm32f10x.c"。用户不管使用 5 种开发工具中的哪一种构建应用工程，其具体应用都只与这 5 个文件有关。对同一型号微控制器开发不同应用时，只需要重新编写应用文件替换这 5 个文件。

② STM32F10x_StdPeriph_Examples 文件夹，包括 ST 公司提供的 STM32F10x 系列的 26 个外设的驱动示例文件夹，如 ADC、CAN、GPIO、I2C 等。每个外设驱动示例文件夹又包含多个具体的驱动示例目录。STM32F103 的实际应用可借鉴 ST 官方示例。

3.3 新建一个 STM32F103 应用工程

本节以 STM32F103R6 为微控制器设计流水灯（跑马灯）为例创建工程。首先新建工程文件夹，添加固件库文件，接着新建工程，并配置工程环境。然后编写用户程序源代码,最后对工程进行编译和链接。

3.3.1　新建工程文件夹并添加 STM32F10x 标准外设库文件

(1) 新建工程文件夹,如在 D:\STM32\Project 新建 CH3-1 文件夹,并在里面新建 3 个文件夹 CORE(存放内核函数及启动引导文件)、FWLIB(存放库函数)和 USER(存放用户函数),如图 3-22 所示。

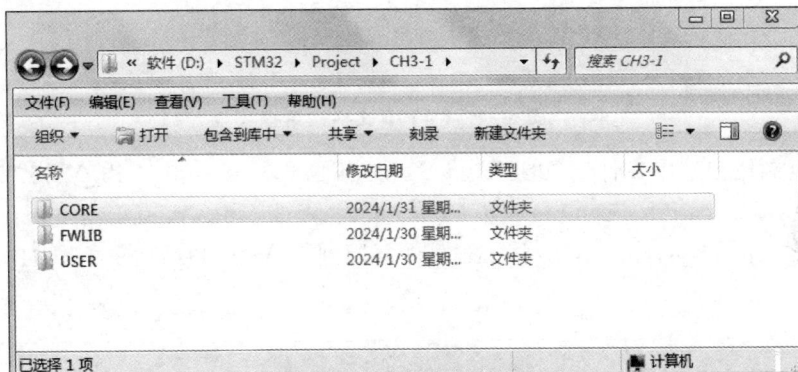

图 3-22　新建工程文件夹

(2) 复制固件库内核函数及启动引导文件到 CORE 文件夹。由于目标微控制器 STM32F103R6 属于小容量产品,对应启动代码文件是 startup_stm32f10x_ld.s。将 STM32F10x_StdPeriph_Lib_V3.6.0\Libraries\CMSIS\CM3\CoreSupport 中的 core_cm3.c、core_cm3.h,CM3\DeviceSupport\ST\STM32F10x 中的 stm32f10x.h、system_stm32f10x.h 和 DeviceSupport\ST\STM32F10x\startup\arm 中的 startup_stm32f10x_ld.s 共 5 个文件复制到 D:\STM32\Project\CH3-1\CORE 中,如图 3-23 所示。

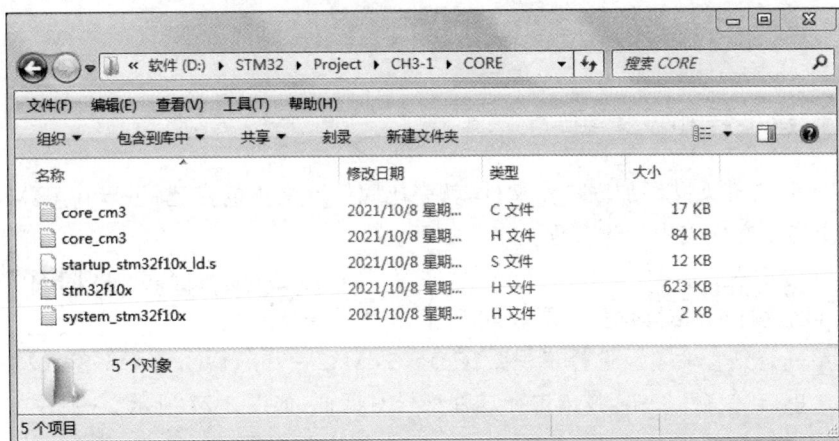

图 3-23　存放内核函数及启动引导文件的 CORE 文件夹结构

(3) 复制库函数到 FWLIB,将 STM32F10x_StdPeriph_Lib_V3.6.0\Libraries\ STM32F10x_StdPeriph_Driver 中的 inc 文件夹和 src 文件夹复制到 D:\STM32\Project

\CH3-1\FWLIB 文件夹,如图 3-24 所示。

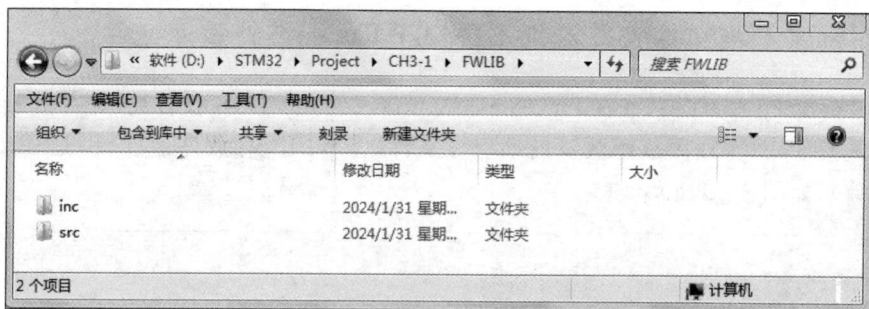

图 3-24　FWLIB 文件夹结构

（4）复制用户应用文件到 USER,将 STM32F10x_StdPeriph_Lib_V3.6.0\Project\
STM32F10x_StdPeriph_Template 中的 main.c、stm32f10x_conf.h、stm32f10x_it.c、
stm32f10x_it.h 和 system_stm32f10x.c 文件复制到 D:\STM32\Project\CH3-1\USER
文件夹,如图 3-25 所示。

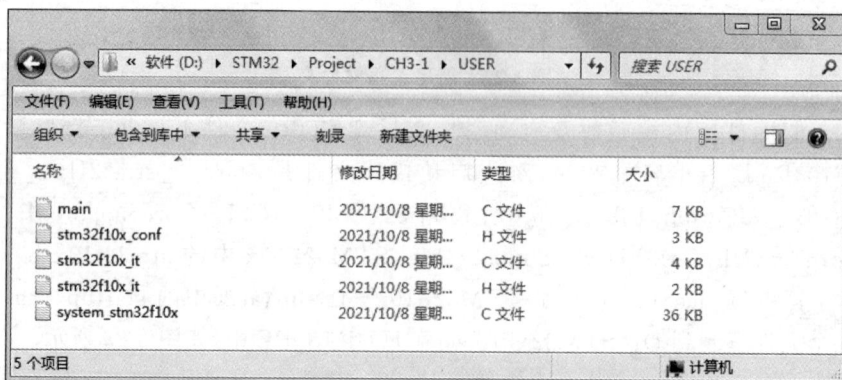

图 3-25　USER 文件夹结构

3.3.2　新建工程和设置组

新建工程文件夹并添加固件库文件,就完成固件库文件的搭建,可以在 D:\STM32\
Project\CH3-1 文件夹中新建工程。步骤如下。

（1）新建工程。启动 Keil μVision5 软件窗口,选择 Project→New μVision Project…
命令,弹出创建新工程对话框,如图 3-26 所示。

（2）给新建工程命名。选择工程路径 D:\STM32\Project\CH3-1\USER,输入工程
名 Exam。单击“保存”按钮,弹出选择芯片型号对话框,如图 3-27 所示。

（3）选择芯片型号。选择 STMicroelectronics 中型号为 STM32F103R6 的芯片,单
击 OK 按钮,弹出在线添加库文件对话框,如图 3-28 所示。可以根据实际需要选择,这里
单击 OK 按钮,返回到 Keil5 工程文件主窗口,如图 3-29 所示。

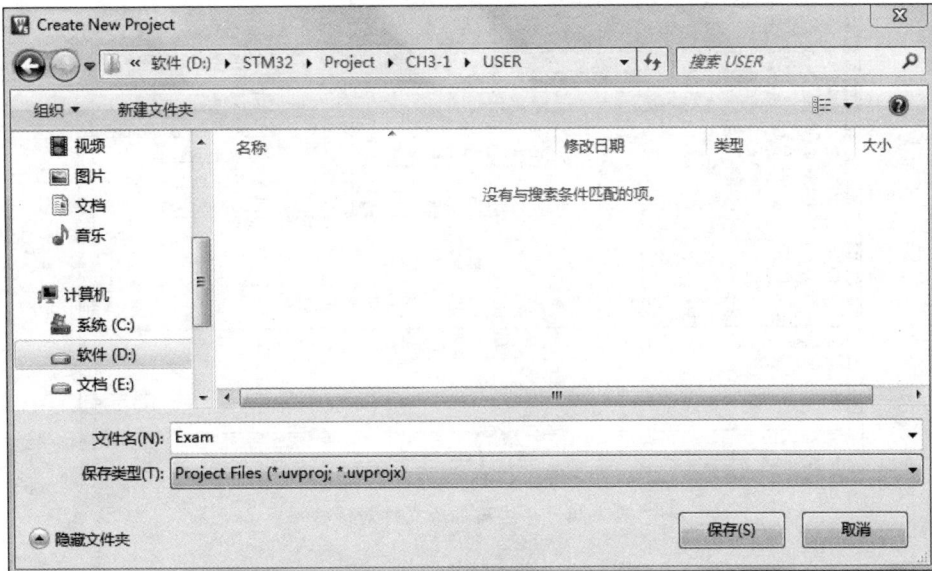

图 3-26 创建新工程对话框

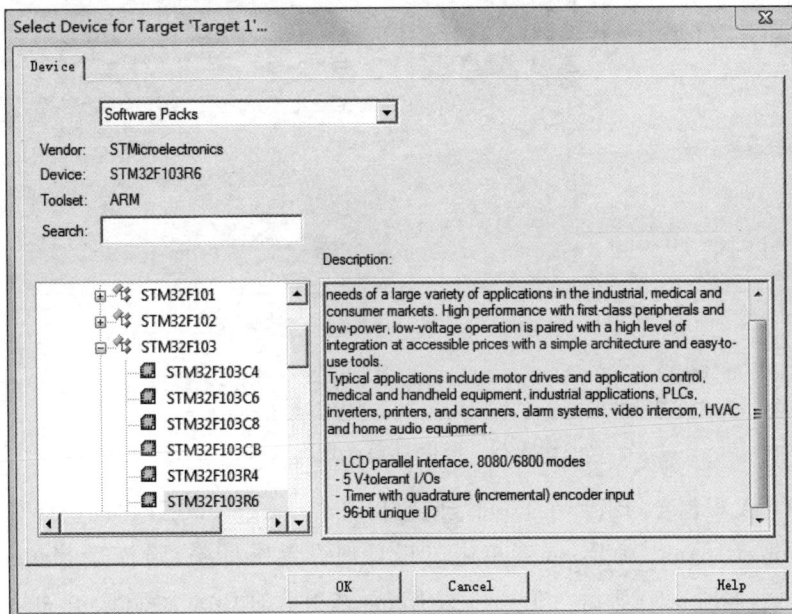

图 3-27 选择芯片型号对话框

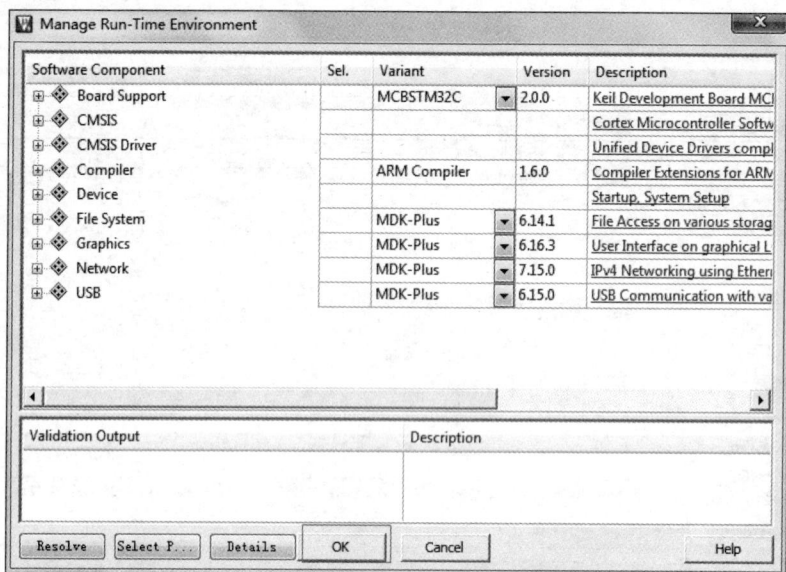

图 3-28 在线添加库文件对话框

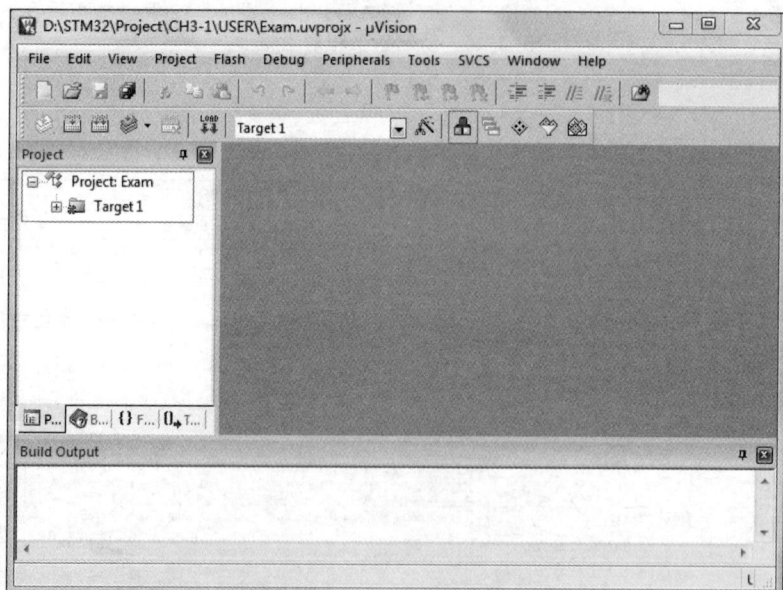

图 3-29 Keil5 工程文件主窗口

（4）设置工程包含的组。在工程管理窗口，右击 Target1，在弹出的快捷菜单中选择 Manage Project Items...命令；或者单击工程管理设置图标🔧，则打开 Manage Project Items 对话框，如图 3-30 所示。在 Project Items 选项卡的 Project Targets 列表框中是当前工程 Target1，在该列表框中可更新工程名。该选项卡的 Groups 和 Fils 列表框可分别设置工程包含的组和文件。选中 Source Group1 组，单击删除图标✖删除，单击新建图标🗋新建 CORE、USER、FWLIB 组。

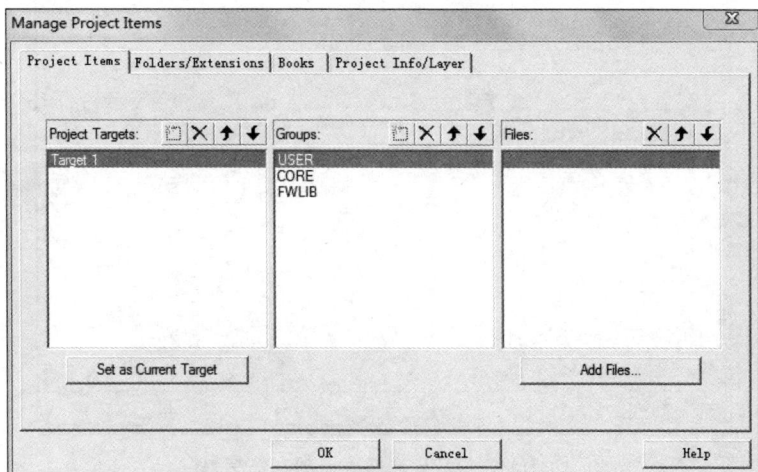

图 3-30 工程管理设置对话框

（5）添加工程中的文件。在图 3-30 中，通过 Add Files...按钮，设置 CORE、USER 和 FWLIB 各组中的相关 STM32F10x 库文件。具体操作如下：①选择 USER，单击 Add Files...按钮，选择 D：\STM32\Project\CH3-1\USER 中的 main.c、stm32f10x_it.c 文件，单击 Add 按钮，再单击 Close 按钮，如图 3-31 所示。②在 CORE 组中添加 core_cm3.c、core_cm3.h、system_stm32f10x.c 和 startup_stm32f10x_ld.s 文件，位于 D：\STM32\Project\CH3-1\CORE\ 文件夹和 D：\STM32\Project\CH3-1\USER 文件夹中，如图 3-32 所示。③在 FWLIB 组中添加 stm32f10x_rcc.c、stm32f10x_gpio.c 文件，位于 D：\STM32\Project\CH3-1\FWLIB\src 文件夹中。结果如图 3-33 所示。新设置的工程及其目录如图 3-34 所示。由于利用 GPIO 设计跑马灯，需要使用 GPIO 外设驱动文件 stm32f10x_gpio.c，实际应用中根据所使用的外设，在外设库中选择相应的库文件，如果随意选择，会增加最终代码长度。

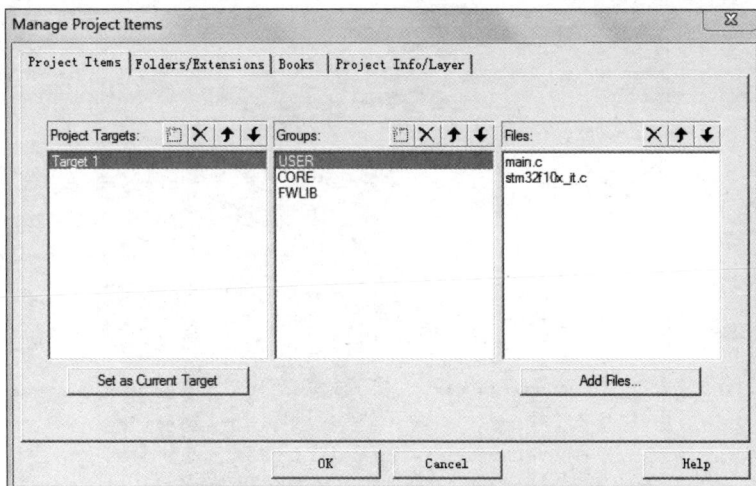

图 3-31 USER 组添加文件结果

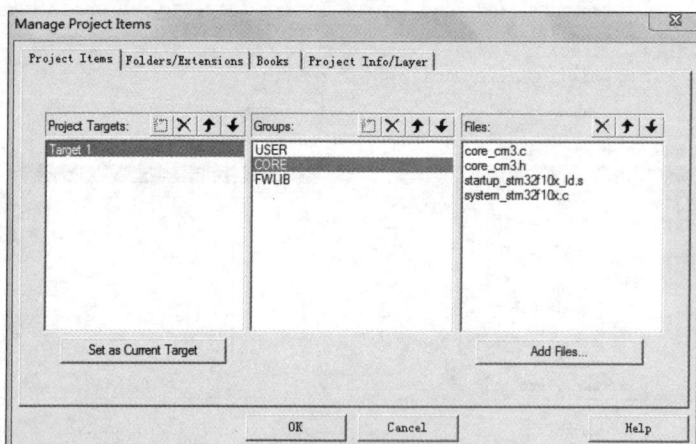

图 3-32　CORE 文件夹添加文件结果

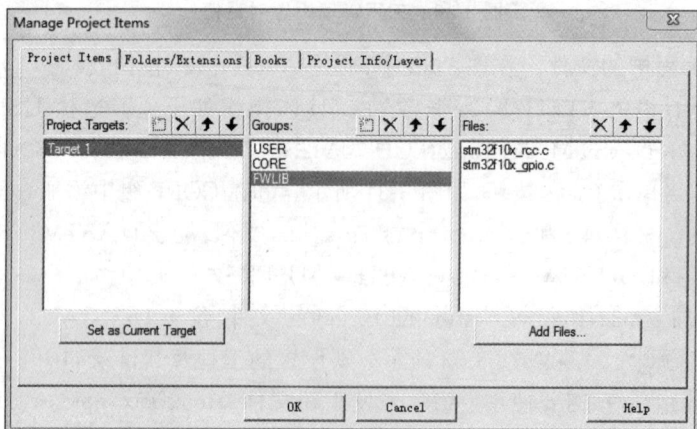

图 3-33　FWLIB 文件夹添加文件结果

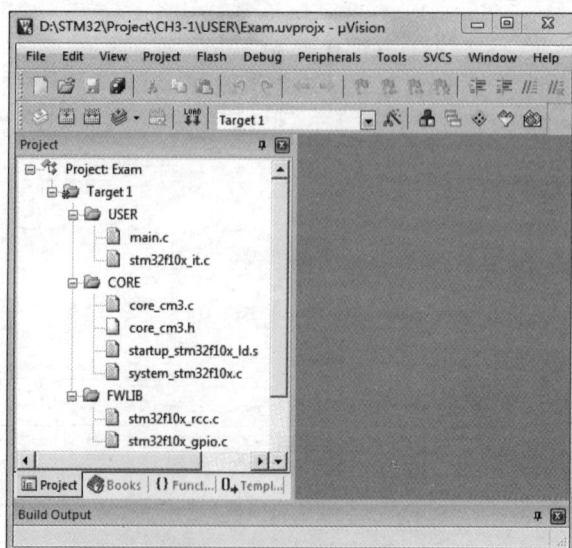

图 3-34　新设置的工程及其目录

3.3.3　配置工程环境

配置工程环境包括设置 C/C++ 编译选项、目标编译版本、输出文件等。在图 3-34 中,单击目标选项设置图标，弹出 Options for Target 'Target 1' 对话框,如图 3-35 所示。

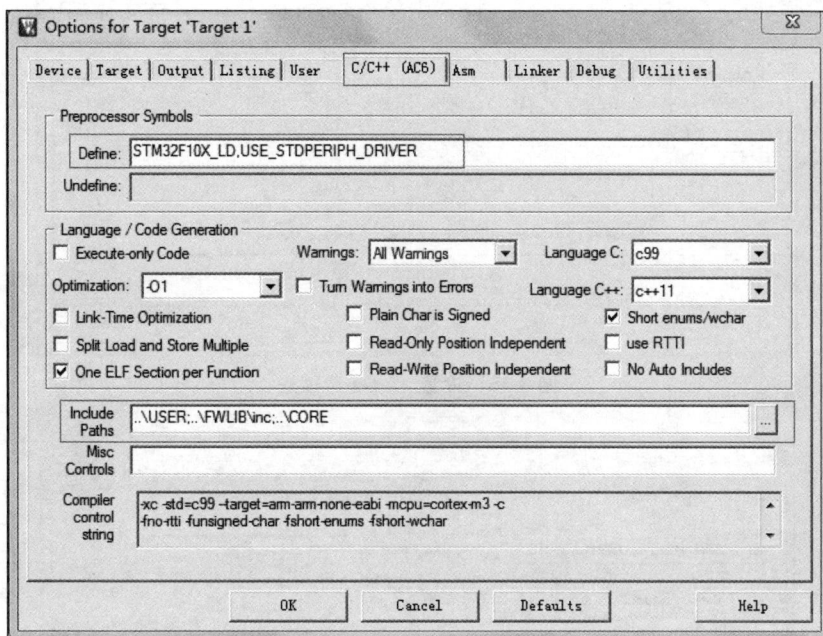

图 3-35　C/C++ 选项卡

(1) 设置 C/C++ 编译选项。单击 C/C++ (AC6) 选项卡,在 Define 文本框输入 STM32F10X_LD,USE_STDPERIPH_DRIVER。预定义符号 STM32F10X_LD 表示目标控制器使用 STM32F10x 系列小容量产品的寄存器。如果目标控制器是大容量或中容量产品,需要分别输入 STM32F10X_HD 或 STM32F10X_MD。预定义符号 USE_STDPERIPH_DRIVER 表示目标工程使用标准库函数开发。在 Include Paths 栏设置目标工程包含头文件的搜索路径：..\USER;..\FWLIB\inc;..\CORE。

(2) 设置 Target 选项卡。单击 Target 选项卡,在 Target 选项卡配置界面的 ARM Compiler 后面的下拉列表中选择 V5.06 版本的 ARM 编译器,勾选 Use MicroLIB 复选框,单击 OK 按钮确认,如图 3-36 所示。

(3) 设置 Output 选项卡。单击 Output 选项卡,接着单击 Select Folder for Objects...按钮,设置输出文件保存的位置。同时勾选 Debug Information、Create HEX File 和 Browse Information 复选框,可生成目标 hex 文件,如图 3-37 所示。最后单击 OK 按钮。

(4) 设置 Listing 选项卡。单击 Listing 选项卡,再单击 Select Folder for Listings...按钮,设置 Listing 信息保存的位置。

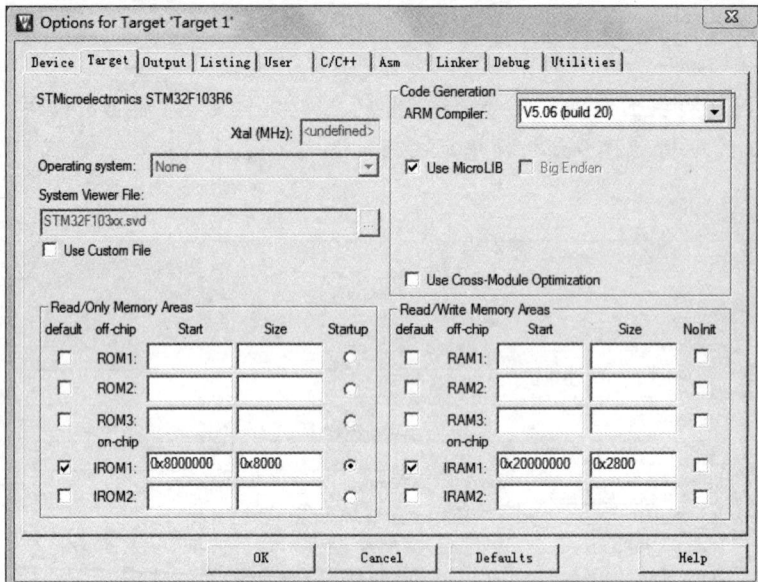

图 3-36　设置 Target 选项卡

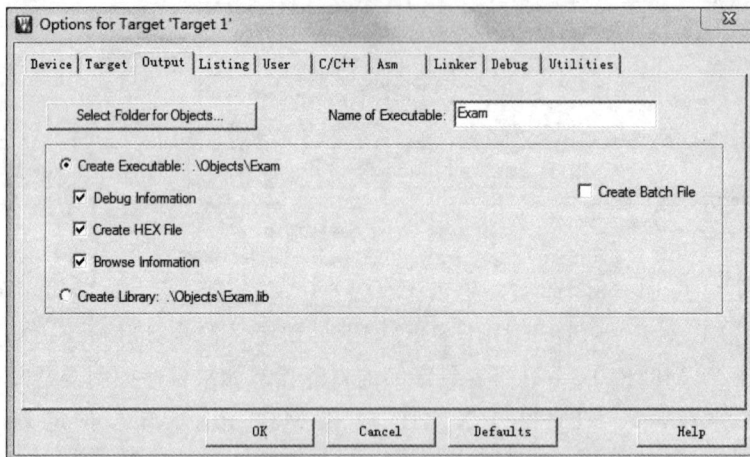

图 3-37　设置 Output 选项卡

（5）设置 Debug 选项卡。单击 Debug 选项卡，如图 3-38 所示。选中左边 Use Simulator 单选按钮，则选择软件仿真方式（模拟调试功能），选中 Run to main()，表示 μVision 调试装载代码，让微控制器运行到 main() 函数后停止运行。如果选中右边 Use 单选按钮，可选择硬件仿真方式，如图 3-39 所示，可选择 J-LINK 仿真器，最后单击 OK 按钮。

3.3.4　编写用户程序源代码

用户编写的应用程序源代码文件一般放在工程目录的 USER 组中，包括 main.c 和 stm32f10x_it.c 文件。

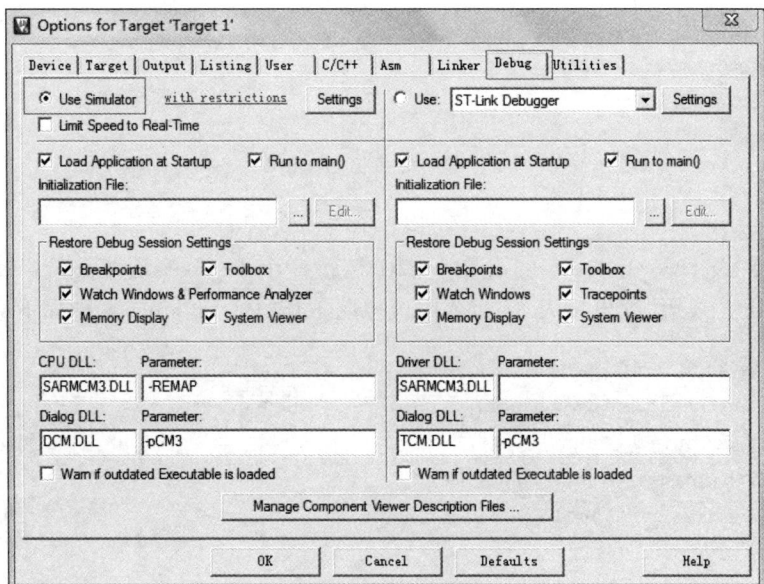

图 3-38　设置 Debug 选项卡

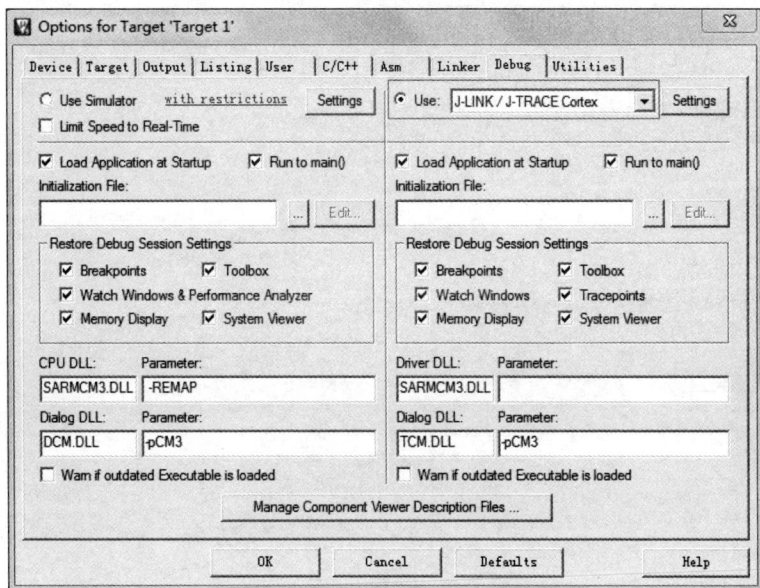

图 3-39　硬件仿真方式

1. 编写用户主程序 main.c 源代码

用户主程序 main.c 是用户应用程序的入口,main.c 中有最重要的主函数 main(void),
STM32F103 微控制器启动过程完成后,跳转到 main.c 文件中的主函数 main()中执行,
工程模板中的 main.c 是为 ST 官方评估版编写的,用户需要重新编写 main.c 文件的全部
内容。main.c 以基于无限循环结构的主函数 main()为主体,主函数 main()一般包含

while(1)结构,内容如下。

```
#include "stm32f10x.h"
int main(void)
{
while(1)
{}}
```

【例 3-1】 STM32F103R6 的 PA0~PA7 连接 8 个 LED,实现跑马灯。接成灌电流方式不需要上拉电阻,灌电流大,要接入限流电阻 R1~R8。main.c 文件如下。

```
#include "stm32f10x.h"
void delay(unsigned int count)
{  for(; count!=0; count--);}
  int main(void)
{unsigned char i, data, led;
GPIO_InitTypeDef MyIO;
RCC_APB2PeriphClockCmd(RCC_APB2Periph_GPIOA, ENABLE);
MyIO.GPIO_Pin=GPIO_Pin_0 | GPIO_Pin_1 |GPIO_Pin_2 | GPIO_Pin_3 |GPIO_Pin_4 |
GPIO_Pin_5|GPIO_Pin_6 | GPIO_Pin_7;
MyIO.GPIO_Speed=GPIO_Speed_10MHz;
MyIO.GPIO_Mode =GPIO_Mode_Out_PP;
GPIO_Init(GPIOA, &MyIO);
while(1)
{data=0x01;
for(i=0; i<8; i++)
{led=~data;
GPIO_Write(GPIOA, led);
delay(0x2FF00);
data=data<<1;}
data=0x80;
for(i=0; i<8; i++)
{led=~data;
GPIO_Write(GPIOA, led);
delay(0x2FF00);
data=data>>1;
}}}
```

2. 编写异常服务函数文件 stm32f10x_it.c

stm32f10x_it.c 是 ST 官方提供的异常服务函数模板,用户可根据实际异常中断使用情况,参考 ST 官方提供的开发示例,自行编写中断服务程序代码。

【例 3-2】 在异常服务函数文件 stm32f10x_it.c 中添加 TIM2 中断服务程序,在中断到来时,将中断标志变量 f500ms 置 1。相应中断服务程序代码如下。

```
void TIM2_IRQHandler(void)
{if (TIM_GetITStatus(TIM2, TIM_IT_Update)!=RESET)        //检查 TIM2 中断发生与否
  {TIM_ClearITPendingBit(TIM2, TIM_IT_Update);           //清除 TIM2 中断待处理位
   f500ms=1;}}
```

3.3.5　编译和链接 STM32F103 工程

在完成源代码的编写后,单击工具栏 🖻(Build Target)或 🖻(Rebuild all target files)按钮,启动编译、连接工程。编译链接结果出现在 Build Output 窗口,例 3-1 编译结果如图 3-40 所示。如果在编译和链接中发生错误和警告,可根据提示信息修改后重新编译和链接,直到没有错误为止。项目没有任何语法错误,生成了.hex 文件。

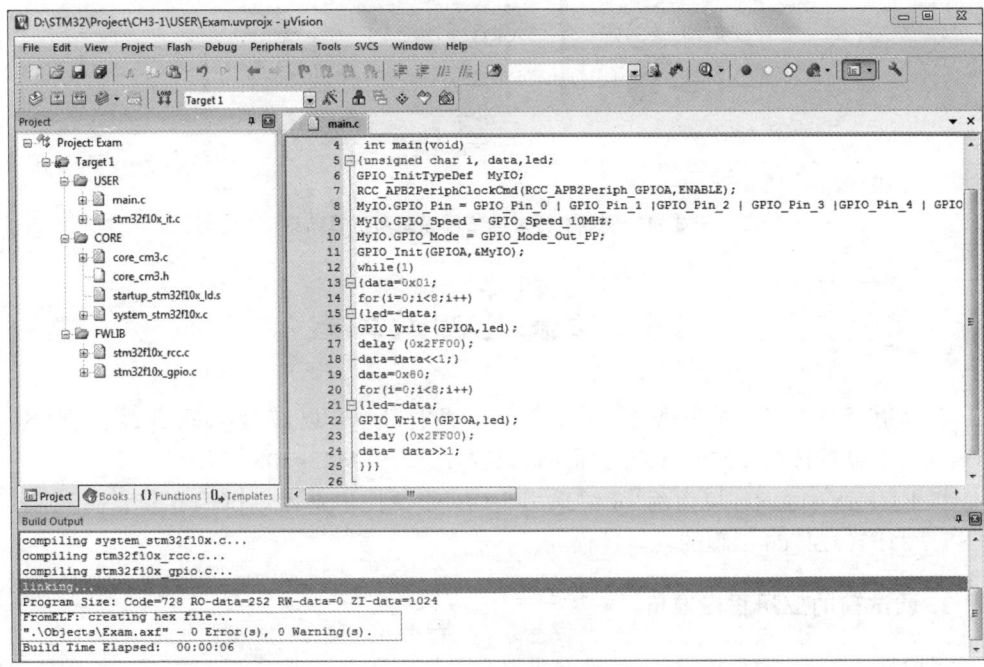

图 3-40　例 3-1 编译结果

3.4　Proteus 仿真工程

本书选用的仿真工具是 Proteus Professional 8.17 SP2。以仿真例 3-1 为例,打开 Proteus 8.17,设计硬件仿真电路原理图如图 3-41 所示。将 STM32F103R6 的 PA0～ PA7 引脚分别连接 8 个 LED 发光二极管阴极,通过 110Ω 限流电阻 R1～R7 驱动 LED 的亮灭。

双击 STM32F103R6 元件,弹出装载 STM32F103R6 运行程序文件对话框,加载例 3-1 编译后生成的 hex 文件,运行 Proteus,跑马灯仿真结果如图 3-41 所示。实现 8 个 LED 从上到下显示后,又从下到上显示,接着循环。如果不需要单步调试时,加载 hex 文

件。如果需要调试,可以加载编译链接生成的 axf 文件或 elf 文件。

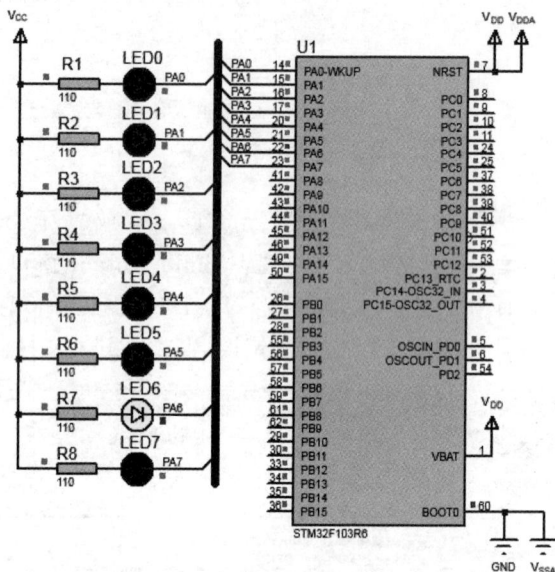

图 3-41　例 3-1 仿真电路原理图和仿真结果

3.5　仿真器调试工程

在具有 STM32F103 开发板和仿真器的条件下,可以在嵌入式开发工具 Keil μVision5 中设置目标硬件调试方式,借助仿真器调试 STM32F103 工程。

以 Keil μVision5 环境为例,介绍采用 J-LINK 硬件仿真器调试闪存容量为 512KB 的 STM32F103ZET6 工程的具体过程。

1. 调试前的应用程序准备

需要建立工程,工程通过编译,没有错误和警告。

【例 3-3】　STM32F103ZET6 微控制器的 PF6～PF9 连接 4 个 LED 的阴极端,实现 4 个 LED 同时闪烁功能。主程序 main.c 文件如下。

```
#include "stm32f10x.h"
void SystemInit(){}
void delay(uint32_t nCount)
{   for(; nCount!=0; nCount--); }
int main(void)
{   GPIO_InitTypeDef GPIO_InitStructure;
    SystemInit();
    RCC_APB2PeriphClockCmd(RCC_APB2Periph_GPIOF, ENABLE);
    GPIO_InitStructure.GPIO_Pin=GPIO_Pin_6 | GPIO_Pin_7 | GPIO_Pin_8 | GPIO_Pin
    _9;
```

```
GPIO_InitStructure.GPIO_Speed=GPIO_Speed_50MHz;
GPIO_InitStructure.GPIO_Mode=GPIO_Mode_Out_PP;
GPIO_Init(GPIOF, &GPIO_InitStructure);
GPIO_ResetBits(GPIOF, GPIO_Pin_6 | GPIO_Pin_7 | GPIO_Pin_8 | GPIO_Pin_9);
while (1)
{    GPIO_ResetBits(GPIOF, GPIO_Pin_9);
      GPIO_ResetBits(GPIOF, GPIO_Pin_8);
      GPIO_ResetBits(GPIOF, GPIO_Pin_7);
    GPIO_ResetBits(GPIOF, GPIO_Pin_6);
      delay(0x200000);
    GPIO_SetBits(GPIOF, GPIO_Pin_9);
    GPIO_SetBits(GPIOF, GPIO_Pin_8);
      GPIO_SetBits(GPIOF, GPIO_Pin_7);
    GPIO_SetBits(GPIOF, GPIO_Pin_6);
      delay(0x200000);
}    }
```

建立 led 工程文件,编译链接无误界面如图 3-42 所示。

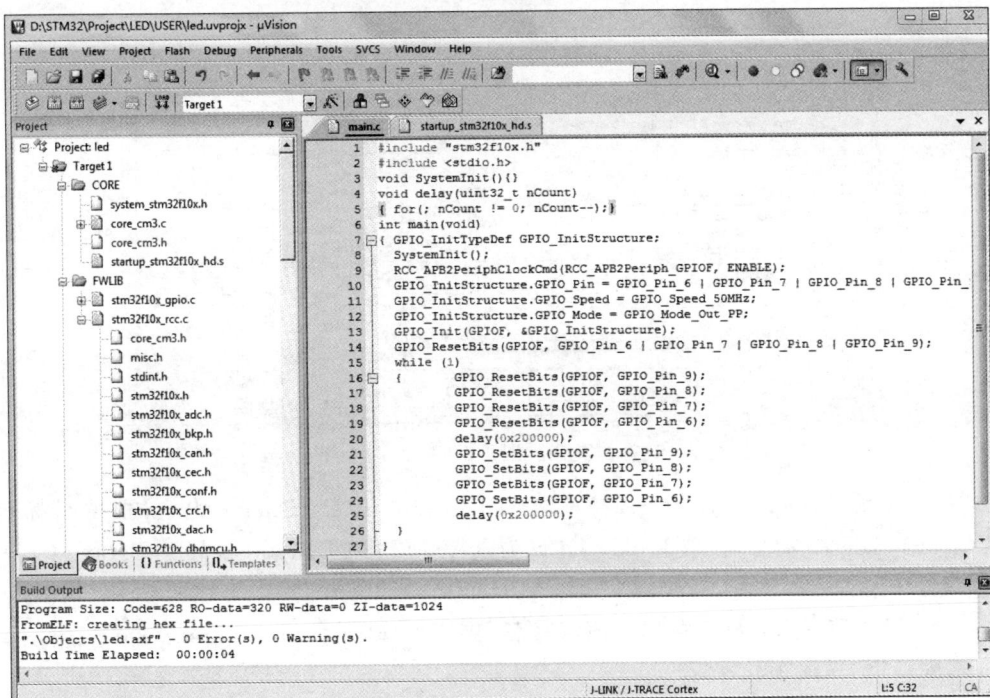

图 3-42　编译链接无误界面

2. 调试前的硬件准备

在调试前,先完成 PC 主机、STM32F103ZET6 目标板和仿真器之间的连接,并打开目标板电源。将 J-LINK 仿真器的 JTAG 插头与 STM32F103ZET6 目标板上的 JTAG

接口(20 针标准接口)连接,将仿真器通过 USB 线与调试 PC 机的 USB 接口连接,将
STM32F103 ZET6 目标板通过 USB 线连接 PC 主机。

3. 调试前的软件准备

硬件准备完成后,还需要分别设置 Keil μVision5 的 Debug 选项卡和 Utilities 选
项卡。

1) Debug 设置

(1) 单击工具栏中的 ⚒ 按钮,弹出目标选项设置窗口 Options for Target 'Target 1'
对话框,单击 Debug 选项卡。

(2) 选中 Use 单选按钮,选择仿真器类型 J-LINK/J-TRACE Cortex,如图 3-43
所示。

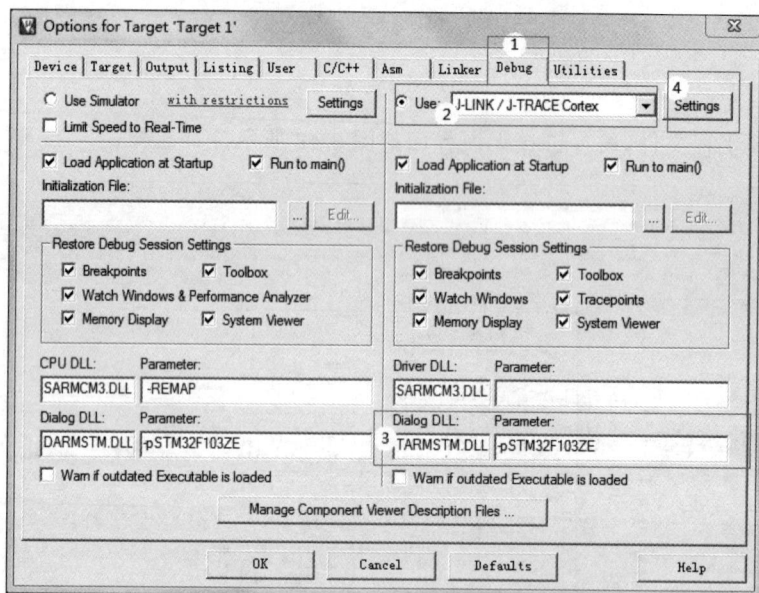

图 3-43　选择仿真器类型 J-LINK/J-TRACE Cortex

(3) 设置 Driver DLL 为 SARMCM3.DLL,设置其 Parameter 为空;根据目标板
STM32F103ZET6 型号,设置 Dialog DLL 为 TARMSTM.DLL,并设置其 Parameter 为
-pSTM32F103ZE。

(4) 单击 Use 列表框后的 Settings 按钮,弹出 Cortex JLink /JTrace Target Driver
Setup 对话框,如图 3-44 所示。

(5) 设置调试接口,单击 Debug 选项卡,可以看到 J-LINK 硬件仿真器型号,在 ort
列表框中选择占用 I/O 引脚更少的 SW 接口。可以看到 Keil μVision5 已经通过仿真器
检测到目标微控制器:在右侧 SW Device 框中显示目标板微控制器的 Device Name 和
IDCODE,单击"确定"按钮。

2) Utilities 设置

由于 STM32F103 应用程序是下载到目标板微控制器片内的 Flash 中调试运行,需

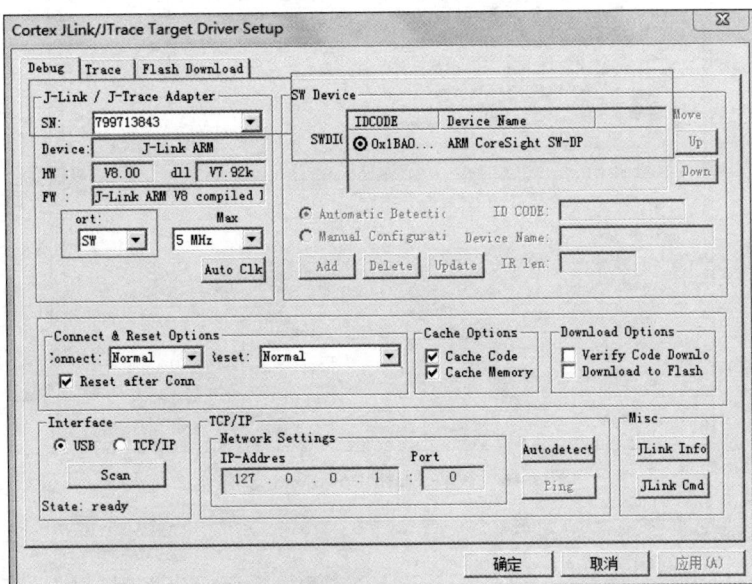

图 3-44   配置 Cortex JLink/JTrace Target Driver Setup 对话框

要设置下载选项。①单击 Utilities 选项卡,选择 Update Target before Debugging 复选框,如图 3-45 所示;②单击 Settings 按钮,弹出配置 Cortex JLink/JTrace Target Driver Setup 对话框,如图 3-46 所示;③单击 Flash Download 选项卡,选择 STM32F10x Highdensity Flash,单击 Add 按钮,如图 3-47 所示;④单击 Add 按钮,如图 3-48 所示,单击 "确定"按钮,结束设置。

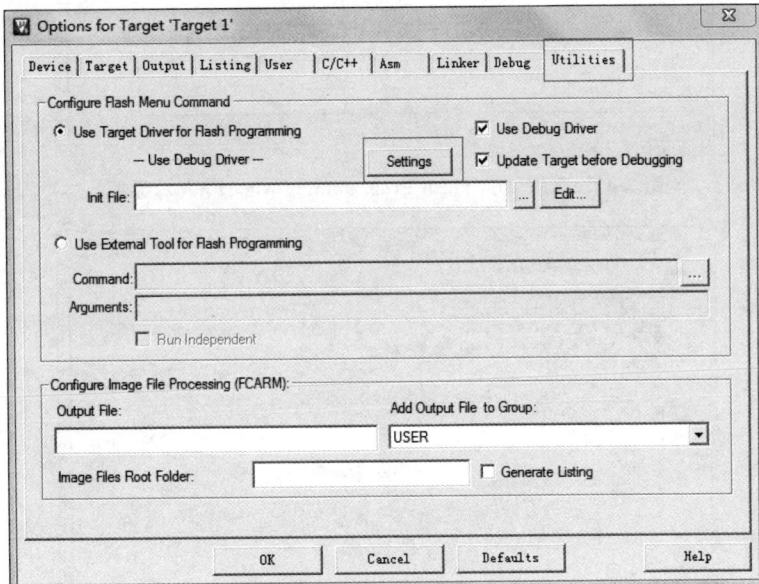

图 3-45   Utilities 选项卡

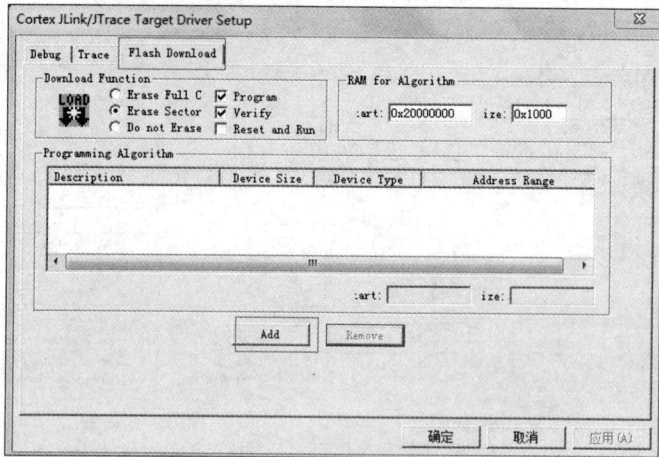

图 3-46　配置 Flash Download 选项卡

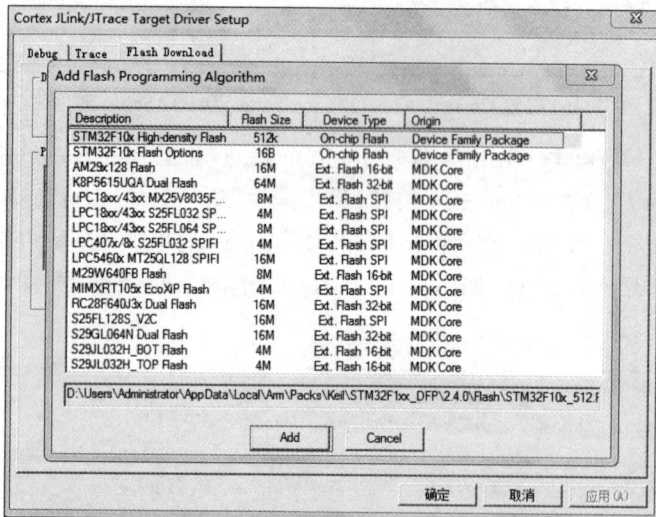

图 3-47　配置 Add Flash Programming Algorithm 对话框

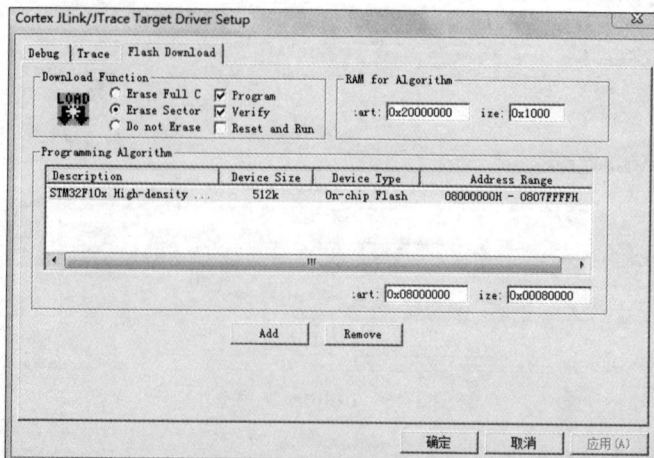

图 3-48　Driver Setup 对话框

4. 调试

在 Keil µVision5 主界面中,选择 Debug→Start/Stop Debug Session 命令或单击 ⑨ 进入调试界面,如图 3-49 所示。图 3-49 中,⇨ 箭头指向当前 Keil µVision5 中的反汇编行。选择 Run(F5)则全速运行,实现 4 个 LED 亮灭交替。

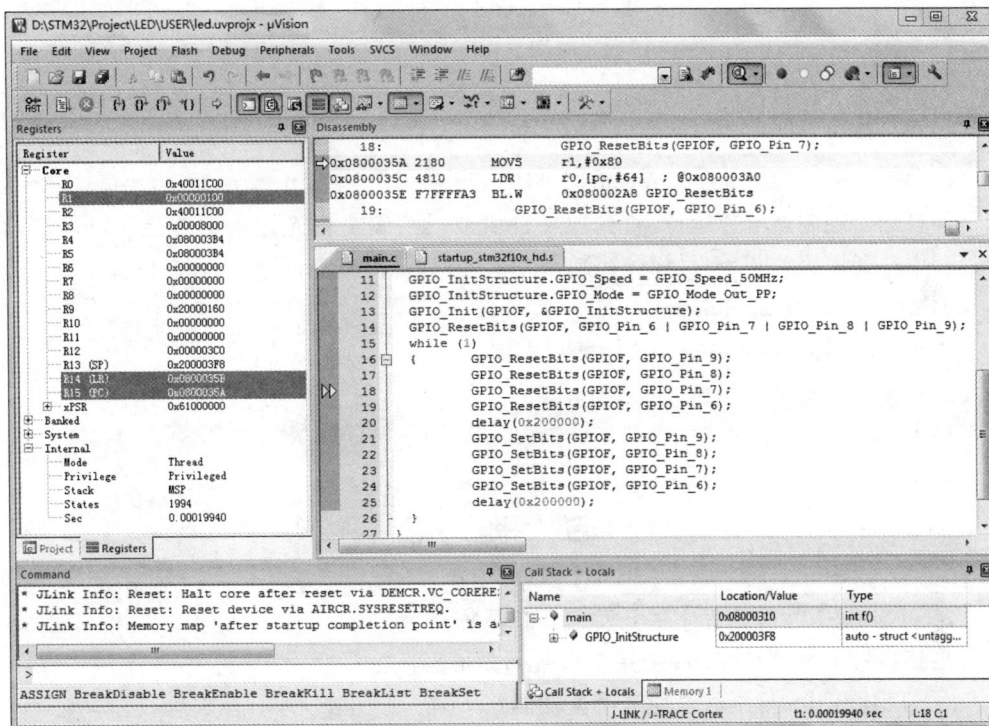

图 3-49　4 个 LED 同时闪烁调试界面

在调试过程中,可以灵活使用技巧跟踪应用程序运行,与调试有关的工具栏按钮如下。

1) ⑨ Start/Stop Debug Session(Ctrl＋F5)

(1) 进入调试状态,单击该命令将启动连接仿真器,装载目标文件,并复位目标微控制器。

(2) 退出调试状态,再次单击,将停止调试过程,并断开与仿真器的连接,返回编辑模式。

2) ⚙ Reset CPU

当程序正在运行时,执行此命令会复位微控制器,从头开始执行程序。

3) 🔳 Run(F5)

使目标微控制器全速执行程序,直到碰到一个断点或被用户停止(单击)。

4) ⊗ Stop

该命令停止目标微控制器运行,当程序停止时,所有窗口中的信息都将更新。只有当程序处在运行状态时，才能执行此命令。

5) ⟨〕 Step(F11)

单步进入命令将控制目标微控制器只执行一条指令，可进入函数或子程序。

6) 〔〕 Step Over(F10)

单步命令只执行一条指令。如果此指令是一个函数(子程序)调用，将一步执行完成后再暂停。

7) 〔〕 Step Out(Ctrl＋F11)

跳出命令会使目标微控制器运行到当前函数或子程序结束，并跳出到调用该函数的上一层代码位置。

8) ⟨〕 Run To Cursor Line(Ctrl＋F10)

使目标微控制器全速运行，直到源文件窗或反汇编窗中光标指示的行停止运行，运行过程中碰到设置的断点，目标微控制器停止运行；运行完毕，更新所有窗口。

9) ⇨ Show Next Statement

箭头指向当前 Keil μVision5 中的反汇编行。

10) ● Insert/Remove Breakpoint(F9)

设置或删除一个断点。

习　题　3

1. STM32F103 应用程序的开发工具有哪些？
2. 新建一个 STM32F103 应用工程有哪些步骤？
3. STM32F10x 标准外设库有哪些功能？
4. MDK-ARM 有哪些优势？
5. 如何在 Keil μVision5 中配置应用工程的环境？
6. 应用软件的调试有哪些方法？
7. 用户主程序 main.c 源代码的框架是什么？
8. 大容量、中容量和小容量的 STM32F10x 系列微控制器启动代码文件各是什么？

第4章

STM32F103 的 GPIO

本章进入 STM32 片上外设开发的世界，以 STM32F103 微控制器为例讲述 GPIO
(General Purpose Input/Output，通用输入输出)基本概念、内部结构、寄存器、工作模式、
复用功能和重映射、GPIO 的寄存器、外部中断、事件输出，介绍 GPIO 常用库函数和开发
实例。

4.1 GPIO 概述

GPIO 是实现微控制器与外部环境之间的数字交换的基本接口，几乎所有基于
STM32 的嵌入式应用都要用到 GPIO。利用 GPIO，STM32F103 微控制器可以实现对各
类传感器、按键等外设输入信号的采集，以及 LED、LCD 和继电器等外设输出控制，
GPIO 还可用于串行和并行通信、存储器扩展等。

根据型号不同，STM32 微控制器的 GPIO 引脚数目可能不同，分别有 26 个、37 个
(如 STM32F103Cx 系列)、51 个、80 个、112 个(如 STM32F103Zx 系列)等多功能双向
5V 兼容的快速 I/O 引脚；GPIO 引脚每 16 个作为 1 个端口，分布在 GPIOA(PA)、
GPIOB(PB)、GPIOC(PC)、GPIOD(PD)、GPIOE(PE)、GPIOF(PF)、GPIOG(PG)等端
口中，每个端口的 16 个引脚被编号为 0~15，例如，GPIOA 端口的 16 个引脚分别是
PA0，PA1，…，PA15。

4.2 STM32F103GPIO 引脚的内部结构

每个 STM32F103 微控制器的 GPIO 引脚内部结构如图 4-1 所示，主要由输入驱动
器和输出驱动器、输入数据寄存器(IDR)、输出数据寄存器(ODR)和位设置/清除寄存器
等构成。

GPIO 输入驱动器由施密特触发器、带开关的上拉电阻电路和带开关的下拉电阻电
路组成。GPIO 输出驱动器由多路选择器、输出控制和一对互补的 MOS 管组成。其中，
多路选择器根据软件设置决定该引脚是 GPIO 普通输出(来自输出数据寄存器)还是复
用功能输出(来自片上外设)。

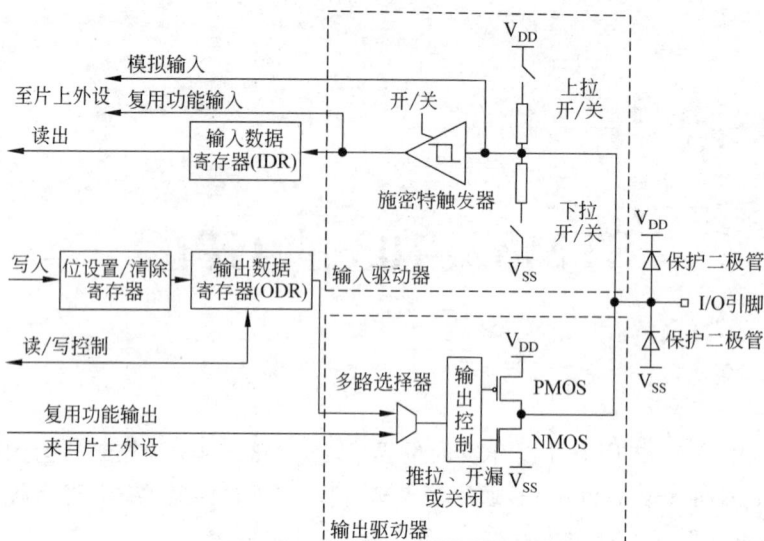

图 4-1　GPIO 引脚的内部结构

（1）输入信号同时送到输入数据寄存器（GPIOx_IDR）和片上外设，输入数据寄存器在每个 APB2 时钟周期捕捉 I/O 引脚上数据。

（2）读引脚操作时，引脚的当前电平状态被读到内部总线上。在不执行读操作时，外部引脚与内部总线之间是断开的。

（3）当 I/O 引脚作为输出配置时，根据软件设置决定输出数据来源（普通输出或是复用功能输出）和输出模式（推挽、开漏），输出控制逻辑控制 PMOS 和 NMOS 管状态，将输出数据输出到相应的 I/O 引脚。

4.3　STM32F103GPIO 的工作模式与输出频率

1. GPIO 工作模式

GPIO 的开发应用，首先需要确定工作模式。通过软件配置 GPIO 寄存器，改变输入输出驱动器的工作状态实现具体功能。

根据 GPIO 引脚内部结构，GPIO 引脚有 4 种输入模式和 4 种输出模式。输入模式包括模拟输入、浮空输入、上拉输入和下拉输入等，如表 4-1 所示。输出模式包括开漏输出、推挽输出、推挽复用输出和开漏复用输出等，如表 4-2 所示。在复位期间和复位后，复用功能未打开，I/O 引脚被配置成浮空输入模式。

表 4-1　GPIO 4 种输入模式及应用

输入模式	信号去向	上拉/下拉	施密特触发器	应　　用
模拟输入	片上外设 ADC	无	关闭	外部模拟输入信号
浮空输入	IDR 或片上外设	无	激活	不确定电平的输入信号

续表

输入模式	信号去向	上拉/下拉	施密特触发器	应　用
上拉输入	IDR 或片上外设	上拉	激活	上拉至高电平输入
下拉输入	IDR 或片上外设	下拉	激活	下拉至低电平输入

表 4-2　GPIO 4 种输出模式及应用

输出模式	信号来源	推挽或开漏	输出频率	应　用
推挽输出	ODR	推挽	2MHz、10MHz、50MHz	输出低电平/高电平,具有高负载能力,如驱动 LED、蜂鸣器等
开漏输出		开漏		输出低电平,若输出高电平需要外接上拉电阻
推挽复用输出	片上外设	推挽		片内外设推挽输出功能,如 USART 的 TX,SPI 的 MOSI、MOSO、SCK
开漏复用输出		开漏		片内外设开漏输出功能,如 I2C 的 SCL 或 SDA

2. 输出频率

如果 STM32F103 的 GPIO 引脚工作在输出模式,还需要设置其输出频率,即引脚输出驱动器的响应速度。STM32F103 的 GPIO 引脚的输出频率有 3 种:2MHz、10MHz 和 50MHz。选择较高输出频率时噪声也会增大,选择较低输出频率有利于提高系统的 EMI 性能;如果要输出较高频率的信号,却选用了较低输出频率,会造成输出信号失真。合理选取输出频率,可达到最佳的控制噪声和降低功耗的效果。STM32F103 的 GPIO 引脚输出频率推荐是其输出信号速度的 5～10 倍。一些参考的输出频率选用如下。

(1) 2MHz 用于 LED、蜂鸣器、最大波特率 115.2kb/s 的 USART 等输出。

(2) 10MHz 用于较高频率复用功能的输出引脚,如 400kb/s 以上 I2C。

(3) 50MHz 用于高速的 SPI 复用功能输出引脚(如比特率为 9Mb/s 或 18Mb/s)和 FSMC 复用功能连接存储器的输出引脚等。

4.4　STM32F103GPIO 的复用功能和重映射

1. 外设复用功能的 I/O 引脚重映射

STM32F103 微控制器的 GPIO 引脚都具有 I/O 引脚功能(主功能),有些 GPIO 引脚是一个或多个片上外设默认的复用功能引脚,某些引脚可以通过复用功能重映射,具有"重定义功能",即一个 I/O 引脚除了可以作为某个默认外设的复用功能外,还可以作为其他多个不同外设默认的复用引脚。一个片上外设,除了有默认的"复用引脚",可以有多个"重定义功能"的备用复用引脚,即外设复用功能的重映射。具体默认复用功能和重定义功能参见附录 A～附录 C。

从 I/O 引脚的角度看,例如,对于大容量产品 STM32F103ZE 微控制器的引脚 PB11,由附录 A,其主功能是 PB11;默认复用功能是 I2C2 的数据端 SDA 和 USART3 的接收端 Rx,重定义功能是 TIM2_CH4。

从外设复用功能看,例如,对于 STM32F103ZE 微控制器的片上外设 USART1 来说,它的发送端 Tx 默认映射到引脚 PA9,但如果引脚 PA9 已被另一默认复用功能 TIM1 的通道 2(TIM1_CH2)占用,就需要将 USART1 的 Tx 重新映射到引脚 PB6。

2. 复用功能重映射的实现

实现复用功能重映射需要进行以下操作:
(1) 使能被重映射的 I/O 引脚的时钟;
(2) 使能 APB2 上的 AFIO 时钟;
(3) 按照复用功能的方式配置 I/O 引脚;
(4) 使能被重映射的外设时钟;
(5) 对外设进行 I/O 引脚重映射。

【例 4-1】　PB10 引脚的重定义功能举例。STM32F103R6 控制器通过 TIM2_CH3 引脚输出 PWM 信号,从附录 C 可知,TIM2_CH3 默认复用功能是 PA2 引脚,如果 PA2 被 USART2_TX 或者 ADC1_IN2 占用,需要用到 PB10 引脚的"重定义功能"。重映射编程如下:

```
GPIO_InitTypeDef MyGPIO;                        //定义 GPIO 结构体初始化变量
RCC_APB2PeriphClockCmd(RCC_APB2Periph_GPIOB,ENABLE);    //打开 GPIOB10 时钟
RCC_APB2PeriphClockCmd(RCC_APB2Periph_AFIO, ENABLE);
                                                //打开 GPIOB10 引脚 AFIO 时钟
MyGPIO.GPIO_Pin=GPIO_Pin_10;
MyGPIO.GPIO_Speed=GPIO_Speed_50MHz;             //设置响应速度
MyGPIO.GPIO_Mode=GPIO_Mode_AF_PP;               //设置 PB10 为复用功能推挽输出
GPIO_Init(GPIOB, &MyGPIO);                       //调用 GPIO 初始化函数完成 PB10 引脚配置
RCC_APB1PeriphClockCmd(RCC_APB1Periph_TIM2,ENABLE);
                                                //使能 PB10 引脚重映射的 TIM2 时钟
GPIO_PinRemapConfig(GPIO_FullRemap_TIM2,ENABLE);
                                                //对 TIM2 的 I/O 引脚重映射
```

4.5　STM32F103GPIO 的寄存器

GPIO 硬件驱动是经过一系列控制寄存器的写入操作实现的,通过控制 GPIO 寄存器,操纵相关设备完成输入或输出功能。

GPIO 寄存器都为 32 位,名称及功能如表 4-3 所示。x 的取值可以是 A～G,表示分组。每个 GPIO 端口(GPIOA～GPIOG)有 2 个配置寄存器(GPIOx_CRH 和 GPIOx_CRL)、1 个输入数据寄存器(GPIOx_IDR)、1 个输出数据寄存器(GPIOx_ODR)、1 个位

置位/清除寄存器(GPIOx_BSRR)、1 个位清除寄存器(GPIOx_BRR)和 1 个锁定寄存器
(GPIOx_LCKR)。

表 4-3　GPIO 相关寄存器及功能

序号	端口寄存器	寄存器组名	功能简要描述
1	配置高位寄存器	GPIOx_CRH	用于配置端口高 8 位(15~8)的工作模式
2	配置低位寄存器	GPIOx_CRL	用于配置端口低 8 位(7~0)的工作模式
3	输入数据寄存器	GPIOx_IDR	当端口被配置为输入,可从该寄存器读取数据
4	输出数据寄存器	GPIOx_ODR	当端口被配置为输出,可从该寄存器读或写数据
5	位置位/清除寄存器	GPIOx_BSRR	可以对端口输出数据寄存器每位置 1/清零
6	位清除寄存器	GPIOx_BRR	可以对端口输出数据寄存器每位复位
7	锁定寄存器	GPIOx_LCKR	执行正确写序列后,可锁定引脚的配置

GPIO 寄存器必须以 32 位字的形式访问。每个 GPIO 端口的寄存器分为 4 类。

(1) 配置寄存器:选择引脚是输入还是输出,确定工作模式以及输出频率。

(2) 数据寄存器:保存 GPIO 的输入电平或将要输出的电平(1 或 0)。

(3) 位控制寄存器:设置引脚电平,控制输出电平(高或低)。

(4) 锁定寄存器:设置锁定引脚后,就不能修改其配置。

1. 配置低位寄存器(GPIOx_CRL)/配置高位寄存器(GPIOx_CRH)

GPIOx_CRL 各位定义如图 4-2 所示。GPIOx_CRH 各位定义如图 4-3 所示。rw 表示可读写。

31	30	29	28	27	26	25	24	…	7	6	5	4	3	2	1	0
CNF7[1:0]		MODE7[1:0]		CNF6[1:0]		MODE6[1:0]		…	CNF1[1:0]		MODE1[1:0]		CNF0[1:0]		MODE0[1:0]	
rw	rw	rw	rw	rw	rw	rw	rw		rw	rw	rw	rw	rw	rw	rw	rw

图 4-2　GPIOx_CRL 各位定义

31	30	29	28	27	26	25	24	…	7	6	5	4	3	2	1	0
CNF15[1:0]		MODE15[1:0]		CNF14[1:0]		MODE14[1:0]		…	CNF9[1:0]		MODE9[1:0]		CNF8[1:0]		MODE8[1:0]	
rw	rw	rw	rw	rw	rw	rw	rw		rw	rw	rw	rw	rw	rw	rw	rw

图 4-3　GPIOx_CRH 各位定义

GPIOx_CRL(GPIOx_CRH)由 8 组 CNFx[1:0]和 MODEx[1:0]组成,x 取值为 7~0(15~8),表示引脚号 Pin7~Pin0(Pin15~Pin8),每组 4 位用来设置一个引脚的属性。

CNFx[1:0]和 MODEx[1:0]组合,控制 Pin15~Pin0 的工作模式和输出频率,关系

如图 4-4 所示。

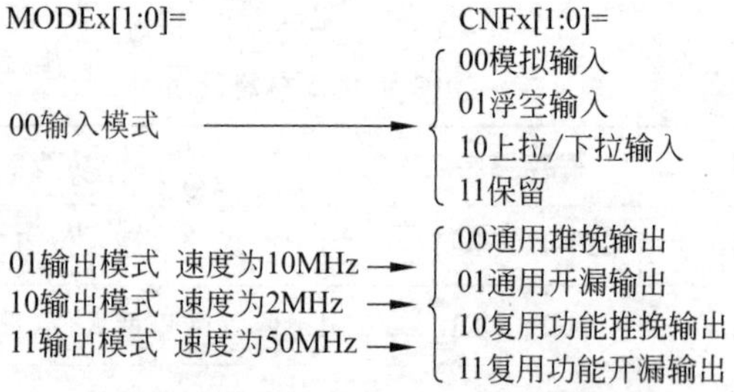

```
MODEx[1:0]=                          CNFx[1:0]=
                                     ┌ 00模拟输入
                                     │ 01浮空输入
00输入模式   ─────────────→  ┤ 10上拉/下拉输入
                                     └ 11保留

01输出模式  速度为10MHz  ┌ 00通用推挽输出
10输出模式  速度为2MHz   ┤ 01通用开漏输出
11输出模式  速度为50MHz ─→│ 10复用功能推挽输出
                           └ 11复用功能开漏输出
```

图 4-4　端口配置寄存器各位的配置功能

(1) 位 CNFx[1:0]，根据 MODEx[1:0]配置，确定 Pinx 的工作模式；

(2) 位 MODE x[1:0]，当位 MODEx[1:0]为 00 时，配置 Pinx 为输入模式。当位 MODEx[1:0]>0 时，配置 Pinx 为输出模式，并设置输出工作模式输出速度。

(3) GPIOx_CRL(GPIOx_CRH)复位后初始值为 0x44444444。由图 4-4 可知，复位后，GPIO 引脚被配置成浮空输入模式。

2. 输入数据寄存器 GPIOx_IDR(x=A～G)

输入数据寄存器高 16 位是保留位，低 16 位 GPIOx_IDR[15:0]是引脚输入数据。复位后初始值为 0x0000。

3. 输出数据寄存器 GPIOx_ODR(x=A～G)

输出数据寄存器高 16 位是保留位，低 16 位 GPIOx_ODR[15:0]是引脚输出数据。复位后初始值为 0x0000。

4. 位置位/清除寄存器 GPIOx_BSRR(x=A～G)

位置位/清除寄存器配置信息如图 4-5 所示，w 表示只写寄存器，复位后初始值为 0x0000。

31	30	29	28	⋯	17	16	15	14	13	12	⋯	1	0
BR15	BR14	BR13	BR12	⋯	BR1	BR0	BS15	BS14	BS13	BS12	⋯	BS1	BS0
w	w	w	w	⋯	w	w	w	w	w	w	⋯	w	w

图 4-5　置位/清除寄存器配置信息

GPIOx_BSRR 各位说明如下：

(1) BR15～BR0，若某位写 1，则 ODR[15:0]对应位清零。若某位写 0，ODR[15:0]对应位不变。

(2) BS15～BS0，若某位写 1，则 ODR[15:0]对应位置 1。若某位写 0，ODR[15:0]对应位不变。

(3) 同时对 BR[15:0]和 BS[15:0]相同位置 1，则只有 BS[15:0]起作用。

5. 位清除寄存器 GPIOx_BRR(x＝A～G)

只有低 16 位 BRR[15:0]有用,当 BRR[15:0]对应位写 1,则输出数据寄存器 GPIOx_ODR[15:0]对应位清零。复位后初始值为 0x0000。

6. 锁定寄存器 GPIOx_LCKR(x＝A～G)

锁定寄存器 GPIOx_LCKR 只有低 16 位 LCKR[15:0]有用。复位后初始值为 0x0000。

对于锁定寄存器的操作,要对锁定的位写入一定的序列:写 1、写 0、写 1、读 0、读 1。最后一个读可省略,但可以用来确认锁定已被激活。

7. 寄存器编程语句

【例 4-2】　将 B3 设置为浮空输入模式。

```
GPIOB->CRL&=～0x0000F000;GPIOB->CRL|=0x00004000;
```

【例 4-3】　将 B3 设置为推挽输出模式,输出频率为 10MHz。

```
GPIOB->CRL&=～0x0000F000;GPIOB->CRL|=0x00001000;
```

【例 4-4】　将 B15 设置为低电平。

```
GPIOB->ODR&=～(1<<15);
GPIO_ResetBits(GPIOB,GPIO_Pin_15);
```

【例 4-5】　读 PA3 引脚电平。

```
方法 1: uint8_t pin_3=(GPIOA->IDR&=(1<<3))?1:0;
方法 2: uint8_t rpin_3=GPIO_ReadInputDataBit(GPIOA,GPIO_Pin_3);
```

4.6　STM32F103GPIO 的外部中断映射和事件输出

STM32F103 的 GPIO 引脚都具有通用 I/O 功能(主功能),一些 GPIO 引脚是一个或多个片上外设默认的复用功能引脚,一些 GPIO 引脚具有重定义功能。每个 GPIO 引脚还可以映射为外部中断通道或事件输出,用于产生中断/事件请求。

1. 外部中断映射

STM32F103 微控制器的所有 I/O 引脚可以被直接映射为外部中断输入。当某个 I/O 被映射为外部中断线后,可以作为一个外部中断源,微控制器通过中断服务程序实现响应中断请求。

STM32F103 微控制器的外部中断/事件控制器(EXTI)管理 19 根外部中断/事件输入线,分别为 EXTI0,EXTI1,…,EXTI17 和 EXTI18。其中 16 根外部信号输入线

EXTI0,EXTI1,…,EXTI15 对应 GPIO 端口同号的 16 个引脚 Px0,Px1,…,Px15,x∈{A,B,C,D,E,F,G}。

2. 事件输出

STM32F103 微控制器几乎每个 I/O 引脚（除端口 F 和 G 的引脚外）都可用作事件输出。例如，通过事件输出信号将 STM32F103 从低功耗模式中唤醒。

4.7　STM32F10x 的 GPIO 相关库函数

本节介绍以库函数方式使用 STM32F10x 的 GPIO。

1. GPIO 库函数调用基础

使用 PA～PG 端口任一个引脚，首先需要配置引脚号、速度、输入输出模式。

（1）GPIO_Pin_x。表示选择待设置 GPIO（PA～PG）端口的引脚号，x 取值为 0～15、None、All。可用操作符"|"一次选择多个引脚。

（2）GPIO_Speed_x。GPIO_Speed_x 用于选择引脚的速度，不同取值及功能描述如表 4-4 所示。

表 4-4　GPIO_Speed_x 不同取值及功能描述

GPIO_Speed_x 取值	功 能 描 述
GPIO_Speed_2MHz	最高输出频率为 2MHz
GPIO_Speed_10MHz	最高输出频率为 10MHz
GPIO_Speed_50MHz	最高输出频率为 50MHz

（3）GPIO_Mode_x 的含义。GPIO_Mode_x 用于选择引脚的工作模式。引脚配置如表 4-5 所示。

表 4-5　GPIO_Mode_x 引脚配置

GPIO_Mode_x 取值	工 作 模 式	GPIO_Mode_x 取值	工 作 模 式
GPIO_Mode_AIN	模拟输入	GPIO_Mode_Out_OD	开漏输出
GPIO_Mode_IN_FLOATING	浮空输入	GPIO_Mode_Out_PP	推挽输出
GPIO_Mode_IN_IPD	下拉输入	GPIO_Mode_AF_OD	复用开漏输出
GPIO_Mode_IN_IPU	上拉输入	GPIO_Mode_AF_PP	复用推挽输出

2. GPIO 库函数

STM32F10x 的 GPIO 常用库函数存放在 STM32F10x 标准外设库的源代码文件 stm32f10x_gpio.c 和头文件 stm32f10x_gpio.h 中，源代码文件存放库函数定义，头文件存放 GPIO 相关结构体、宏定义和 GPIO 库函数声明。GPIO 库函数说明如表 4-6 所示，分为 GPIO 初始化函数、引脚读写函数、端口读写函数等 5 类。

表 4-6　GPIO 库函数说明

分　类	函　数　名	功　能　描　述
GPIO 初始化	GPIO_Init()	根据指定的参数初始化 GPIOx 寄存器
	GPIO_DeInit()	将外设 GPIOx 寄存器重设为默认值
	GPIO_AFIODeInit()	将复用功能(重映射事件控制和 EXTI 设置)重设为默认值
	GPIO_StructInit()	把每一个参数按默认值填入
	GPIO_PinLockConfig()	锁定 GPIO 引脚设置寄存器
	GPIO_PinRemapConfig()	改变指定引脚的映射
引脚读写	GPIO_SetBits()	设置指定的一个或多个引脚位为高电平
	GPIO_ResetBits()	设置指定的一个或多个引脚位为低电平
	GPIO_WriteBit()	设置或清除指定引脚的特定位
	GPIO_ReadInputDataBit()	读取指定引脚的输入值，每次读取一个位
	GPIO_ReadOutputDataBit()	读取指定引脚的输出值，每次读取一个位
端口读写	GPIO_ReadInputData()	读取指定 GPIO 引脚的输入值，为一个 16 位数据
	GPIO_Write()	向指定的 GPIO 端口写入数据
	GPIO_ReadOutputData()	读取指定 GPIO 端口的输出值，为一个 16 位数据
引脚事件输出配置使能	GPIO_EventOutputConfig()	选择 GPIO 引脚用作事件输出
	GPIO_EventOutputCmd()	使能或者失能事件输出
引脚中断管理	GPIO_EXTILineConfig()	选择 GPIO 引脚用作外部中断线

GPIO 引脚被分组在 PA、PB、PC、PD、PE、PF、PG 等端口，写成 Px 或 GPIOx。每组各引脚根据 GPIO 寄存器每位对应位置编号为 15~0。

1) GPIO_Init()函数

GPIO_Init()函数的说明见表 4-7。功能为根据 GPIO_InitStruct 中指定的参数初始化外设 GPIOx 寄存器，配置 PA~PG 端口的任一个引脚的输入输出模式、速度。

表 4-7　GPIO_Init()函数说明

函数原型	void GPIO_Init(GPIO_TypeDef * GPIOx, GPIO_InitTypeDef * GPIO_InitStruct)
输入参数 1	GPIOx：选择端口，x 可以是 A、B、C、D、E、F 或者 G
输入参数 2	GPIO_InitStruct：指向结构 GPIO_InitTypeDef 的指针，包含 GPIO 的配置信息
输出参数：无；返回值：无；先决条件：无；被调用函数：无	

GPIO_InitTypeDef 结构体定义在头文件 stm32f10x_gpio.h 中，内容如下：

```
typedef struct
   { u16 GPIO_Pin;
   GPIOSpeed_TypeDef GPIO_Speed;
   GPIOMode_TypeDef GPIO_Mode;
   } GPIO_InitTypeDef;
```

【例 4-6】 将端口 A 的 1、2、7、8 引脚设为推挽输出,最大频率设为 50MHz。

```
GPIO_InitTypeDef MYGPIO;
    RCC_APB2PeriphClockCmd(RCC_APB2Periph_GPIOA, ENABLE);
    MYGPIO.GPIO_Pin=GPIO_Pin_8|GPIO_Pin_7|GPIO_Pin_2|GPIO_Pin_1;
    MYGPIO.GPIO_Mode=GPIO_Mode_Out_PP;
    MYGPIO.GPIO_Speed=GPIO_Speed_50MHz;
    GPIO_Init(GPIOA, &MYGPIO);
```

2）GPIO_DeInit()函数

GPIO_DeInit()函数的说明见表 4-8。其功能是将外设 GPIOx 寄存器重设为默认值。

表 4-8　GPIO_DeInit()函数说明

函数原型	void GPIO_DeInit(GPIO_TypeDef * GPIOx)
输入参数 1	GPIOx：选择端口,x 可以是 A、B、C、D、E、F 或者 G
输出参数：无；返回值：无；先决条件：无；被调用函数：RCC_APB2PeriphResetCmd()	

【例 4-7】 将外设端口 B 配置为复位默认值。

```
GPIO_DeInit(GPIOB);
```

3）GPIO_AFIODeInit()函数

GPIO_AFIODeInit()函数的说明见表 4-9。其功能描述是将复用功能（重映射事件控制和 EXTI 设置）重设为默认值。

表 4-9　GPIO_AFIODeInit()函数说明

函数原型	void GPIO_AFIODeInit(void)void
功能描述	将复用功能（重映射事件控制和 EXTI 设置）重设为默认值
输入参数：无；输出参数：无；返回值：无；先决条件：无；被调用函数：RCC_APB2PeriphResetCmd()	

【例 4-8】 将外设复用功能复位为默认值。

```
GPIO_AFIODeInit();
```

4）GPIO_StructInit()函数

GPIO_StructInit()函数说明如表 4-10 所示,其功能是把 GPIO_InitStruct 中的每一个参数按默认值填入。

表 4-10　**GPIO_StructInit**() 函数说明

函数原型	void GPIO_StructInit(GPIO_InitTypeDef * GPIO_InitStruct)
输入参数 1	GPIO_InitStruct：指向结构 GPIO_InitTypeDef 的指针，待初始化（默认值见表 4-11）
输出参数：无；返回值：无；先决条件：无；被调用函数：无	

表 4-11　**GPIO_InitStruct 默认值**

成　　员	默　认　值
GPIO_Pin	GPIO_Pin_All
GPIO_Speed	GPIO_Speed_2MHz
GPIO_Mode	GPIO_Mode_IN_FLOATING

【例 4-9】　初始化 GPIO 结构参数。

```
GPIO_InitTypeDef GPIO_InitStructure;
GPIO_StructInit(&GPIO_InitStructure);
```

5) GPIO_PinLockConfig() 函数

GPIO_PinLockConfig() 函数说明如表 4-12 所示，其功能是锁定 GPIO 引脚的设置寄存器。

表 4-12　**GPIO_PinLockConfig**() 函数说明

函数原型	void GPIO_PinLockConfig(GPIO_TypeDef * GPIOx, u16 GPIO_Pin)
输入参数 1	GPIOx：选择端口，x 可以是 A、B、C、D、E、F 或者 G
输入参数 2	GPIO_Pinx：待锁定的引脚（x 可以是 0～15 的任意组合）
输出参数：无；返回值：无；先决条件：无；被调用函数：无	

【例 4-10】　锁定外设端口 A 的引脚 2 和引脚 3。

```
GPIO_PinLockConfig(GPIOA,GPIO_Pin_2 | GPIO_Pin_3);
```

6) GPIO_PinRemapConfig() 函数

GPIO_PinRemapConfig() 函数说明如表 4-13 所示，其功能是改变 GPIO 复用引脚映射。

表 4-13　**GPIO_PinRemapConfig**() 函数说明

函数原型	void GPIO_PinRemapConfig(u32 GPIO_Remap，FunctionalState NewState)
输入参数 1	GPIO_Remap：选择重映射的引脚（可重映射的引脚见表 4-14）
输入参数 2	NewState：引脚重映射的新状态（可取 ENABLE 或 DISABLE）
输出参数：无；返回值：无；先决条件：无；被调用函数：无	

表 4-14　GPIO_Remap 不同取值

GPIO_Remap 取值	功 能 描 述
GPIO_Remap_SPI1	SPI1 复用功能映射
GPIO_Remap_I2C1	I2C1 复用功能映射
GPIO_Remap_USART1	USART1 复用功能映射
GPIO_Remap_USART2	USART2 复用功能映射
GPIO_FullRemap_USART3	USART3 复用功能完全映射
GPIO_PartialRemap_USART3	USART3 复用功能部分映射
GPIO_FullRemap_TIM1	TIM1 复用功能完全映射
GPIO_PartialRemap1_TIM2	TIM2 复用功能部分映射 1
GPIO_PartialRemap2_TIM2	TIM2 复用功能部分映射 2
GPIO_FullRemap_TIM2	TIM2 复用功能完全映射
GPIO_PartialRemap_TIM3	TIM3 复用功能部分映射
GPIO_FullRemap_TIM3	TIM3 复用功能完全映射
GPIO_Remap_TIM4	TIM4 复用功能映射
GPIO_Remap1_CAN	CAN 复用功能映射 1
GPIO_Remap2_CAN	CAN 复用功能映射 2
GPIO_Remap_PD01	PD01 复用功能映射
GPIO_Remap_SWJ_NoJTRST	除 JTRST 外，SWJ-DP 完全使能（JTAG-DP＋SW-DP）
GPIO_Remap_SWJ_JTAGDisable	JTAG-DP 失能 ＋ SW-DP 使能
GPIO_Remap_SWJ_Disable	SWJ 完全失能（JTAG-DP＋SW-DP）

【例 4-11】　在 PB11 引脚上重映射 TIM2_CH4。

```
GPIO_PinRemapConfig(GPIO_FullRemap_TIM2, ENABLE);
```

7) GPIO_SetBits()函数

函数说明如表 4-15 所示，其功能是设置所选端口的一个或多个引脚为高电平。

表 4-15　GPIO_SetBits()函数说明

函数原型	void GPIO_SetBits(GPIO_TypeDef * GPIOx, u16 GPIO_Pin)
输入参数 1	GPIOx：选择端口，x 可以是 A、B、C、D、E、F 或者 G
输入参数 2	GPIO_Pin：待设置的引脚
输出参数：无；返回值：无；先决条件：无；被调用函数：无	

【例 4-12】　设置外设端口 B 的引脚 0 和引脚 3 为高电平。

```
GPIO_SetBits(GPIOB,GPIO_Pin_0| GPIO_Pin_3);
```

【例 4-13】 根据字节变量 dat 中 1 的状态置位 PC 端口对应引脚。

```
char dat;
GPIO_SetBits(GPIOC, 0xff & dat);
```

8) GPIO_ResetBits()函数

函数说明如表 4-16 所示,将指定的 GPIO 端口的一个或多个指定引脚复位。

表 4-16　GPIO_ResetBits()函数说明

函数原型	void GPIO_ResetBits(GPIO_TypeDef * GPIOx，u16 GPIO_Pin)
输入参数 1	GPIOx：选择端口，x 可以是 A、B、C、D、E、F 或者 G
输入参数 2	GPIO_Pin：待置低电平的引脚

输出参数：无;返回值：无;先决条件：无;被调用函数：无

【例 4-14】 将 PB15 引脚置低电平。

```
GPIO_ResetBits(GPIOB,GPIO_Pin_15);
```

【例 4-15】 根据字节变量 dat 中为 0 的状态设置 PC 对应位为低电平。

```
char dat;
GPIO_ResetBits(GPIOC, 0xff &(～dat));
```

9) GPIO_WriteBit()函数

函数说明如表 4-17 所示,其功能是设置端口的特定位为高电平(或低电平)。

表 4-17　GPIO_WriteBit()函数说明

函数原型	void GPIO_WriteBit(GPIO_TypeDef * GPIOx，u16 GPIO_Pin，BitAction BitVal)
输入参数 1	GPIOx：选择端口，x 可以是 A、B、C、D、E、F 或者 G
输入参数 2	GPIO_Pin：待置 1 或清零的引脚
输入参数 3	BitVal：指定待写入的位值是 Bit_SET(高电平)或是 Bit_RESET(低电平)

输出参数：无;返回值：无;先决条件：无;被调用函数：无

【例 4-16】 设置 GPIOG 端口的引脚 9 为高电平。

```
GPIO_WriteBit(GPIOG, GPIO_Pin_9,Bit_SET);
```

10) GPIO_ReadInputDataBit()函数

函数说明如表 4-18 所示,其功能是读取指定外设端口指定引脚的输入值。每次读取一个位,高电平为 1,低电平为 0。

表 4-18 GPIO_ReadInputDataBit()函数说明

函数原型	u8 GPIO_ReadInputDataBit(GPIO_TypeDef * GPIOx, u16 GPIO_Pin)
输入参数 1	GPIOx：选择端口，x 可以是 A、B、C、D、E、F 或者 G
输入参数 2	GPIO_Pin：待读取的引脚
输出参数：无；返回值：输入端口的引脚值；先决条件：无；被调用函数：无	

【**例 4-17**】 读取外设端口 A 的引脚 8。

```
uint8_t rp=GPIO_ReadInputDataBit(GPIOA,GPIO_Pin_8);
```

【**例 4-18**】 外设端口 A 的引脚 1 连接按键，定义字符名 K1 为读取该按键的值。

```
#define K1 GPIO_ReadInputDataBit(GPIOA,GPIO_Pin_1)
```

11) GPIO_ReadOutputDataBit()函数

函数说明如表 4-19 所示，其功能是读取指定外设端口指定引脚的输出值（相当于读取该输出引脚的内部锁存器的值）。

表 4-19 GPIO_ReadOutputDataBit()函数说明

函数原型	u8 GPIO_ReadOutputDataBit(GPIO_TypeDef * GPIOx, u16 GPIO_Pin)
输入参数 1	GPIOx：选择端口，x 可以是 A、B、C、D、E、F 或者 G
输入参数 2	GPIO_Pin：待读取的引脚
输出参数：无；返回值：输出端口的引脚值；先决条件：无；被调用函数：无	

【**例 4-19**】 读取输出引脚 PB3 的值。

```
u8 Rbit_data;
Rbit_data =GPIO_ReadOutputDataBit(GPIOB,GPIO_Pin_3);
```

12) GPIO_ReadInputData()函数

函数说明如表 4-20 所示，其功能是读取指定外设端口的输入值，为 16 位数据。

表 4-20 GPIO_ReadInputData()函数说明

函数原型	u16 GPIO_ReadInputData(GPIO_TypeDef * GPIOx)
输入参数 1	GPIOx：选择端口，x 可以是 A、B、C、D、E、F 或者 G
输出参数：无；返回值：输入端口的值；先决条件：无；被调用函数：无	

【**例 4-20**】 读取外设端口 A 的 I/O 值。

```
u16 data1;
data1=GPIO_ReadInputData(GPIOA);
```

13) GPIO_Write()函数

函数说明如表 4-21 所示，其功能是向指定 GPIO 端口写入 16 位数据。

表 4-21　GPIO_Write()函数说明

函数原型	void GPIO_Write(GPIO_TypeDef * GPIOx, u16 PortVal)
输入参数 1	GPIOx：选择端口，x 可以是 A、B、C、D、E、F 或者 G
输入参数 2	PortVal：待写入端口的数据
输出参数：无；返回值：无；先决条件：无；被调用函数：无	

【例 4-21】　对外设端口 PA 写入 0xABCD。

```
GPIO_Write(GPIOA, 0xABCD);
```

14）GPIO_ReadOutputData()函数

函数说明如表 4-22 所示，其功能是读取外设端口的输出值（16 位数据）。

表 4-22　GPIO_ReadOutputData()函数说明

函数原型	u16 GPIO_ReadOutputData(GPIO_TypeDef * GPIOx)
输入参数	GPIOx：选择端口，x 可以是 A、B、C、D、E、F 或者 G
输出参数：无；GPIO 输出端口值：无；先决条件：无；被调用函数：无	

【例 4-22】　读取输出外设端口 F 的值。

```
u16 R_data;
R_data=GPIO_ReadOutputData(GPIOF);
```

15）GPIO_EventOutputConfig()函数

函数说明如表 4-23 所示，其功能是选择 GPIO 引脚用作事件输出。

表 4-23　GPIO_EventOutputConfig()函数说明

函数原型	void GPIO_EventOutputConfig(u8 GPIO_PortSource, u8 GPIO_PinSource)
输入参数 1	GPIO_PortSourceGPIOx：选择端口，x 可以是 A、B、C、D、E、F 或者 G
输入参数 2	GPIO_PinSourcex：事件输出的引脚（x 可以是 0～15 的任意组合）
输出参数：无；返回值：无；先决条件：无；被调用函数：无	

【例 4-23】　选择外设端口 PG1 引脚为事件输出。

```
GPIO_EventOutputConfig(GPIO_PortSourceGPIOG,GPIO_PinSource1);
```

16）GPIO_EventOutputCmd()函数

函数说明如表 4-24 所示，其功能是使能或失能事件输出。

表 4-24　GPIO_EventOutputCmd()函数说明

函数原型	void GPIO_EventOutputCmd(FunctionalState NewState)
输入参数 1	NewState：事件输出的新状态（可选：ENABLE 或 DISABLE）
输出参数：无；返回值：无；先决条件：无；被调用函数：无	

【例 4-24】　使能外设端口 PA5 脚为事件输出。

```
GPIO_EventOutputConfig(GPIO_PortSourceGPIOA,GPIO_PinSource5);
GPIO_EventOutputCmd(ENABLE);
```

17）GPIO_EXTILineConfig()函数

函数说明如表 4-25 所示，其功能是选择 GPIO 引脚为外部中断/事件引脚。

表 4-25　GPIO_EXTILineConfig()函数说明

函数原型	void GPIO_EXTILineConfig(u8 GPIO_PortSource, u8 GPIO_PinSource)
输入参数 1	GPIO_PortSourceGPIOx：选择端口，x 可以是 A、B、C、D、E、F 或者 G
输入参数 2	GPIO_PinSourcex：待设置为外部中断请求的引脚（x 可以是 0～15 的任意组合）
输出参数：无；返回值：无；先决条件：无；被调用函数：无	

【例 4-25】　选择 PA15 端口作为外部（EXTI）中断线 15。

```
GPIO_EXTILineConfig(GPIO_PortSource GPIOA, GPIO_PinSource15);
```

4.8　STM32F103 的 GPIO 设计实例

4.8.1　GPIO 应用基础

STM32F103 的 GPIO 编程应用，步骤如下。

（1）打开 APB2 总线上该引脚所属 GPIO 端口的时钟；

根据 STM32F103 内部结构，GPIO 端口都在 APB2 总线上，使用时需要使能 APB2 总线上的 I/O 引脚的时钟，使能语句如下。

```
RCC_APB2PeriphClockCmd(RCC_APB2Periph_GPIOA,ENABLE);
```

（2）使用 GPIO_InitTypeDef 结构体和 GPIO_Init()函数变量配置 GPIO 引脚。

（3）操作该引脚。

4.8.2　GPIO 跑马灯设计

【例 4-26】　GPIO 跑马灯设计。

1. 实例要求

STM32F103R6 微控制器的 GPIO 接口驱动 8 个 LED 发光二极管，使 8 个 LED 循环点亮，先从上到下点亮后，又从下到上点亮。

2. 硬件电路

硬件电路如图 3-41 所示，LED 工作电流在几毫安至几十毫安之间，为了防止电流过大损坏 LED,STM32F103R6 微控制器的 PA0～PA7 端口通过限流电阻 R1～R7(110Ω)连接到 8 个 LED 阴极端。

3. 软件设计

系统主程序设计。首先对 PA 口初始化,打开 APB2 总线上的外设 PA 端口的时钟,使用 GPIO_InitTypeDef 结构体变量配置 PA7～PA0 为普通推挽输出、速度为 2MHz。接着在循环程序中,依次从 PA0 到 PA7 送出低电平并延时,然后依次从 PA7 到 PA0 送出低电平并延时。

新建和配置 STM32F103 工程,根据主程序设计思路和库函数,写出 main.c 参考程序如下:

```
#include "stm32f10x.h"
void delay(unsigned int count)
{   for(; count!=0; count--); }
int main(void)
{unsigned char i, data, led;
GPIO_InitTypeDef MyIO;
RCC_APB2PeriphClockCmd(RCC_APB2Periph_GPIOA, ENABLE);
MyIO.GPIO_Pin=GPIO_Pin_0 | GPIO_Pin_1 |GPIO_Pin_2 | GPIO_Pin_3 |GPIO_Pin_4 |
GPIO_Pin_5|GPIO_Pin_6 | GPIO_Pin_7;
MyIO.GPIO_Speed=GPIO_Speed_2MHz;
MyIO.GPIO_Mode=GPIO_Mode_Out_PP;
GPIO_Init(GPIOA, &MyIO);
while(1)
{data=0x01;
for(i=0; i<8; i++)
{led=~data;
GPIO_Write(GPIOA, led);
delay(0x2FF00);
data=data<<1; }
data=0x80;
for(i=0; i<8; i++)
{led=~data;
GPIO_Write(GPIOA, led);
delay(0x2FF00);
data=data>>1;
}}}
```

4.8.3 GPIO 按键计数显示设计

【例 4-27】 GPIO 按键计数显示设计。

1. 实例要求

系统由 STM32F103R6 微控制器、按键、LCD1602 和 LED 组成,实现按键的计数和显示。实例具体功能如下:①在 STM32F103R6 的 PA 端口连接按键 K1 和 K2,当 K1 按下时计数加 1,当 K2 按下时计数减 1,实现在 LCD1602 上显示 1000 以内的按键计数值。②在计数加和计数减两种状态,分别点亮绿色 LED 和红色 LED。

2. 硬件电路

GPIO 按键计数显示仿真如图 4-6 所示。PA1~PA2 引脚分别连接按键 K1 和 K2;PB14~PB15 分别连接绿色 LED 和红色 LED,用于指示加和减两种状态。STM32F103R6 的 PC0~PC9 引脚分别连接到 LCD1602 显示器的 D0~D7、RS、E 引脚。

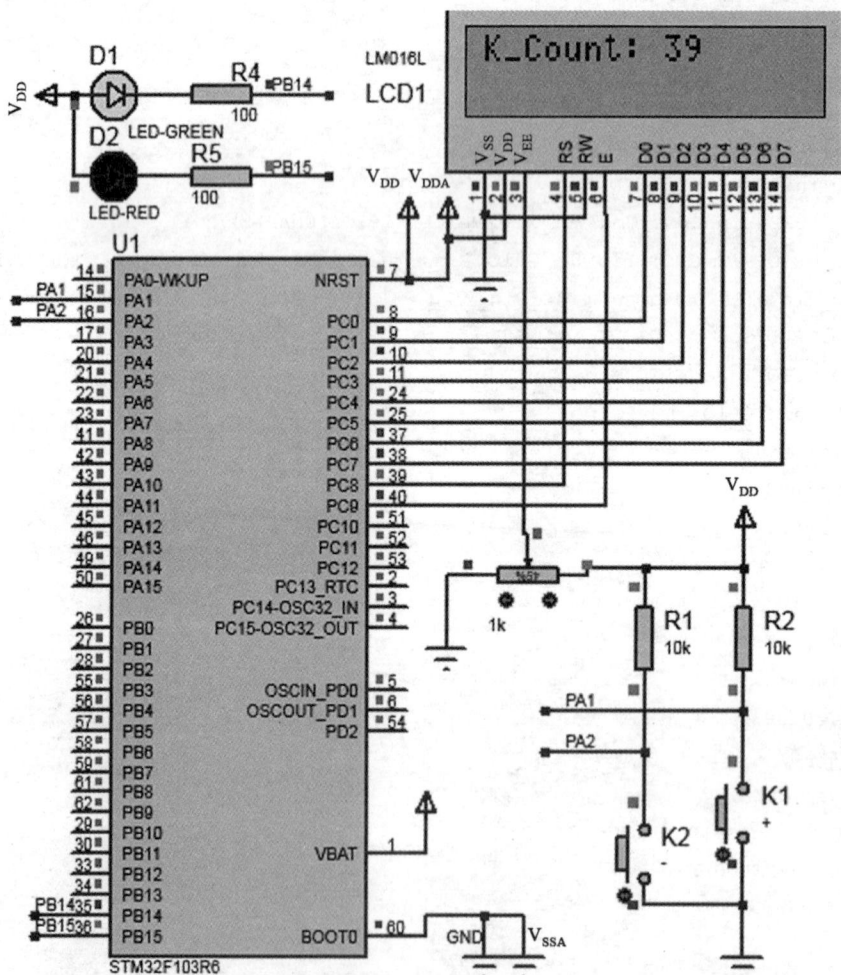

图 4-6　GPIO 按键计数显示仿真图

3. 软件设计

系统主程序设计。首先对 GPIOC、LCD、LED、按键初始化,接着在循环程序中,扫描按键,判断当 K1 按下时计数器加 1,亮绿色 LED;当 K2 按下时计数器减 1,亮红色 LED。在 LCD1602 上显示按键计数值。

(1) 按键检测。定义 K1(K2)为读取 PA1(PA2)得到的引脚值。

读取按键 1:♯define K1 GPIO_ReadInputDataBit(GPIOA,GPIO_Pin_1);读取按键 2:♯define K2 GPIO_ReadInputDataBit(GPIOA,GPIO_Pin_2)。则按键 K1(K2)按下时,K1(K2)为 0;按键抬起时,K1(K2)为 1。

(2) 亮绿灯和亮红灯。定义 GLED(x),如果 x 为 1(或 0),设置 PB14 引脚为高电平(或低电平)。定义 RLED(x),如果 x 为 1(或 0),设置 PB15 引脚为高电平(或低电平)。

```
#define GLED(x) x?GPIO_SetBits(GPIOB,GPIO_Pin_14):GPIO_ResetBits(GPIOB,GPIO
_Pin_14)
#define RLED(x) x?GPIO_SetBits(GPIOB,GPIO_Pin_15):GPIO_ResetBits(GPIOB,GPIO
_Pin_15)
```

则 GLED(0)绿亮灯;RLED(0)红亮灯。

(3) 将 PC0~PC9 引脚(连接 LCD1602 显示器的 D0~D7、RS、E 引脚)和 PB14~PB15(连接 2 个 LED 引脚)设置为推挽输出工作模式。

(4) 新建和配置 STM32F103 工程,根据主程序设计思路和库函数,写出的 main.c 参考程序如下。

```
#include "stm32f10x.h"
#include "string.h"
#include <stdio.h>
#define LCD_RS(x) x?GPIO_SetBits(GPIOC,GPIO_Pin_8):GPIO_ResetBits(GPIOC,
GPIO_Pin_8)
#define LCD_EN(x) x?GPIO_SetBits(GPIOC,GPIO_Pin_9):GPIO_ResetBits(GPIOC,
GPIO_Pin_9)
#define K1 GPIO_ReadInputDataBit(GPIOA,GPIO_Pin_1)    //读取按键 K1
#define K2 GPIO_ReadInputDataBit(GPIOA,GPIO_Pin_2)    //读取按键 K2
#define GLED(x) x?GPIO_SetBits(GPIOB,GPIO_Pin_14):GPIO_ResetBits(GPIOB,GPIO
_Pin_14)
#define RLED(x) x?GPIO_SetBits(GPIOB,GPIO_Pin_15):GPIO_ResetBits(GPIOB,GPIO
_Pin_15)
#define COM 0
#define DAT 1
float KEY_count=26;
void LCD_Write(char rs,char dat)
{   for(int i=0;i<600;i++);
    if(0==rs)LCD_RS(0);else LCD_RS(1);
    LCD_EN(1);
```

```
        GPIO_SetBits(GPIOC, 0xff & dat);
        GPIO_ResetBits(GPIOC, 0xff &(～dat));
        LCD_EN(0);}
    void LCD_Write_Char(char x,char y,char Data)
    {    if(0==x)LCD_Write(COM,0x80 +y);
        else if(1==x)LCD_Write(COM,0xC0 +y);
        else if(2==x)LCD_Write(COM,0x90 +y);
        else LCD_Write(COM,0xD0 +y);
        LCD_Write(DAT,Data);}
    void LCD_Write_String(char x,char y,char * s)
    {    if(0==x)LCD_Write(COM,0x80 +y);
        else if(1==x)LCD_Write(COM,0xC0 +y);
        else if(2==x)LCD_Write(COM,0x90 +y);
        else LCD_Write(COM,0xD0 +y);
        while( * s)LCD_Write(DAT, * s++); }
    void LCD_Clear(void)
    {    LCD_Write(COM,0x01);
        for(int i=0;i<60000;i++);}
    void LCD_Init(void)
    {    LCD_Write(COM,0x38);
        LCD_Write(COM,0x08);
        LCD_Write(COM,0x06);
        LCD_Write(COM,0x0C);
        LCD_Clear();}
    void GPIOC_Init(void)
    {GPIO_InitTypeDef MyGPIO;                              //定义 GPIO 结构体变量
        RCC_APB2PeriphClockCmd(RCC_APB2Periph_GPIOC,ENABLE);
        MyGPIO.GPIO_Pin=GPIO_Pin_0 | GPIO_Pin_1 | GPIO_Pin_2 | GPIO_Pin_3 |
        GPIO_Pin_4 | GPIO_Pin_5 | GPIO_Pin_6 | GPIO_Pin_7 |
          GPIO_Pin_8 | GPIO_Pin_9;
          MyGPIO.GPIO_Speed=GPIO_Speed_50MHz;
          MyGPIO.GPIO_Mode=GPIO_Mode_Out_PP;
          GPIO_Init(GPIOC, &MyGPIO);
    }
    void Delay_us(int t)
    { while(t--);}
    void LEDGPIO_Init(void)
    {    GPIO_InitTypeDef MyGPIO;
        RCC_APB2PeriphClockCmd(RCC_APB2Periph_GPIOB,ENABLE);
        MyGPIO.GPIO_Pin=GPIO_Pin_14 | GPIO_Pin_15;
        MyGPIO.GPIO_Speed=GPIO_Speed_50MHz;
        MyGPIO.GPIO_Mode=GPIO_Mode_Out_PP;
        GPIO_Init(GPIOB, &MyGPIO); }
    void KeyGPIO_Init(void)
```

```
{   GPIO_InitTypeDef MyGPIO;
    RCC_APB2PeriphClockCmd(RCC_APB2Periph_GPIOA,ENABLE);
    MyGPIO.GPIO_Pin=GPIO_Pin_1 | GPIO_Pin_2;
    MyGPIO.GPIO_Mode=GPIO_Mode_IN_FLOATING;
    GPIO_Init(GPIOA,&MyGPIO); }
void lcd_display(void)
    { char buf1[20];
    float a;
    a=KEY_count;
    sprintf(buf1,"K_Count:%3.0f",a);
    LCD_Write_String(0,0,buf1);}
u8 KEY_Scan(void)
    {static u8 key_up=1;
    if(key_up&&(K1==0||K2==0))
    {Delay_us(2000);                              //去抖动
    key_up=0;
    if(K1==0)return 1;
    else if(K2==0)return 2;
    }else if(K1==1)key_up=1;
    return 0; }
  int main(void)
  { GPIOC_Init();
  LCD_Init();
  LEDGPIO_Init();
  KeyGPIO_Init();
  while(1)
    { u8 key=0;
        key=KEY_Scan();
          if(key)
          {   switch(key)
            { case 1:
              KEY_count++;
            if(KEY_count >1000)KEY_count=999;
            GLED(0);
            RLED(1);
            break;
            case 2:
            KEY_count--;
            if(KEY_count <0)KEY_count=0;
            GLED(1);
          RLED(0);
            break;
            default:
            break; } }
```

```
    lcd_display();
}}
```

习 题 4

1. STM32F103 微控制器有哪些 GPIO 端口？各有哪些引脚？

2. 简述 STM32F103 微控制器 GPIO 引脚内部结构组成。

3. 简述 GPIO 引脚的 4 种输入模式和 4 种输出模式，并说明应用场合。

4. 简述外设复用功能的 I/O 引脚重映射，并以 TIM3_CH4 重定义功能为例编程。

5. STM32F103GPIO 的寄存器有哪些？

6. AFIO 时钟什么情况下需要使能？

7. 简述 GPIO 的主要特性。

8. GPIO 寄存器编程设计：

(1) 将 PA0 设置为浮空输入模式；

(2) 将 PA8 设置为推挽输出模式，输出频率为 2MHz；

(3) 将 PC15 设置为低电平；

(4) 读 PA2 引脚电平。

9. STM32F103 微控制器的 EXTI 外部中断/事件输入线有多少个？它们分别对应的输入是什么？

10. 简述 STM32F103 的 GPIO 编程步骤。

11. 在本章 GPIO 跑马灯设计的基础上仿真设计，实现下面的功能：在 PB0 增加一个按键 K1，当按下 K1 时，8 个 LED 从上到下点亮并循环；不按 K1 时，8 个 LED 从下到上点亮并循环。

12. STM32F103R6 的 GPIOA 端口 PA0~PA7 引脚连接共阳极 LED 数码管 A 的 a-dp，GPIOB 端口 PB0~PB7 引脚驱动共阳极 LED 数码管 B 的 a-dp。实现在数码管 A 上循环显示数字 0~9。在数码管 B 上固定显示数字 0。设计主程序（主程序包括配置 GPIO 时钟、GPIO 端口频率为 50MHz、推挽输出，LED 循环点亮）和软件延时程序，并仿真。

第 5 章

STM32F103 的中断

本章以 STM32F103 为例,介绍中断的基本概念、中断系统、外部中断/事件控制器 EXTI 和开发实例。

5.1　中断的概念

在嵌入式系统应用中,当内部、外部紧急事件发生时,能及时响应并实时处理都是利用微控制器的中断系统实现的。

微控制器在执行程序的过程中,被内部或外界中断源打断,微控制器响应中断请求、执行中断服务程序之后,返回断点继续执行原来程序,整个过程称为"中断",如图 5-1 所示。

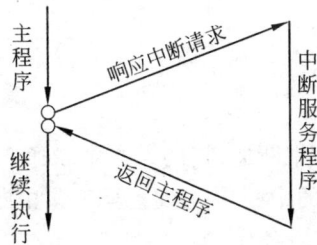

图 5-1　中断响应和处理过程图

5.2　STM32F103 的中断系统

中断系统是软件系统与硬件系统共同提供的功能。硬件系统包括中断源、中断通道、嵌套向量中断控制器(NVIC)、中断优先级、中断向量表,软件主要是中断服务程序。

5.2.1　中断源

中断源指能引发中断的事件。在嵌入式系统应用中,常见的中断源有定时器溢出、串口接收到数据、串口发送完数据、I2C 发送完数据、I2C 接收到数据、按键按下和释放等,与此相关的中断有定时器中断、串口中断、I2C 中断和外部中断等。中断源是否有中断请求,是由它对应的中断请求标志位来表示的。

5.2.2　中断通道

STM32 采用中断通道管理中断源,一个中断通道可具有多个可以申请中断的中断源,这些中断源都能通过对应的"中断通道"向 CPU 申请中断。每个中断通道对应唯一的中断向量地址和唯一的中断服务程序。

5.2.3　嵌套向量中断控制器

嵌套向量中断控制器(NVIC),集成在 ARM Cortex-M3 内核中,与 ARM 内核逻辑紧密耦合。NVIC 最多支持 256 个异常(包括 16 个内部异常和 240 个非内核异常中断)和 256 级可编程异常优先级。而 STM32F103 微控制器的中断系统并没有使用内核 Cortex-M3 的 NVIC 全部功能,它的 NVIC 具有以下特性:

(1) 支持 84 个异常,包括 16 个内部异常和 68 个非内核异常中断。

(2) 每个中断源使用 4 位优先级设置(ARM Cortex-M3 内核定义了 8 位,STM32 微控制器只使用了其中的 4 位),具有 16 级可编程异常优先级。用户可以根据实际应用编程设定 4 位优先级中抢占优先级的位数和子优先级的位数。

(3) 中断响应时处理器状态会自动保存,无须额外指令。

(4) 中断返回时处理器状态会自动恢复,无须额外指令。

(5) 支持嵌套和向量中断。

(6) 支持中断尾链技术。

5.2.4　STM32 的中断优先级

中断优先级的概念是针对"中断通道"的。当中断通道的优先级确定后,该中断通道对应的所有中断源都享有相同的中断优先级。至于该中断通道对应的多个中断源的执行顺序,则取决于用户的中断服务程序。

NVIC 通过设置优先级,使得多个中断源同时申请,按优先级高低顺序处理。STM32 中断优先级,分为抢占优先级(preempting priority)和子优先级(sub priority)。

(1) 抢占优先级。抢占优先级又称组优先级或者占先优先级,决定了是否会有中断嵌套发生。抢占优先级编号低的中断比抢占优先级编号高的优先级高。

(2) 子优先级。子优先级又称从优先级,子优先级高的中断不会构成中断嵌套。子优先级编号低的中断比子优先级编号高的优先级高。

1. STM32 的中断优先级嵌套规则

STM32 的中断优先级嵌套规则如下:

(1) 高抢占优先级的中断(抢占优先级编号低的中断)可以打断当前正在执行的低抢占优先级的中断(抢占优先级编号高的中断)服务程序,从而执行高抢占优先级中断对应的中断服务程序。

（2）仅在抢占优先级相同但子优先级不同的多个中断通道同时申请服务时，STM32首先响应子优先级高（子优先级编号低）的中断。

（3）当相同抢占优先级和相同子优先级的中断通道同时申请服务时，STM32首先响应中断向量表中地址低（中断号小）的那个中断通道。

2. STM32 的中断优先级设置

STM32 微控制器的中断源的优先级分为 5 组，分别是 0～4 组，每组使用 4 位优先级控制位设置抢占优先级和子优先级。因而具有 16 级可编程异常优先级。中断优先级分组和 4 位中断控制位的关系如表 5-1 所示。

表 5-1　中断优先级控制位与分组方式

组　号	优先级控制位					说　　明
	bit7	bit6	bit5	bit4	bit3～bit0	
0	全设置为子优先级				未用	无抢占优先级，有 16 个子优先级
1	抢占优先级	子优先级				有 2 个抢占优先级，8 个子优先级
2	抢占优先级		子优先级			有 4 个抢占优先级，4 个子优先级
3	抢占优先级			子优先级		有 8 个抢占优先级，2 个子优先级
4	全设置为抢占优先级					有 16 个抢占优先级，无子优先级

由表 5-1 可知，4 位中断优先级控制位（bit7～bit4）确定了 5 组优先级。从高位 bit7 开始，先定义抢占优先级的位，后面是子优先级的位。4 位中断优先级控制位决定了抢占优先级和子优先级的数目。

（1）0 组：高 4 位都用于子优先级，子优先级编号可设置为 0～15；

（2）1 组：最高 1 位用于抢占优先级，抢占优先级编号可设置为 0～1，低 3 位用于子优先级，编号可设置为 0～7；

（3）2 组：高 2 位用于抢占优先级，编号可设置为 0～3，低 2 位用于子优先级，编号可设置为 0～3；

（4）3 组：高 3 位用于抢占优先级，编号可设置为 0～7，最低 1 位用于子优先级，编号可设置为 0～1；

（5）4 组：所有 4 位都用于抢占优先级，编号可设置为 0～15。

在 STM32 固件库 misc.h 中，分组设置数据被写入 AIRCR 寄存器的[10:8]内，其宏定义如下：

```
#define NVIC_PriorityGroup_0 ((u32) 0x700)        // 0 组定义
#define NVIC_PriorityGroup_1 ((u32) 0x600)        // 1 组定义
```

```
#define NVIC_PriorityGroup_2 ((u32) 0x500)              // 2 组定义
#define NVIC_PriorityGroup_3 ((u32) 0x400)              // 3 组定义
#define NVIC_PriorityGroup_4 ((u32) 0x300)              // 4 组定义
```

3. 编程中优先级分组的设置

利用优先级设置函数 NVIC_PriorityGroupConfig()进行设置。

【例 5-1】 选择使用优先级第 1 组。

```
NVIC_PriorityGroupConfig(NVIC_PriorityGroup_1);
```

5.2.5　STM32F103 的中断向量表

1. STM32F103 中断向量表说明

STM32F103 微控制器的 NVIC 支持 84 个异常中断(包括 16 个内部异常和 68 个非内核异常中断),对应的中断服务程序的入口地址统一存放在 STM32F103 的中断向量表中。STM32F103 的中断向量表一般存于存储器的 0 地址处,如表 5-2 所示,说明如下。

表 5-2　STM32F103 的中断向量表

位置	中断名称	说　　明	优先级	优先级类型	相对地址
—	—	栈顶地址(MSP 初值)	—	—	0x0000 0000
—	Reset	复位	−3(最高)	固定	0x0000 0004
—	NMI	不可屏蔽中断,连接 RCC 时钟安全系统(CSS)	−2	固定	0x0000 0008
—	HardFault	所有类型的失效	−1	固定	0x0000 000C
—	MemManage	存储器管理错误	0	可设置	0x0000 0010
—	BusFault	预取指令失败	1	可设置	0x0000 0014
—	UsageFault	未定义的指令或非法状态	2	可设置	0x0000 0018
—	—	保留	—	—	0x0000 001C
—	—	保留	—	—	0x0000 0020
—	—	保留	—	—	0x0000 0024
—	—	保留	—	—	0x0000 0028
—	SVCall	通过 SWI 指令的系统服务调用	3	可设置	0x0000 002C
—	DebugMonitor	调试监控器	4	可设置	0x0000 0030
—	—	保留	—	—	0x0000 0034
—	PendSV	可挂起的系统服务	5	可设置	0x0000 0038

续表

位置	中断名称	说　　明	优先级	优先级类型	相对地址
—	SysTick	系统嘀嗒定时器	6	可设置	0x0000 003C
0	WWDG	窗口看门狗定时器中断	7	可设置	0x0000 0040
1	PVD	连接到 EXTI 的电源电压检测(PVD)中断	8	可设置	0x0000 0044
2	TAMPER	入侵检测中断	9	可设置	0x0000 0048
3	RTC	实时时钟全局中断	10	可设置	0x0000 004C
4	FLASH	闪存全局中断	11	可设置	0x0000 0050
5	RCC	复位和时钟控制中断	12	可设置	0x0000 0054
6	EXTI0	EXTI 线 0 中断	13	可设置	0x0000 0058
7	EXTI1	EXTI 线 1 中断	14	可设置	0x0000 005C
8	EXTI2	EXTI 线 2 中断	15	可设置	0x0000 0060
9	EXTI3	EXTI 线 3 中断	16	可设置	0x0000 0064
10	EXTI4	EXTI 线 4 中断	17	可设置	0x0000 0068
11	DMA1 通道 1	DMA1 通道 1 全局中断	18	可设置	0x0000 006C
12	DMA1 通道 2	DMA1 通道 2 全局中断	19	可设置	0x0000 0070
13	DMA1 通道 3	DMA1 通道 3 全局中断	20	可设置	0x0000 0074
14	DMA1 通道 4	DMA1 通道 4 全局中断	21	可设置	0x0000 0078
15	DMA1 通道 5	DMA1 通道 5 全局中断	22	可设置	0x0000 007C
16	DMA1 通道 6	DMA1 通道 6 全局中断	23	可设置	0x0000 0080
17	DMA1 通道 7	DMA1 通道 7 全局中断	24	可设置	0x0000 0084
18	ADC1_2	ADC1 和 ADC2 的全局中断	25	可设置	0x0000 0088
19	USB _ HP _ CAN _TX	USB 高优先级或 CAN 发送中断	26	可设置	0x0000 008C
20	USB _ LP _ CAN _RX0	USB 低优先级或 CAN 接收 0 中断	27	可设置	0x0000 0090
21	CAN_RX1	CAN 接收 1 中断	28	可设置	0x0000 0094
22	CAN_SCE	CAN 的 SCE 中断	29	可设置	0x0000 0098
23	EXTI9_5	EXTI[9:5]中断	30	可设置	0x0000 009C
24	TIM1_BRK	TIM1 刹车中断	31	可设置	0x0000 00A0
25	TIM1_UP	TIM1 更新中断	32	可设置	0x0000 00A4
26	TIM1_TRG_COM	TIM1 触发和通信中断	33	可设置	0x0000 00A8

续表

位置	中断名称	说　明	优先级	优先级类型	相对地址
27	TIM1_CC	TIM1 捕获比较中断	34	可设置	0x0000 00AC
28	TIM2	TIM2 全局中断	35	可设置	0x0000 00B0
29	TIM3	TIM3 全局中断	36	可设置	0x0000 00B4
30	TIM4	TIM4 全局中断	37	可设置	0x0000 00B8
31	I2C1_EV	I2C1 事件中断	38	可设置	0x0000 00BC
32	I2C2_ER	I2C1 错误中断	39	可设置	0x0000 00C0
33	I2C2_EV	I2C2 事件中断	40	可设置	0x0000 00C4
34	I2C2_ER	I2C2 错误中断	41	可设置	0x0000 00C8
35	SPI1	SPI1 全局中断	42	可设置	0x0000 00CC
36	SPI2	SPI2 全局中断	43	可设置	0x0000 00D0
37	USART1	USART1 全局中断	44	可设置	0x0000 00D4
38	USART2	USART2 全局中断	45	可设置	0x0000 00D8
39	USART3	USART3 全局中断	46	可设置	0x0000 00DC
40	EXTI15_10	EXTI 线[15：10]中断	47	可设置	0x0000 00E0
41	RTC Alarm	连接到 EXTI 的 RTC 闹钟中断	48	可设置	0x0000 00E4
42	USB WakeUp	连接到 EXTI 的从 USB 待机唤醒中断	49	可设置	0x0000 00E8
43	TIM8_BRK	TIM8 刹车中断	50	可设置	0x0000 00EC
44	TIM8_UP	TIM8 更新中断	51	可设置	0x0000 00F0
45	TIM8_TRG_COM	TIM8 触发和通信中断	52	可设置	0x0000 00F4
46	TIM8_CC	TIM8 捕获比较中断	53	可设置	0x0000 00F8
47	ADC3	ADC3 全局中断	54	可设置	0x0000 00FC
48	FSMC	FSMC 全局中断	55	可设置	0x0000 0100
49	SDIO	SDIO 全局中断	56	可设置	0x0000 0104
50	TIM5	TIM5 全局中断	57	可设置	0x0000 0108
51	SPI3	SPI3 全局中断	58	可设置	0x0000 010C
52	UART4	UART4 全局中断	59	可设置	0x0000 0110
53	UART5	UART5 全局中断	60	可设置	0x0000 0114
54	TIM6	TIM6 全局中断	61	可设置	0x0000 0118
55	TIM7	TIM7 全局中断	62	可设置	0x0000 011C
56	DMA2 通道 1	DMA2 通道 1 全局中断	63	可设置	0x0000 0120

续表

位置	中断名称	说　　明	优先级	优先级类型	相对地址
57	DMA2 通道 2	DMA2 通道 2 全局中断	64	可设置	0x0000 0124
58	DMA2 通道 3	DMA2 通道 3 全局中断	65	可设置	0x0000 0128
59	DMA2 通道 4	DMA2 通道 4 全局中断	66	可设置	0x0000 012C
60	DMA2 通道 5	DMA2 通道 5 全局中断	67	可设置	0x0000 0130
61	ETH	以太网全局中断	68	可设置	0x0000 0134
62	ETH_WKUP	连接到 EXTI 的以太网唤醒中断	69	可设置	0x0000 0138
63	CAN2_TX	CAN2 发送中断	70	可设置	0x0000 013C
64	CAN2_RX0	CAN2 接收 0 中断	71	可设置	0x0000 0140
65	CAN2_RX1	CAN2 接收 1 中断	72	可设置	0x0000 0144
66	CAN2_SCE	CAN2 的 SCE 中断	73	可设置	0x0000 0148
67	OTG_FS	全速 USBOTG 全局中断	74	可设置	0x0000 014C

(1) 位置越低,优先级越小,表明优先级越高。表中除个别中断的优先级被固定,其他都具有 16 级可编程中断优先级可以设置。

(2) 表中最前面的 16 行为 ARM Cortex-M3 内核异常;从优先级 7 到优先级 74,是 STM32F103 微控制器的 NVIC 支持的 68 个可屏蔽中断通道。

(3) 在固件库 stm32f10x.h 文件中,用宏定义将中断号(中断向量位置)和宏名联系起来。如表 5-2 中 TIM3 的中断号是 29,USART1 中断号为 37,中断号宏定义分别为

```
TIM3_IRQn=29,
USART1_IRQn=37,
```

(4) 中断向量表中的地址为相对地址,如果中断向量存放在 RAM 中,其起始地址为 0x2000 0000 开始的区域。如果存放在 Flash 中,其起始地址为 0x0800 0000。在 misc.h 文件中有如下声明:

```
#define NVIC_VectTab_RAM      ((uint32_t) 0x20000000)
#define NVIC_VectTab_FLASH    ((uint32_t) 0x08000000)
```

在 misc.c 中,定义了根据中断号到中断向量表中查找中断服务程序的函数 NVIC_SetVectorTable(uint32_t NVIC_VectTab, uint32_t Offset)。

2. 中断向量表的使用

在 STM32F103 中断应用中,中断源(片内外设或外部设备)通过中断通道申请中断,Cortex-M3 内核首先判断中断是否触发,根据中断号(中断向量位置)到中断向量表中查到中断服务程序 xxx_IRQHandler(void)入口地址,然后执行中断服务程序,中断结束之后返回主程序断点处接着执行。

5.2.6　STM32F103 的中断服务函数

中断服务程序用来执行中断实际发生后的具体处理。STM32F103 的所有中断服务函数都在该微控制器产品系列的启动代码文件 startup_stm32f10x_xx.s 中有预先定义。用户在实际应用中,可根据需求在 stm32f10x_it.c 文件(或其他文件,如 main.c 文件)使用 C 语言重新定义或修改相应中断服务函数(stm32f10x_it.c 文件中已有空的中断函数),替代启动代码中默认的中断服务程序。在编译、链接生成可执行代码时,会用用户定义的同名中断服务函数代替启动代码中预设的中断服务程序。

在编写 STM32F103 中断服务程序时,必须确保定义的中断服务函数和启动文件 startup_stm32f10x_xx.s 中的中断服务程序同名,启动文件中通常以 xxx_IRQHandler 命名,其中 xxx 为中断对应的外设名。

当中断源被触发,STM32F103 微控制器响应中断请求,硬件会自动跳到固定地址的硬件中断向量表,无须编程就能读取对应地址中的中断服务程序地址(xxx_IRQHandler 程序入口地址),放到程序计数器(PC),CPU 转去执行中断服务程序,这就是 STM32F103 的中断硬件机制。

5.3　STM32F103 的外部中断/事件控制器

5.3.1　外部中断/事件控制器的硬件结构

STM32F103 的外部中断/事件控制器(EXTI)内部结构如图 5-2 所示,由 19 根外部输入线、19 个产生事件/中断请求的边沿检测器、外设接口和 APB 总线等组成。每个输入线可以独立地配置输入类型(脉冲或挂起)和对应的触发事件(上升沿或下降沿或双边沿都触发)。每个输入线都可以被独立地屏蔽,请求挂起寄存器保持着状态线的中断要求。

1. EXTI 输入线

在图 5-2 中,内部信号线上画有斜线并标有数字 19,表示这样的线有 19 条。与此对应,EXTI 输入线也有 19 根,分别为 EXTI0,EXTI1,…,EXTI18,其中 16 根外部输入线 EXTI0~EXTI15,分别对应 STM32F103 微控制器的 GPIOx_Pin0~GPIOx_Pin15(Px_Pin0~Px_Pin15),x 为 A、B、C、D、E、F、G,EXTI16 连接 PVD 输出(表 5-2 中第 1 号中断),EXTI17 连接到 RTC 闹钟事件(表 5-2 中第 41 号中断),EXTI18 连接到 USB 唤醒事件(表 5-2 中第 42 号中断)。

STM32F103 微控制器最多有 112 个引脚,分布在 PA~PG 端口 Pin15~Pin0,其中 PA0~PG0 引脚可以映射到 EXTI0 输入线上。PA1~PG1 引脚可以映射到 EXTI1 输入线上,以此类推,PA15~PG15 映射到 EXTI15 输入线,如图 5-3 所示。同一时刻,只能有一个端口(PA~PG)的 x 号引脚映射到 EXTIx 输入线上,x=0~15。

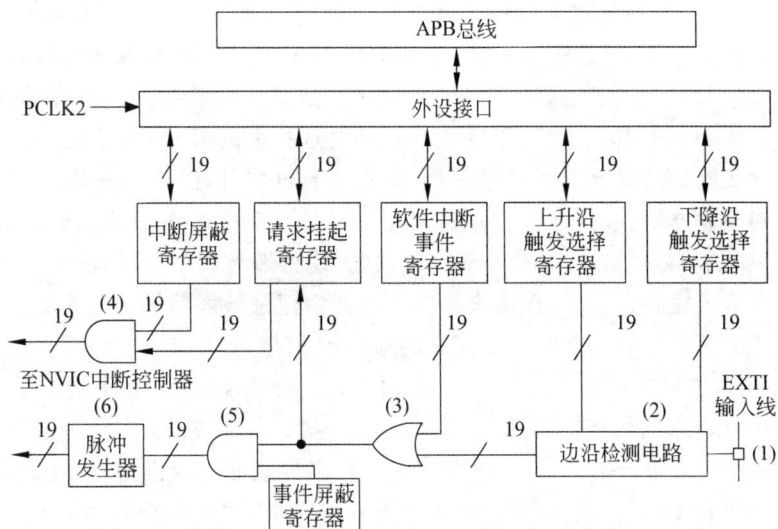

图 5-2　STM32F103 EXTI 的内部结构

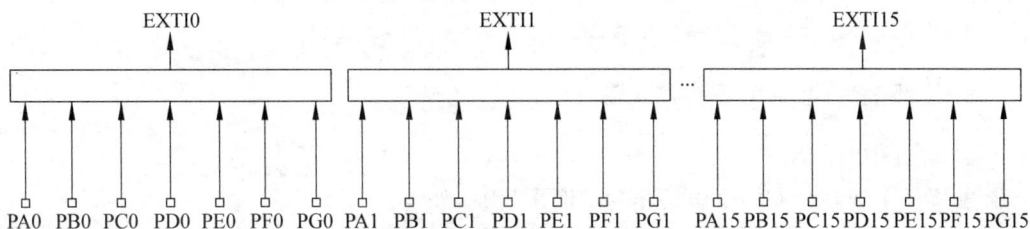

图 5-3　STM32F103 端口引脚到 EXTI 输入线的映射

编程时注意,将 PAx~PGx 端口的某个引脚映射为 EXTI 输入线时,需要将该引脚设置为输入模式。

2. 外设接口和 APB 总线

APB 总线和外设接口是每一个功能模块都有的部分,CPU 通过这样的接口访问各个功能模块。

编程时注意,将 PAx~PGx 端口的引脚映射为 EXTI 输入线时,需要同时打开 APB2 总线上该引脚对应端口时钟以及 AFIO 功能的时钟。

3. 边沿检测器

EXTI 有 19 个边沿检测器,用来连接 EXTI 输入线,产生至 NVIC 向 CPU 的中断请求以及事件请求。边沿检测器由边沿检测电路、控制寄存器、脉冲发生器和门电路等组成。

4. 工作原理

在图 5-2 中,外部信号从 EXTI 输入线进入,进入边沿检测电路,通过或门后,一路进入请求挂起寄存器,最后通过与门输出到 NVIC 中断控制器。另一路会向其他功能模块（如定时器、USART 等）发送脉冲信号,外部中断/事件请求的产生和传输过程如下：

(1) 外部信号经过边沿检测电路,受到上升沿触发选择寄存器和下降沿触发选择寄存器控制。用户可以选择上升沿、下降沿或者同时选择上升沿和下降沿。

(2) 经过或门(3)输出。或门的另一个输入是通过软件在"软件中断事件寄存器"设置的中断或事件请求,这说明软件可以优先于外部信号产生一个中断或事件,将"软件中断事件寄存器"的对应位置 1,无论外部信号如何,使得编号(3)的或门输出有效信号。

(3) 进入请求挂起寄存器,在请求挂起寄存器中记录外部信号的电平变化。

(4) 外部请求信号与中断屏蔽寄存器的对应位相与,如果中断屏蔽寄存器的对应位为 1,则向 NVIC 中断控制器发出一个中断请求,当为 0 时,则该中断请求信号被屏蔽。以上是外部中断请求信号传输路径。

(5) 如果用户希望产生"事件",需要先配置对事件线的使能操作,并设置两个触发寄存器以完成边沿检测,同时对事件屏蔽寄存器的相应位写"1"以允许事件请求。当事件线上发生了对应的边沿信号时,经过边沿触发电路、或门(3)、与门(5)和脉冲发生器,系统将产生一个事件请求脉冲,对应的挂起位并不会被置"1"。以上是外部事件请求信号的传输路径。

5. 外部中断/事件的寄存器配置

1) 硬件中断的配置

配置一个或多个 GPIO 引脚作为中断源,操作如下：

(1) 在中断屏蔽寄存器(EXTI_IMR)中配置对应中断引脚的屏蔽位。

(2) 在上升沿触发选择寄存器(EXTI_RTSR)和下降沿触发选择寄存器(EXTI_FTSR)中配置对应中断引脚的触发选择位。

(3) 配置对应的 NVIC 中断通道的使能和屏蔽位。

2) 硬件事件的配置

对于硬件事件参数的配置如下：

(1) 在事件屏蔽寄存器(EXTI_EMR)配置对应事件线的屏蔽位。

(2) 在上升沿触发选择寄存器(EXTI_RTSR)和下降沿触发选择寄存器(EXTI_FTSR)中配置事件线的触发选择。

3) 软件中断/事件的配置

对于软件中断/事件处理的配置如下：

(1) 在事件屏蔽寄存器(EXTI_EMR)或中断屏蔽寄存器(EXTI_IMR)配置对应中断/事件线的屏蔽位。

(2) 在软件中断事件寄存器(EXTI_SWIER)配置对应的请求位。

5.3.2　EXTI 的寄存器

在使用 STM32 处理器的外部中断/事件、软件中断/事件时,必须按 32 位字的方式对相关 EXTI 寄存器相应位进行配置。

1. 中断屏蔽寄存器(EXTI_IMR)

EXTI_IMR 用于设置中断线上的中断屏蔽操作,其寄存器各位定义如图 5-4 所示。EXTI_IMR[31:19]是保留位,必须保持复位状态。EXTI_IMR[18:0]是可以设置的中断屏蔽位。若设置 MRx=0,表示屏蔽线 x 上的中断请求;若 MRx=1,表示允许来自线 x 的中断请求。

b31	…	b22	b21	b20	b19	b18	b17	…	b5	b4	b3	b2	b1	b0
保留						MR18	MR17	…	MR5	MR4	MR3	MR2	MR1	MR0

图 5-4　EXTI_IMR 各位定义

2. 事件屏蔽寄存器(EXTI_EMR)

EXTI_EMR 用于设置中断线上的事件屏蔽操作,其寄存器的各位定义与图 5-4 类似。EXTI_EMR[31:19]是保留位,必须保持复位状态。EXTI_EMR[18:0]是可以设置的事件屏蔽位。若设置 MRx=0,表示屏蔽线 x 上的事件请求;若 MRx=1,表示允许来自线 x 的事件请求。

3. 下降沿触发选择寄存器(EXTI_FTSR)

EXTI_FTSR 用于设置中断线上触发脉冲类型为下降沿。EXTI_FTSR 的各位定义如图 5-5 所示。EXTI_FTSR[31:19]是系统保留位,必须保持为复位状态。位[18:0]用于设置对应中断线上的触发方式。若 TRx=0,表示禁止输入线 x 上的下降沿中断或事件的触发;若 TRx=1,表示允许输入线 x 上的下降沿中断或事件的触发。

b31	…	b22	b21	b20	b19	b18	b17	…	b5	b4	b3	b2	b1	b0
保留						TR18	TR17	…	TR5	TR4	TR3	TR2	TR1	TR0

图 5-5　EXTI_FTSR 各位定义

4. 上升沿触发选择寄存器(EXTI_RTSR)

EXTI_RTSR 用于设置中断线上触发脉冲类型为上升沿。其寄存器各位结构与图 5-5 类似。

EXTI_RTSR[31:19]是系统保留位,必须保持为复位状态。位[18:0]用于设置对应中断线上的触发方式。若 TRx=0,表示禁止输入线 x 上的上升沿中断或事件的触发;若 TRx=1,表示允许输入线 x 上的上升沿中断或事件的触发。

对同一个中断线,如果同时设置了上升沿触发和下降沿触发,则任何一个边沿都可以触发系统的外部中断。

5. 软件中断事件寄存器(EXTI_SWIER)

EXTI_SWIER 主要用于设置中断线上的软件中断,其寄存器各位定义如图 5-6

所示。

b31	...	b22	b21	b20	b19	b18	b17	...	b5	b4	b3	b2	b1	b0
保留						SW18	SW17	...	SW5	SW4	SW3	SW2	SW1	SW0

图 5-6 EXTI_SWIER 各位定义

EXTI_SWIER[31:19]是系统保留位,必须保持为复位状态。位[18:0]用于设置对应中断线上的软件中断事件。若 EXTI_SWIER[18:0]中的某位写"1",会将中断挂起寄存器 EXTI_PR 中的相应位挂起,此时,如果 EXTI_IMR 或者 EXTI_EMR 中允许该位产生中断,则系统将产生一个中断。

6. 请求挂起寄存器(EXTI_PR)

EXTI_PR 用于识别中断线上的中断请求。其寄存器各位定义如图 5-7 所示。

b31	...	b22	b21	b20	b19	b18	b17	...	b5	b4	b3	b2	b1	b0
保留						PR18	PR17	...	PR5	PR4	PR3	PR2	PR1	PR0

图 5-7 EXTI_PR 各位定义

EXTI_PR[31:19]是保留位,必须保持为复位状态。位[18:0]用于识别中断线上的中断请求。如果 PRx=1,则表示发生了触发请求,可以对该位再次写"1",将其清除。

5.4 STM32F10x 的 NVIC 相关库函数

NVIC 有多种功能,如使能或禁止 IRQ 通道、设置 IRQ 通道的优先级等。

NVIC 常用库函数存放在 STM32F10x 标准外设库的头文件 misc.h 和源代码文件 misc.c 等文件中,源代码文件用来存放库函数的定义,头文件用来存放 NVIC 相关结构体和宏定义。NVIC 寄存器结构为 NVIC_TypeDeff,定义在文件"stm32f10x_map.h"中。NVIC 常用库函数如表 5-3 所示。

表 5-3 NVIC 常用库函数

函 数 名	功 能 描 述
NVIC_DeInit()	将 NVIC 的寄存器恢复为复位启动时的默认值
NVIC_PriorityGroupConfig()	设置优先级分组
NVIC_Init()	根据指定的参数初始化 NVIC 寄存器

1. NVIC_DeInit()函数

NVIC_DeInit()函数的说明见表 5-4。其功能是将 NVIC 寄存器恢复为复位时的默认值。

表 5-4　NVIC_DeInit()函数说明

函数原型	void NVIC_DeInit(void)
输入参数：无；输出参数：无；返回值：无；先决条件：无；被调用函数：无	

【例 5-2】　重置 NVIC 寄存器为复位默认值。

```
NVIC_DeInit();
```

2. NVIC_PriorityGroupConfig()函数

NVIC_PriorityGroupConfig()函数的说明见表 5-5。其功能是设置中断源的优先级分组,确定抢占优先级和子优先级的位数。

表 5-5　NVIC_PriorityGroupConfig()函数说明

函数原型	void NVIC_PriorityGroupConfig(u32 NVIC_PriorityGroup)
输入参数 1	NVIC_PriorityGroup：优先级分组位长度
输出参数：无；返回值：无；先决条件：优先级分组只能设置一次；被调用函数：无	

【例 5-3】　定义先占优先级 2 位,从优先级 2 位。

```
NVIC_PriorityGroupConfig(NVIC_PriorityGroup_2);
```

3. NVIC_Init()函数

NVIC_Init()函数的说明见表 5-6。其功能是根据 NVIC_InitStruct 中指定的参数初始化外设 NVIC 寄存器。

表 5-6　NVIC_Init()函数说明

函数原型	void NVIC_Init(NVIC_InitTypeDef * NVIC_InitStruct)
输入参数	NVIC_InitStruct 是指向结构 NVIC_InitTypeDef 的指针,包含了外设 GPIO 的配置信息
输出参数：无；返回值：无；先决条件：优先级分组只能设置一次；被调用函数：无	

其中,NVIC_InitTypeDef 定义在文件"misc.h"中,其成员包括：

```
typedef struct
{ uint8_t NVIC_IRQChannel;
  uint8_t NVIC_IRQChannelPreemptionPriority;
  uint8_t NVIC_IRQChannelSubPriority;
  FunctionalState NVIC_IRQChannelCmd;
} NVIC_InitTypeDef;
```

(1) NVIC_IRQChannel：使能或者禁止指定的 IRQ 通道,对于中容量微控制器(如 STM32F103R8),其取值如表 5-7 所示。

表 5-7　NVIC_IRQChannel 不同取值

NVIC_IRQChannel 取值	功 能 描 述	NVIC_IRQChannel 取值	功 能 描 述
NonMaskableInt_IRQn	不可屏蔽中断	MemoryManagement_IRQn	存储器管理错误中断
BusFault_IRQn	总线错误中断	UsageFault_IRQn	使用错误中断
SVCall_IRQn	使用 SVC 指令调用系统复位中断	DebugMonitor_IRQn	调试监视器中断
PendSV_IRQn	可挂起的系统服务请求中断	SysTick_IRQn	系统定时器中断
WWDG_IRQn	窗口看门狗中断	PVD_IRQn	PVD 通过 EXTI 探测中断
TAMPER_IRQn	篡改中断	RTC_IRQn	RTC 全局中断
FLASH_IRQn	FLASH 全局中断	RCC_IRQn	RCC 全局中断
EXTI0_IRQn	外部中断线 0 中断	EXTI1_IRQn	外部中断线 1 中断
EXTI2_IRQn	外部中断线 2 中断	EXTI3_IRQn	外部中断线 3 中断
EXTI4_IRQn	外部中断线 4 中断	DMA1_Channel1_IRQn	DMA1 通道 1 中断
DMA1_Channel2_IRQn	DMA1 通道 2 中断	DMA1_Channel3_IRQn	DMA1 通道 3 中断
DMA1_Channel4_IRQn	DMA1 通道 4 中断	DMA1_Channel5_IRQn	DMA1 通道 5 中断
DMA1_Channel6_IRQn	DMA1 通道 6 中断	DMA1_Channel7_IRQn	DMA1 通道 7 中断
ADC1_2_IRQn	ADC1 和 ADC2 全局中断	USB_HP_CAN1_TX_IRQn	USB 高优先级或者 CAN1 发送中断
USB_LP_CAN1_RX0_IRQn	USB 低优先级或者 CAN1 接收 0 中断	CAN1_RX1_IRQn	CAN1 接收 1 中断
CAN1_SCE_IRQn	CAN1 的 SCE 中断	EXTI9_5_IRQn	外部中断线 9～5 中断
TIM1_BRK_IRQn	TIM1 刹车中断	TIM1_UP_IRQn	TIM1 刷新中断
TIM1_TRG_COM_IRQn	TIM1 触发和通信中断	TIM1_CC_IRQn	TIM1 捕获比较中断
TIM2_IRQn	TIM2 全局中断	TIM3_IRQn	TIM3 全局中断
TIM4_IRQn	TIM4 全局中断	I2C1_EV_IRQn	I2C1 事件中断
I2C1_ER_IRQn	I2C1 错误中断	I2C2_EV_IRQn	I2C2 事件中断
I2C2_ER_IRQn	I2C2 错误中断	SPI1_IRQn	SPI1 全局中断
SPI2_IRQn	SPI2 全局中断	USART1_IRQn	USART1 全局中断
USART2_IRQn	USART2 全局中断	USART3_IRQn	USART3 全局中断
EXTI15_10_IRQn	外部中断线 15～10 中断	RTCAlarm_IRQn	RTC 闹钟通过 EXTI 线中断
USBWakeUp_IRQn	USB 通过 EXTI 线从悬挂唤醒中断		

（2）NVIC_IRQChannelPreemptionPriority：设置成员 NVIC_IRQChannel 中的抢占优先级。表 5-8 列举了该参数取值。

（3）NVIC_IRQChannelSubPriority：设置 NVIC_IRQChannel 中的子优先级。表 5-8 列举了该参数取值。

表 5-8　NVIC_PriorityGroup 取值、抢占优先级、子优先级的取值关系

NVIC_PriorityGroup 取值	NVIC_IRQChannel PreemptionPriority 取值	NVIC_IRQChannelSu bPriority 取值	功能描述
NVIC_PriorityGroup_0	0	0～15	0 位抢占优先级,4 位子优先级
NVIC_PriorityGroup_1	0～1	0～7	1 位抢占优先级,3 位子优先级
NVIC_PriorityGroup_2	0～3	0～3	抢占优先级和子优先级各 2 位
NVIC_PriorityGroup_3	0～7	0～1	3 位抢占优先级,1 位子优先级
NVIC_PriorityGroup_4	0～15	0	4 位抢占优先级

（4）NVIC_IRQChannelCmd：指定在成员 NVIC_IRQChannel 中定义的 IRQ 通道被使能还是禁止,取值为 ENABLE 或者 DISABLE。

【例 5-4】　如果设定串口 USART2 抢占优先级 2、子优先级 3,TIM3 的抢占优先级为 1、子优先级为 3,则 TIM3 优先级最高,USART2 次高。

```
NVIC_InitTypeDef NVIC_InitStructure;
NVIC_PriorityGroupConfig(NVIC_PriorityGroup_2);
    NVIC_InitStructure.NVIC_IRQChannel=USART2_IRQn;
    NVIC_InitStructure.NVIC_IRQChannelPreemptionPriority=2;
                                                       //抢占优先级 2
    NVIC_InitStructure.NVIC_IRQChannelSubPriority=3;   //子优先级 3
    NVIC_InitStructure.NVIC_IRQChannelCmd=ENABLE;      //IRQ 通道使能
    NVIC_Init(&NVIC_InitStructure);          //根据指定的参数初始化 NVIC 寄存器
    NVIC_InitStructure.NVIC_IRQChannel=TIM3_IRQn;      //TIM3 中断
    NVIC_InitStructure.NVIC_IRQChannelPreemptionPriority=1;  //抢占优先级为 1
    NVIC_InitStructure.NVIC_IRQChannelSubPriority=3;   //子优先级为 3
    NVIC_InitStructure.NVIC_IRQChannelCmd=ENABLE;      //IRQ 通道被使能
    NVIC_Init(&NVIC_InitStructure);
```

5.5　STM32F10x 的 EXTI 相关库函数

EXTI 主要由 19 个产生事件/中断要求的边沿检测器组成。每个输入线可以独立地配置输入类型（脉冲或挂起）和对应的触发事件（上升沿或下降沿或双边沿）。每个输入线可以被独立地屏蔽,请求挂起寄存器保持着中断要求。

STM32F103 的 EXTI 常用库函数存放在 STM32F10x 标准外设库的头文件 stm32f10x_exti.h 和源代码文件 stm32f10x_exti.c 文件中,源代码文件用来存放库函数的定义,头文件用来存放 EXTI 相关结构体、宏定义和库函数声明。EXTI 常用库函数如表 5-9 所示。

表 5-9　EXTI 常用库函数

函　数　名	功　能　描　述
EXTI_DeInit()	将 EXTI 寄存器恢复为复位时的默认值
EXTI_Init()	根据 EXTI_InitStruct 中指定的参数初始化 EXTI
EXTI_GetFlagStatus()	检查指定的外部中断/事件线的标志位
EXTI_ClearFlag()	清除指定外部中断/事件线挂起标志位
EXTI_GetITStatus()	检查指定的外部中断/事件线的触发请求是否发生
EXTI_ClearITPendingBit()	清除指定外部中断/事件线的中断挂起位

1. EXTI_DeInit()函数

EXTI_DeInit()函数的说明见表 5-10。其功能是将 EXTI 寄存器恢复为复位时的默认值。

表 5-10　NVIC_DeInit()函数说明

函数原型	void EXTI_DeInit(void)
输入参数:无;输出参数:无;返回值:无;先决条件:无;被调用函数:无	

【例 5-5】　重置 EXTI 寄存器为复位默认值。

```
EXTI _DeInit();
```

2. EXTI_Init()函数

EXTI_Init()函数的说明见表 5-11。其功能是根据 EXTI_InitStruct 中指定的参数初始化 EXTI 寄存器。

表 5-11　EXTI_Init()函数说明

函数原型	void EXTI_Init(EXTI_InitTypeDef * EXTI_InitStruct)
输入参数	EXTI_InitStruct:指向结构 EXTI_InitTypeDef 的指针,包含 EXTI 的配置信息
输入参数:无;输出参数:无;返回值:无;先决条件:无;被调用函数:无	

EXTI_InitTypeDef 定义在文件"stm32f10x_exti.h"中,其成员定义如下。

```
typedef struct
{ uint32_t EXTI_Line;
```

```
EXTIMode_TypeDef EXTI_Mode;
EXTIrigger_TypeDef EXTI_Trigger;
FunctionalState EXTI_LineCmd;
} EXTI_InitTypeDef;
```

（1）EXTI_Line。该成员用于选择待使能或者禁止的外部中断/事件线，可用操作符"|"选择多个外部中断/事件线。该参数取值如表 5-12 所示。

表 5-12　EXTI_Line 不同取值

EXTI_Line 取值	功 能 描 述	EXTI_Line 取值	功 能 描 述
EXTI_Line0	外部中断线 0	EXTI_Line1	外部中断线 1
EXTI_Line2	外部中断线 2	EXTI_Line3	外部中断线 3
EXTI_Line4	外部中断线 4	EXTI_Line5	外部中断线 5
EXTI_Line6	外部中断线 6	EXTI_Line7	外部中断线 7
EXTI_Line8	外部中断线 8	EXTI_Line9	外部中断线 9
EXTI_Line10	外部中断线 10	EXTI_Line11	外部中断线 11
EXTI_Line12	外部中断线 12	EXTI_Line13	外部中断线 13
EXTI_Line14	外部中断线 14	EXTI_Line15	外部中断线 15
EXTI_Line16	外部中断线 16（连接 PVD 输出）	EXTI_Line17	外部中断线 17（连接 RTC 闹钟事件）
EXTI_Line18	外部中断线 18（连接 USB 唤醒事件）		

（2）EXTI_Mode。设置被使能或禁止的外部中断/事件线的模式。该参数可取以下取值之一。

① EXTI_Mode_Event：设置 EXTI 线为事件请求。

② EXTI_Mode_Interrup：设置 EXTI 线为中断请求。

（3）EXTI_Trigger。设置被使能或禁止的外部中断/事件线的触发边沿。该参数可取以下取值之一。

① EXTI_Trigger_Falling：设置输入线为下降沿触发；

② EXTI_Trigger_Rising：设置输入线为上升沿触发；

③ EXTI_Trigger_Rising_Falling：设置输入线为上升沿和下降沿触发。

（4）EXTI_LineCmd。该成员用于定义选中线路的状态，可以被设为 ENABLE 或 DISABLE。

【例 5-6】　设置外部中断线 14 为上升沿和下降沿产生中断。

```
EXTI_InitTypeDef EXIT_InitStru;
EXIT_InitStru.EXTI_Line=EXTI_Line14;
EXIT_InitStru.EXTI_LineCmd=ENABLE;
EXIT_InitStru.EXTI_Mode=EXTI_Mode_Interrupt;
```

```
EXIT_InitStru.EXTI_Trigger=EXTI_Trigger_Rising_Falling;
EXTI_Init(&EXIT_InitStru);
```

3. EXTI_GenerateSWInterrupt() 函数

EXTI_GenerateSWInterrupt() 函数的说明见表 5-13。其功能是产生一个软件中断。

表 5-13　EXTI_GenerateSWInterrupt() 函数说明

函数原型	void EXTI_GenerateSWInterrupt(u32 EXTI_Line)
输入参数	EXTI_Line：待使能或者禁止的 EXTI 线
输入参数：无；输出参数：无；返回值：无；先决条件：无；被调用函数：无	

【例 5-7】　在 EXTI 线 3 产生一个软件中断请求。

```
EXTI_GenerateSWInterrupt(EXTI_Line3);
```

4. EXTI_GetFlagStatus() 函数

EXTI_GetFlagStatus() 函数的功能是检查指定的 EXTI 线标志位是否设置。该函数的内容如表 5-14 所示。

表 5-14　EXTI_GetFlagStatus() 函数说明

函数原型	FlagStatus EXTI_GetFlagStatus(u32 EXTI_Line)
输入参数	EXTI_Line：待检查的 EXTI 线标志位
输出参数：无；返回值：EXTI_Line 的状态(SET 或 RESET)；先决条件：无；被调用函数：无	

【例 5-8】　获取 EXTI 线 3 的状态。

```
FlagStatus EXTIStatus;
EXTIStatus=EXTI_GetFlagStatus(EXTI_Line3);
```

5. EXTI_ClearFlag() 函数

EXTI_ClearFlag() 函数的功能是清除 EXTI 线挂起标志位，其说明见表 5-15。

表 5-15　EXTI_ClearFlag() 函数说明

函数原型	void EXTI_ClearFlag(u32 EXTI_Line)
输入参数	EXTI_Line：待清除标志位的 EXTI 线
输入参数：EXTI_Line,待清除标志位的 EXTI 线；输出参数：无；返回值：无；先决条件：无；被调用函数：无	

【例 5-9】　清除 EXTI 线 1 的标志位。

```
EXTI_ClearFlag(EXTI_Line1);
```

6. EXTI_GetITStatus()函数

EXTI_GetITStatus()函数的功能是检查指定的 EXTI 线触发请求是否发生。该函数的内容如表 5-16 所示。

表 5-16　EXTI_GetITStatus()函数说明

函数原型	ITStatus EXTI_GetITStatus(u32 EXTI_Line)
输入参数	EXTI_Line：待检查 EXTI 线的挂起位
输出参数：无；返回值：EXTI_Line 状态（中断请求位置位时为 SET 或中断请求位清零时为 RESET）；先决条件：无；被调用函数：无	

【例 5-10】　检查 EXTI 线 1 的状态。

```
ITStatus EXTIStatus;
EXTIStatus=EXTI_GetITStatus(EXTI_Line1);
```

7. EXTI_ClearITPendingBit()函数

EXTI_ClearITPendingBit()函数的功能是清除 EXTI 线的中断请求位（挂起位）。该函数的内容如表 5-17 所示。

表 5-17　EXTI_ClearITPendingBit()函数说明

函数原型	void EXTI_ClearITPendingBit(u32 EXTI_Line)
输入参数	EXTI_Line：待清除 EXTI 线的挂起位
输出参数：无；返回值：无；先决条件：无；被调用函数：无	

【例 5-11】　清除 EXTI 线 1 的中断标志位。

```
EXTI_ClearITpendingBit(EXTI_Line1);
```

5.6　STM32F103 的中断设计实例

5.6.1　中断的应用基础

STM32F103 中断设计的一般步骤如下。

(1) 根据硬件电路配置 GPIO 端口时钟和 GPIO 引脚工作方式；

(2) 使能 GPIO 在 APB2 总线上的 AFIO 时钟；

(3) 如果使用外部中断 EXIT，设置 GPIO 与 EXTI 映射关系，使用 GPIO_EXTILineConfig()函数配置 GPIO 引脚为外部中断/事件引脚；

(4) 如果使用外部中断 EXIT，进一步配置 EXTI_InitTypeDef 结构体，设置 EXTI 触发条件，通过 EXTI_Init()函数设置相关寄存器；

（5）配置 NVIC，通过 NVIC_PriorityGroupConfig（）函数定义分组，通过结构体 NVIC_InitTypeDef 和 NVIC_Init（）函数初始化 NVIC 寄存器，设置中断向量和优先级；

（6）编写中断服务函数，结构如下。

```
void xxx_IRQHandler(void)
{
...            //user code
}
```

5.6.2　外部中断的按键计数和 LED 控制设计

【例 5-12】　外部中断的按键计数和 LED 控制设计。

1. 实例要求

STM32F103R6 的 GPIOB 端口连接 2 位共阴极 LED 数码管和按键 K1、K2 和 K3。当 K1 按下时计数加 1，当 K2 按下时计数减 1；用外部中断方式实现按键的计数操作，计数结果在 LED 数码管显示；用外部中断方式实现按下 K3 后，控制 LED 点亮的操作。

2. 硬件电路

外部中断的按键计数和 LED 控制仿真如图 5-8 所示。STM32F103R6 的 PB0～PB7 引脚连接到 2 位共阴 LED 数码管的笔段 A～G 和 DP 引脚上，用于驱动 LED 的段选码；PB9 和 PB8 分别用于驱动 2 位共阴 LED 数码管的位选码 1 和 2。PB10～PB12 分别连接按键 K1、K2 和 K3；PA0 连接 LED 的阴极。

3. 软件设计

系统主程序设计：首先对 LED 数码管和 LED 连接的 GPIO 端口初始化，对中断方式工作的按键的 GPIO、EXTI、NVIC 初始化，在循环程序中，当计数一定时间时更新数码管的显示。3 个中断服务程序分别实现按键加 1、按键减 1 和点亮 LED。

实例中用到的 PB10～PB12 作为外部中断源输入引脚，除了对 GPIO 引脚初始化，必须对相关寄存器初始化，内容描述如下。

（1）使能 GPIOB 端口时钟和在 APB2 总线上的 AFIO 时钟，设置 GPIO 与 EXTI 映射关系。

```
RCC_APB2PeriphClockCmd(RCC_APB2Periph_GPIOB,ENABLE);
RCC_APB2PeriphClockCmd(RCC_APB2Periph_AFIO, ENABLE);
GPIO_EXTILineConfig(GPIO_PortSourceGPIOB, GPIO_PinSource10);
GPIO_EXTILineConfig(GPIO_PortSourceGPIOB, GPIO_PinSource11);
GPIO_EXTILineConfig(GPIO_PortSourceGPIOB, GPIO_PinSource12);
```

（2）配置 EXTI_InitTypeDef 结构体，指定触发中断的边沿方式：上升沿、下降沿或上升沿和下降沿；通过 EXTI_Init（）函数设置相关寄存器。

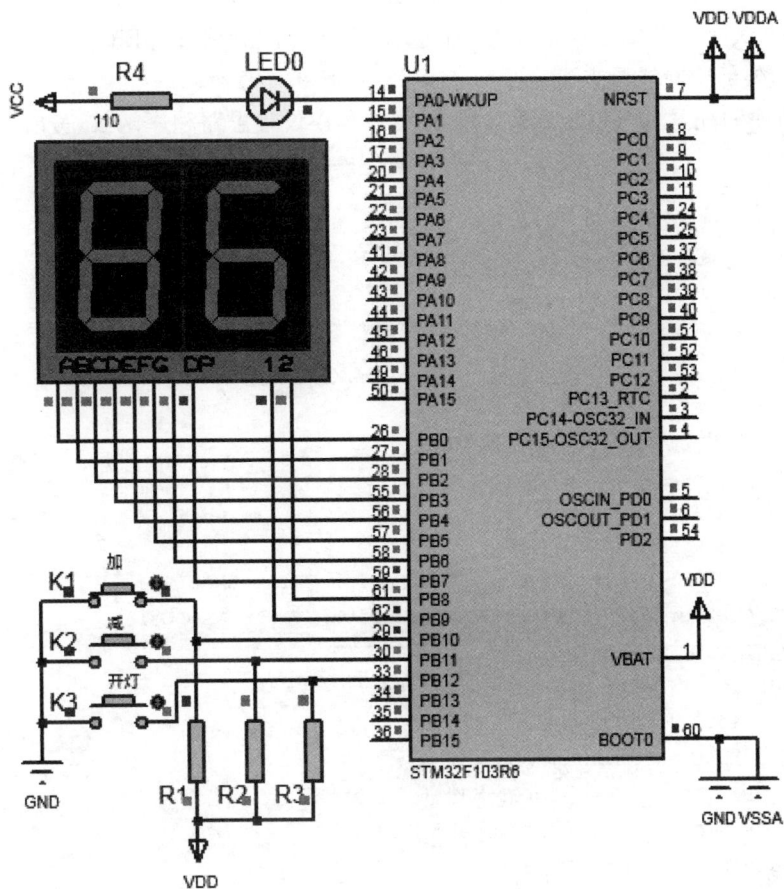

图 5-8　外部中断的按键计数和 LED 控制仿真图

```
EXTI_InitTypeDef EXIT_InitStrue;
EXIT_InitStrue.EXTI_Line=EXTI_Line10;
EXIT_InitStrue.EXTI_LineCmd=ENABLE;
EXIT_InitStrue.EXTI_Mode=EXTI_Mode_Interrupt;
EXIT_InitStrue.EXTI_Trigger=EXTI_Trigger_Falling;
EXTI_Init(&EXIT_InitStrue);
```

（3）配置 NVIC，通过 NVIC_PriorityGroupConfig 定义分组，通过结构体 NVIC_
InitTypeDef 和 NVIC_Init()函数初始化 NVIC 寄存器。对于 PB10～12 引脚的 EXTI10～
EXTI12 线的中断向量号是 EXTI15_10_IRQn。

```
NVIC_InitTypeDef NVIC_InitStrue;
NVIC_InitStrue.NVIC_IRQChannel=EXTI15_10_IRQn;
NVIC_InitStrue.NVIC_IRQChannelCmd=ENABLE;
NVIC_InitStrue.NVIC_IRQChannelPreemptionPriority=0;
NVIC_InitStrue.NVIC_IRQChannelSubPriority=0;
```

（4）本例中断服务程序名为 void EXTI15_10_IRQHandler(void)，在中断服务程序中，分别编写 3 个中断服务程序分支，通过 EXTI_ClearITPendingBit(EXTI_Linex)函数清除对应的外部中断线标志。

（5）新建和配置 STM32F103 工程，根据主程序设计思路和库函数，写出的 main.c 参考程序如下。

```
#include "stm32f10x.h"
unsigned char SEG[]={0x3F,0x06,0x5B,0x4F,0x66,0x6D,0x7D,0x07,0x7F,0x6F};
unsigned char DIG[]={0x2,0x1};
#define DIS_SEG(x) GPIO_Write(GPIOB,x)
int time1;
int Index;
unsigned char Dis_Buf[2]={0,0};
int Count;
void MyGPIO_Init(void)
{   GPIO_InitTypeDef SegGPIO;
    RCC_APB2PeriphClockCmd(RCC_APB2Periph_GPIOB,ENABLE);
    RCC_APB2PeriphClockCmd(RCC_APB2Periph_GPIOA,ENABLE);
    SegGPIO.GPIO_Pin=GPIO_Pin_All & 0x3FF;
    SegGPIO.GPIO_Speed=GPIO_Speed_10MHz;
    SegGPIO.GPIO_Mode=GPIO_Mode_Out_PP;
    GPIO_Init(GPIOB,&SegGPIO);
    SegGPIO.GPIO_Pin=GPIO_Pin_0;
    SegGPIO.GPIO_Speed=GPIO_Speed_10MHz;
    SegGPIO.GPIO_Mode=GPIO_Mode_Out_PP;
    GPIO_Init(GPIOA,&SegGPIO);
    GPIO_SetBits(GPIOA, GPIO_Pin_0);}
void EXTIx_Init(void)
{   GPIO_InitTypeDef GPIO_InitStru;
    EXTI_InitTypeDef EXIT_InitStrue;
    NVIC_InitTypeDef NVIC_InitStrue;
    RCC_APB2PeriphClockCmd(RCC_APB2Periph_GPIOB,ENABLE);
    RCC_APB2PeriphClockCmd(RCC_APB2Periph_AFIO, ENABLE);
    GPIO_StructInit(&GPIO_InitStru);
    GPIO_InitStru.GPIO_Pin=GPIO_Pin_10|GPIO_Pin_11|GPIO_Pin_12;
    GPIO_InitStru.GPIO_Mode=GPIO_Mode_IPU;
    GPIO_Init(GPIOB, &GPIO_InitStru);
    GPIO_EXTILineConfig(GPIO_PortSourceGPIOB, GPIO_PinSource10);
    GPIO_EXTILineConfig(GPIO_PortSourceGPIOB, GPIO_PinSource11);
    GPIO_EXTILineConfig(GPIO_PortSourceGPIOB, GPIO_PinSource12);
    EXIT_InitStrue.EXTI_Line=EXTI_Line10;
    EXIT_InitStrue.EXTI_LineCmd=ENABLE;
    EXIT_InitStrue.EXTI_Mode=EXTI_Mode_Interrupt;
    EXIT_InitStrue.EXTI_Trigger=EXTI_Trigger_Falling;
```

```
        EXTI_Init(&EXIT_InitStrue);
        EXIT_InitStrue.EXTI_Line=EXTI_Line11;
        EXIT_InitStrue.EXTI_LineCmd=ENABLE;
        EXIT_InitStrue.EXTI_Mode=EXTI_Mode_Interrupt;
        EXIT_InitStrue.EXTI_Trigger=EXTI_Trigger_Falling;
        EXTI_Init(&EXIT_InitStrue);
        EXIT_InitStrue.EXTI_Line=EXTI_Line12;
        EXIT_InitStrue.EXTI_LineCmd=ENABLE;
        EXIT_InitStrue.EXTI_Mode=EXTI_Mode_Interrupt;
        EXIT_InitStrue.EXTI_Trigger=EXTI_Trigger_Falling;
        EXTI_Init(&EXIT_InitStrue);
        NVIC_InitStrue.NVIC_IRQChannel=EXTI15_10_IRQn;
        NVIC_InitStrue.NVIC_IRQChannelCmd=ENABLE;
        NVIC_InitStrue.NVIC_IRQChannelPreemptionPriority=0;
        NVIC_InitStrue.NVIC_IRQChannelSubPriority=0;
        NVIC_Init(&NVIC_InitStrue);}
void di_fi(int data)
{   Dis_Buf[0]=(data / 1) %10;
    Dis_Buf[1]=(data / 10) %10; }
void delay(uint32_t nCount)
{   for(; nCount!=0; nCount--);}
void EXTI15_10_IRQHandler(void)
{if(EXTI_GetITStatus(EXTI_Line10))
    {if(++Count>=100) Count=0;
    di_fi(Count);
    EXTI_ClearITPendingBit(EXTI_Line10);}
    if(EXTI_GetITStatus(EXTI_Line11))
    { if(--Count<0) Count=99;
    di_fi(Count);
    EXTI_ClearITPendingBit(EXTI_Line11);}
    if(EXTI_GetITStatus(EXTI_Line12))
    {GPIO_ResetBits(GPIOA, GPIO_Pin_0);
    EXTI_ClearITPendingBit(EXTI_Line12);
    }}
int main(void)
{   MyGPIO_Init();
    EXTIx_Init();
    while(1)
    { if(++time1>100)
        {   time1=0;
            DIS_SEG((DIG[Index]<<8) | (SEG[Dis_Buf[Index]]<<0));
            if(++Index>=sizeof(Dis_Buf)) Index=0;
        }   }}
```

习 题 5

1. NVIC 最多支持多少个异常和多少级可编程异常优先级,包括多少个内部异常和多少个非内核异常中断? STM32F103 的 NVIC 支持多少个异常,包括多少个内部异常和多少个非内核异常中断?

2. 简述 STM32 的中断优先级嵌套规则。

3. STM32 微控制器的中断源的优先级分为哪些组,每组如何使用优先级控制位设置抢占优先级和子优先级,支持多少个可编程异常优先级?

4. 简述 STM32 微控制器的中断源的优先级分组与抢占优先级、子优先级设置的关系。

5. STM32F103 的中断向量表一般位于存储器的什么位置?

6. SysTick 定时器的优先级和在中断向量表中的地址是多少?

7. STM32F103 的复位中断的优先级是多少? 复位中断服务程序的入口地址在中断向量表中的相对地址是多少?

8. 根据 STM32F103 EXTI 的内部结构,事件和中断有什么区别和联系?

9. 编程设置串口 USART1 抢占优先级为 0、子优先级为 2,TIM1 的抢占优先级为 2、子优先级为 3,使得 USART1 优先级最高,TIM1 优先级次高。

10. STM32F103 R8 的 PC6 连接 GPIO 按键,PC6 通用 I/O 端口映射到哪一个外部中断事件线上。

11. 设 PB1 作为外部中断线,设置为上升沿和下降沿触发中断,编写初始化程序。

12. STM32F103 的 R6 PA2 引脚作为外部中断输入线连接按键 K1,PC1 引脚连接 LED 的阴极端,通过按键 K1 控制 LED 做亮灭变化,写出主程序和中断服务程序,并仿真。

第 6 章

STM32F103 的定时器

本章以 STM32F103 为例，介绍定时器的功能、内部结构、工作模式、定时器的寄存器及相关库函数，以及定时器设计实例。

6.1 定时器概述

定时器是 STM32F103 必备的片上外设，其本质是一个计数器，可以对内部脉冲和外部输入信号进行计数，具有计数和定时功能，还具有输入捕获、输出比较和 PWM 输出等功能。

STM32 微控制器包含 3~8 个 16 位定时器 TIMx，各个定时器资源独立，可以同步工作。大容量的 STM32F103 产品具有 2 个高级定时器（TIM1/8）、4 个通用定时器（TIM2~TIM5）和 2 个基本定时器（TIM6/7）。定时器 TIM1~TIM8 属性比较如表 6-1 所示。

表 6-1　TIM1~TIM8 属性比较

主要特点	高级定时器（TIM1/8）	通用定时器（TIM2~TIM5）	基本定时器（TIM6/7）
时钟来源	APB2 分频器输出	APB1 分频器输出	APB1 分频器输出
内部计数器的位数（计数范围）	16(1~65536)	16(1~65536)	16(1~65536)
内部预分频器位数（分频系数取值）	16(1~65536)	16(1~65536)	16(1~65536)
计数器类型	向上、向下、中央对齐	向上、向下、中央对齐	向上
更新中断和 DMA	可以	可以	可以
捕获/比较通道	4	4	0
外部事件计数	有	有	无

6.2   STM32F103 的通用定时器

通用定时器 TIM2～TIM5 都具有定时、测量输入脉冲频率和宽度、输出 PWM 脉冲和编码器接口功能。

1. TIM2～TIM5 的结构

TIM2～TIM5 的内部结构如图 6-1 所示,核心部分由可编程预分频驱动的 16 位自动装载计数器 CNT 构成,包括时钟源、时钟单元、4 个独立的捕获输入和比较输出通道。

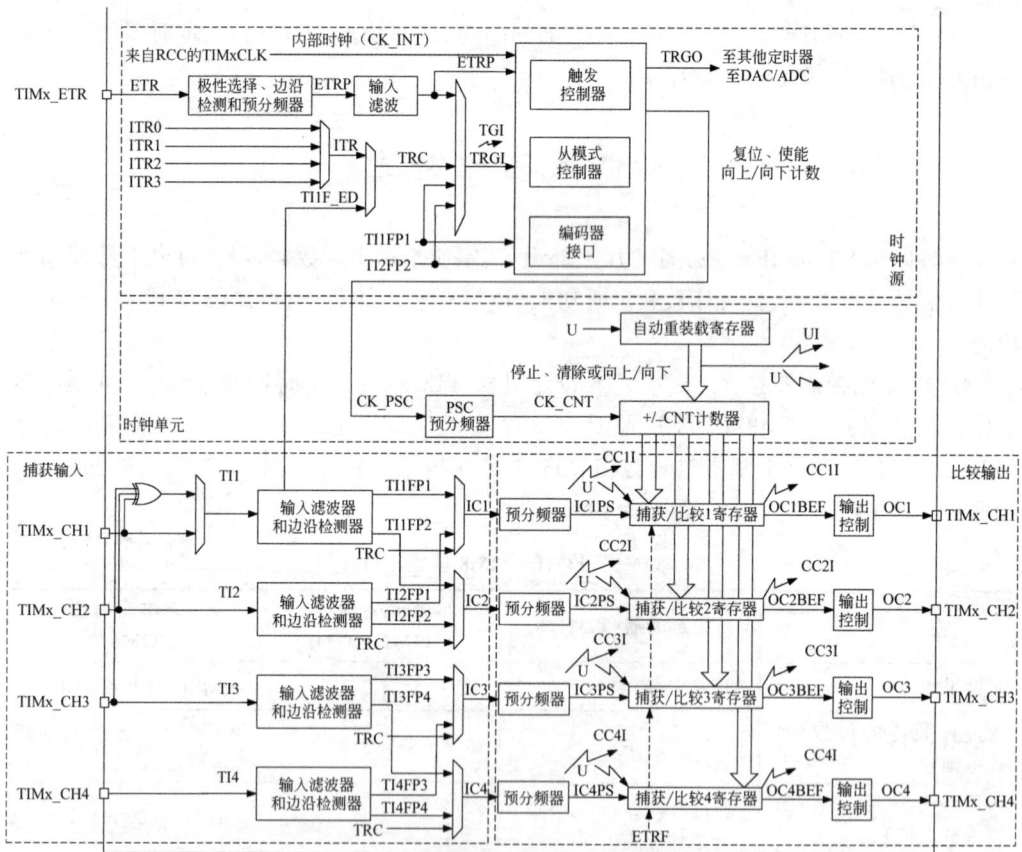

图 6-1   TIM2～TIM5 的内部结构

2. 时钟源

TIM2～TIM5 的 16 位计数器时钟可由以下时钟源提供。

(1) 内部时钟 CK_INT:内部时钟来自 RCC 的 APB1 预分频器的输出,通常情况下,是 APB1 总线频率 PCLK1 的 2 倍,为 72MHz。

(2) 内部触发输入 ITRx(x=0～3):ITRx 来自内部其他定时器触发输入,即一个定时器作为另一个定时器的预分频器,如配置 TIM1 作为 TIM2 的预分频器。

（3）外部输入捕获引脚 TIx（外部时钟模式 1）：来自外部输入捕获引脚,计数器在比较捕获引脚（TI1F_ED、TI1FP1、TI2FP2）的每个上升沿或下降沿计数。

（4）外部触发输入 ETR（外部时钟模式 2）：来自外部引脚 ETR,计数器在 ETR 的每个上升沿或下降沿计数。

3. 时钟单元

STM32F103 的定时器 TIMx 的时钟单元,由一个 16 位预分频器和一个带自动重装载寄存器的 16 位计数器 CNT 构成。

从时钟源来的时钟信号 CK_PSC,经过预分频器分频,频率降低得到输出信号 CK_CNT,进入计数器计数。预分频器分频系数范围为 1～65536,当时钟信号为 72MHz 时,CK_CNT 频率范围为 72MHz～1098Hz。

自动重装载寄存器有两个,一个是可以写入和读出的预装载寄存器,另一个是操作中起作用的影子寄存器。

16 位计数器 CNT 具有计数功能,在时钟控制单元的控制下,计数器可以向上递增计数、向下递减计数或者先递增后递减地中央对齐计数。计数器可以直接被停止或清零,或者在计数值达到自动重装载寄存器的数值后被停止或清零,或者被暂停一段时间后,恢复计数。

当 CNT 计满溢出后,自动重装载寄存器将保存的初值装入 CNT,重新计数。

4. 计数模式

TIM2～TIM5 的 16 位计数器 CNT 的计数模式有向上计数、向下计数和中央对齐计数,分别如图 6-2(a)、(b)和(c)所示。

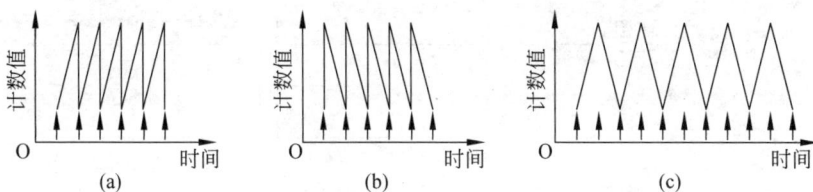

图 6-2　TIM2～TIM5 的计数模式

1）向上计数

计数器在 CK_CNT 的驱动下从 0 开始加 1 计数到自动重装载寄存器 TIMx_ARR 的预设值,然后重新从 0 开始加 1 计数,并且产生一个计数器溢出事件,可编程触发中断或 DMA 请求。向上计数时序图如图 6-3 所示。

2）向下计数

计数器在 CK_CNT 的驱动下从自动重装载寄存器 TIMx_ARR 的预设值开始减 1 计数到 0,然后重新从自动重装载寄存器 TIMx_ARR 的预设值开始减计数,并且产生一个计数器向下溢出事件,可编程触发中断或 DMA 请求。向下计数时序图如图 6-4 所示。

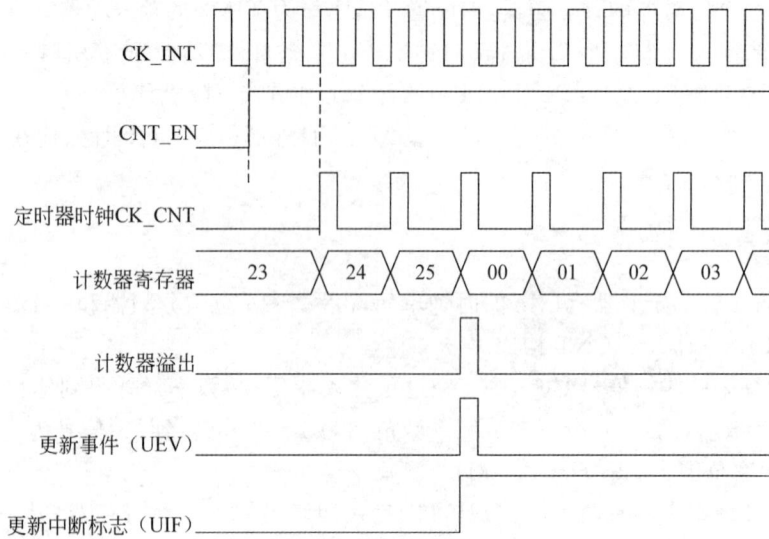

图 6-3　向上计数时序图

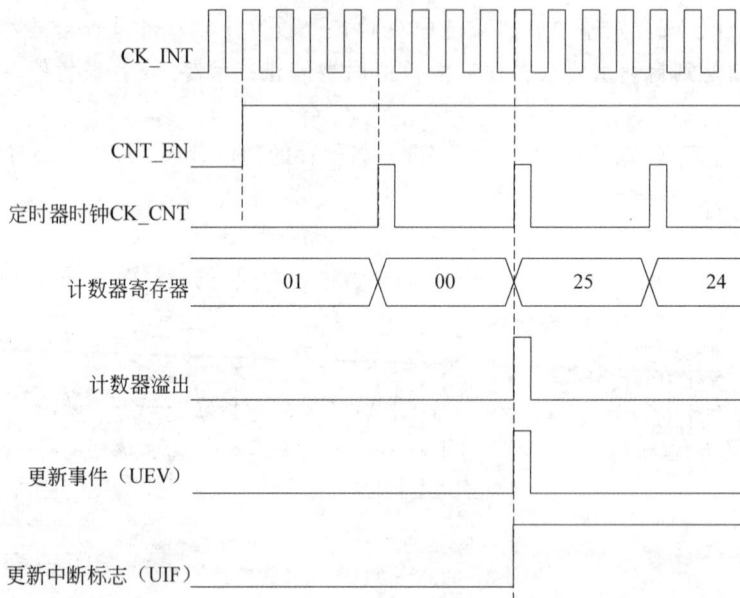

图 6-4　向下计数时序图

3）中央对齐计数

计数器在 CK_CNT 的驱动下从 0 开始加 1 计数到自动重装载寄存器 TIMx_ARR 的预设值－1，产生一个计数器溢出事件，接着向下计数到 1，并且产生一个计数器向下溢出事件。然后从 0 开始重新计数。可编程触发中断或 DMA 请求。中央对齐计数时序图如图 6-5 所示。

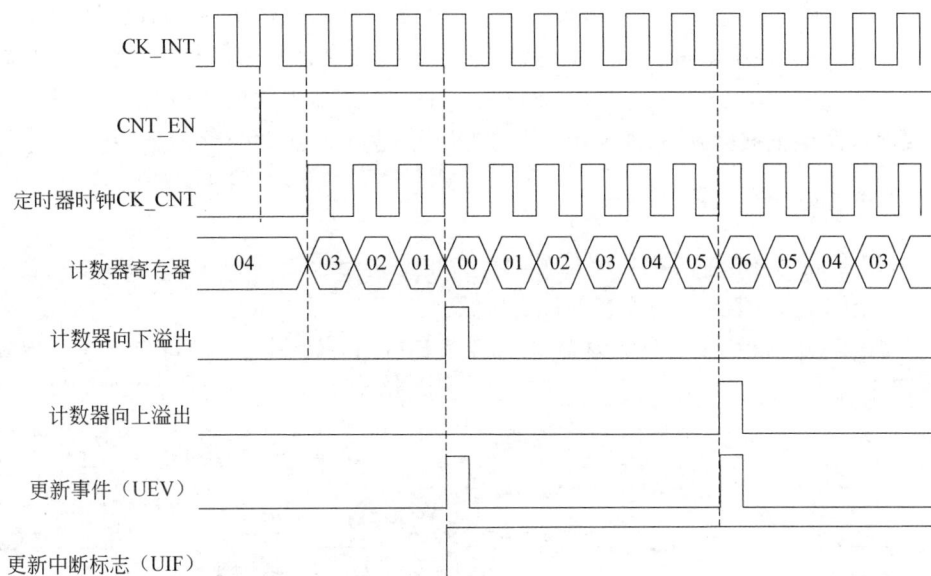

图 6-5　中央对齐计数时序图

5. 定时时间的计算

使用 TIMx 精确定时,定时时间 T 主要取决于 TIM_TimeBaseInitTypeDef 结构体的 TIM_Prescaler 和 TIM_Period 两个成员。设时钟源频率为 TIMxCLK,STM32F103的 TIMxCLK 默认为 72MHz,则定时时间 T 计算公式如式(6-1)所示。

$$T = (TIM\_Prescaler + 1) * (TIM\_Period + 1)/TIMxCLK \qquad (6\text{-}1)$$

若定时器 TIM 初始化程序为

```
MyTIM.TIM_Period=5-1;
MyTIM.TIM_Prescaler=1440-1;
```

则定时时间 $T = (TIM\_Prescaler + 1) * (TIM\_Period + 1)/TIMxCLK$
$\qquad = 1440 * 5/72000000 = 0.1ms$

6. 捕获输入和比较输出通道

定时器 TIM2～TIM5 均具有 4 个相同的捕获/比较寄存器 TIMx_CCR,由捕获输入通道(输入滤波器、边沿检测器、多路复用和预分频器)和比较输出通道(比较器和输出控制)组成。当一个通道工作于捕获输入模式时,此通道的输出部分自动停止工作,当一个通道工作于比较输出模式时,其捕获输入自动停止工作。

(1)捕获输入。当一个通道工作在捕获输入模式时,输入信号从引脚进入滤波单元,可以滤除输入信号上的高频干扰。当边沿检测器检测到指定的输入边沿到来时,将计数器 CNT 的当前值复制到捕获/比较寄存器 TIMx_CCR,在中断使能时可以产生中断。通过读出捕获寄存器的内容,可以知道信号发生变化的准确时间。该通道可实现脉冲频率、脉冲宽度和占空比的测量。

（2）比较输出。当工作在比较输出时，通过编程将比较数值写入捕获/比较寄存器 TIMx_CCR，定时器不断将该比较值与计数器 CNT 的内容进行比较，当比较条件成立，可以产生相应的输出。如果使能了中断，则产生中断。如果使能了引脚输出，则按照控制电路的设置产生输出波形，如输出 PWM（Pulse Width Modulation）波形。

7. PWM 输出

PWM 是利用微控制器的数字信号对模拟电路进行控制的一种有效技术，广泛应用在测量、通信以及功率控制与变换的许多领域中。

STM32F103 最多有 6 个定时器（TIM1、TIM8、TIM2～TIM5）可以产生 PWM 波形，高级定时器 TIM1/8 可以同时产生 7 路 3 对 PWM 输出，TIM2～TIM5 能同时产生独立的 4 路 PWM 输出。PWM 波形成示意图如图 6-6 所示。以向上计数模式为例，说明通用定时器 PWM 输出的过程如下：

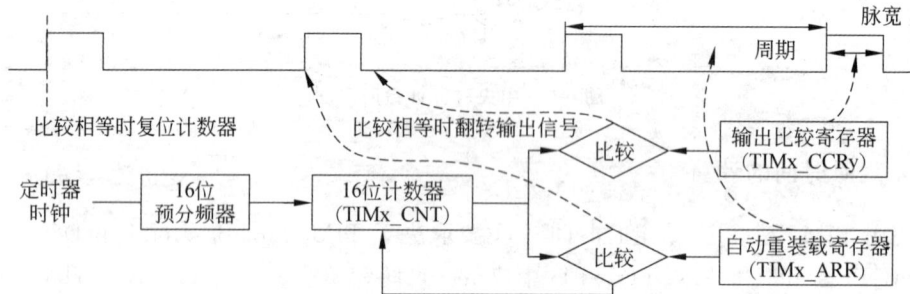

图 6-6　PWM 波形成示意图

（1）时钟 CK_PSC 经过 16 位预分频器 PSC 分频后为计数器 TIMx_CNT 提供时钟 CK_CNT，计数器在时钟 CK_CNT 作用下从 0 开始累加计数。

（2）计数器当前计数值 X 不断与捕获/比较寄存器 TIMx_CCR 中的数值 C 和自动重装载寄存器 TIMx_ARR 的数值 A 比较。

（3）当计数值 X 小于捕获/比较寄存器 TIMx_CCR 中的数值 C 时，输出高电平（或低电平），当计数值 X 大于或等于 TIMx_CCR 中的数值 C 时，输出低电平（或高电平）。

（4）当计数值 X 大于自动重装载寄存器 TIMx_ARR 的数值 A 时，计数器清零并重新开始计数。PWM 输出翻转。如此循环往复。

（5）设时钟 CK_CNT 的周期为 Tc，则 PWM 输出信号的脉冲宽度为 $C * Tc$，PWM 输出波形周期为$(A+1) * Tc$，PWM 输出引脚的占空比＝ $C/(A+1)$。

6.3　STM32F103 的高级定时器

高级定时器 TIM1/8 具有通用定时器的所有功能，还具有三相六步电机接口、刹车信号输入和死区时间可控制的 7 路 3 对 PWM 互补输出等功能，适合测量输入信号的脉冲宽度和产生 PWM 输出波形等多种用途。

1. 内部结构

TIM1/8 内部结构如图 6-7 所示,与通用定时器 TIM2～TIM5 区别是多了 BRK 和 DTG 两个结构,因此具有死区时间控制功能。

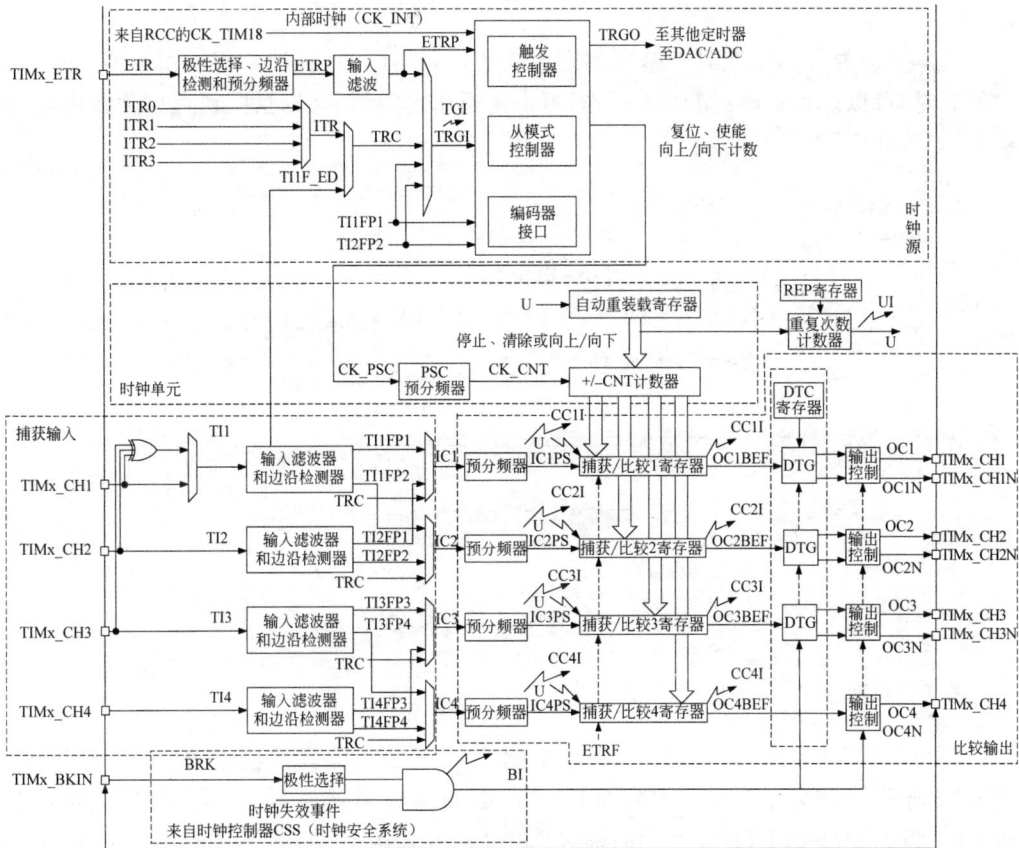

图 6-7 TIM1/8 内部结构

2. 时钟源

TIM1/8 时钟源与通用定时器的区别是内部时钟 CK_INT 来自 APB2 预分频器的输出 TIMxCLK,如图 6-8 所示。

图 6-8 TIM1/8 的内部时钟源

一般情况下，STM32 上电复位后，APB2 的预分频器系数为 1，APB2 时钟频率 PCLK2 为 72MHz，则 TIM1 和 TIM8 的时钟频率 TIMxCLK 为 72MHz。

6.4　STM32F103 的基本定时器

基本定时器 TIM6/7 具有基本的定时功能，当累计时钟脉冲数超过预定值，即定时时间到时，可以产生中断或 DMA 操作；可以为通用定时器提供时钟，还可以为数模转换器 DAC 提供时钟。

1. 内部结构

TIM6/7 的内部结构如图 6-9 所示，包括触发控制器、一个 16 位的预分频器 PSC、一个 16 位的自动重装载寄存器 ARR 和一个 16 位的计数器 CNT。

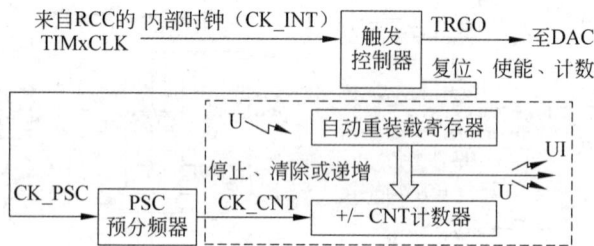

图 6-9　TIM6/7 的内部结构

2. 时钟源

TIM6/7 的时钟是内部时钟 CK_INT，来自 APB1 预分频器输出的 TIMxCLK，如图 6-10 所示。STM32F103 上电复位后，APB1 的预分频器系数为 2，APB1 时钟频率 PCLK1 为 36MHz，则 TIM6/7 的时钟频率 TIMxCLK 为 72MHz（PCLK1 的 2 倍）。

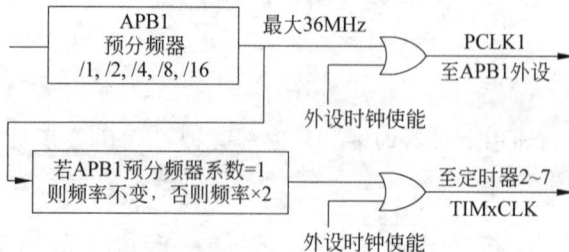

图 6-10　TIM6/7 的时钟

3. 向上计数模式

TIM6/7 的 16 位计数器只有向上计数模式。

将定时器 CNT 溢出值 ARRx 保存在自动重装载寄存器 TIMx_ARR 中。计数器 CNT 在时钟 CK_CNT 驱动下从 0 开始加 1 计数，当达到自动重装载寄存器预设值时，产生计数器溢出事件,可编程触发中断或 DMA 请求。接着计数器 CNT 重新从 0 开始向上计数,则定时时间 T 计算公式如式(6-1)所示。

4. 定时时间

由于计数器时钟 CK_CNT 由时钟 TIMxCLK 经过预分频器 TIMx_PSC 分频得到,设预分频器系数为 TIMx_PSC,设自动重装载寄存器中的预设值为 TIMx_ARR,则定时时间 T 如式(6-2)所示。

$$T = (TIMx\_PSC + 1) * (TIMx\_ARRx + 1)/TIMxCLK \qquad (6-2)$$

其中,TIMx_PSC 和 TIMx_ARR 取值为 0～65535。

6.5　STM32F10x 的定时器相关库函数

定时器是通过可编程预分频器驱动 16 位自动装载计数器实现定时或计数功能的内部外设。可用于测量输入信号的脉冲宽带或者产生 PWM 输出波形。使用定时器预分频器和 RCC 时钟控制器预分频器,脉冲宽度和波形周期在几个微秒到几个毫秒间调整。

STM32F10x 的定时器库函数存放在 STM32F10x 标准外设库的头文件 stm32f10x_tim.h 和源代码文件 stm32f10x_tim.c 等文件中,源代码文件用来存放定时器库函数定义,头文件用来存放定时器相关结构体、宏定义和定时器库函数声明。定时器常用库函数如表 6-2 所示。

表 6-2　定时器常用库函数

函数分类	函　数　名	功　能　描　述
初始化和使能函数	TIM_DeInit()	将 TIMx 寄存器恢复为复位启动时的默认值
	TIM_TimeBaseInit()	根据 TIM_TimeBaseInitStruct 中指定参数初始化 TIMx
	TIM_OCnInit()	根据 TIM_OCInitStruct 中指定的参数初始化 TIMx 的通道 n,n 取值为 1～4
	TIM_OCnPreloadConfig()	使能或者禁止 TIMx 在 CCRn 上的预装载寄存器,n 取值为1～4
	TIM_Cmd()	使能或者禁止 TIMx
	TIM_CtrlPWMOutputs()	使能或禁止 TIMx 的主输出
定时器配置和获取	TIM_ARRPreloadConfig()	使能或者禁止 TIMx 在 ARR 上的预装载寄存器
	TIM_SetCounter()	设置 TIMx 计数器寄存器值
	TIM_GetCounter()	获得 TIMx 计数器值
获取或清除标志	TIM_GetFlagStatus()	查询指定 TIMx 标志位的状态
	TIM_ClearFlag()	清除 TIMx 的标志位

函数分类	函数名	功能描述
定时器中断类相关函数	TIM_ITConfig()	使能或者禁止 TIMx 中断
	TIM_GetITStatus()	查询指定 TIMx 中断是否发生
	TIM_ClearITPendingBit()	清除 TIMx 的中断挂起位

1. TIM_DeInit()函数

TIM_DeInit()函数的功能是将 TIMx 寄存器重设为默认值。表 6-3 是该函数说明。

表 6-3　TIM_DeInit()函数说明

函数原型	void TIM_DeInit(TIM_TypeDef * TIMx)
输入参数	输入参数 TIMx,x 可以是 1~8,用来选择 TIM

输出参数：无；返回值：无；先决条件：无

【例 6-1】　复位定时器 TIM1。

```
TIM_DeInit(TIM1);
```

2. TIM_TimeBaseInit()函数

TIM_TimeBaseInit()函数的功能是根据 TIM_TimeBaseInitStruct 中指定的参数初始化 TIMx 寄存器。表 6-4 是该函数说明。

表 6-4　TIM_TimeBaseInit()函数说明

函数原型	void TIM_TimeBaseInit(TIM_TypeDef * TIMx, TIM_TimeBaseInitTypeDef * TIM_TimeBaseInitStruct)
输入参数 1	输入参数 TIMx,x 可以是 1~8,用来选择 TIM
输入参数 2	TIM_TimeBaseInitStruct：指向结构体 TIM_TimeBaseInitTypeDef 的指针,包含了 TIMx 的配置信息

输出参数：无；返回值：无；先决条件：无；被调用函数：无

TIM_TimeBaseInitTypeDef 定义于文件"stm32f10x_tim.h"中,其结构为

```
typedef struct
{uint16_t TIM_Prescaler;
 uint16_t TIM_CounterMode;
 uint16_t TIM_Period;
 uint16_t TIM_ClockDivision;
 uint8_t TIM_RepetitionCounter;        //仅对定时器 TIM1 和 TIM8 有效
} TIM_TimeBaseInitTypeDef;
```

（1）TIM_Prescaler。装入预分频寄存器 TIMx_PSC 的值，等于预分频系数减 1，TIM_Prescaler 是一个无符号整型数，取值为 0～65535。时钟源 TIMxCLK 经过 TIM_Prescaler 分频后作为计数器的输入脉冲，可以扩大定时和计数的范围。

（2）TIM_CounterMode。该参数设置了计数器 CNT 的计数模式。取值见表 6-5。

表 6-5　TIM_CounterMode 不同取值

TIM_CounterMode 取值	功能描述
TIM_CounterMode_Up	TIM 向上计数模式
TIM_CounterMode_Down	TIM 向下计数模式
TIM_CounterMode_CenterAligned1	TIM 中央对齐模式 1 计数模式
TIM_CounterMode_CenterAligned2	TIM 中央对齐模式 2 计数模式
TIM_CounterMode_CenterAligned3	TIM 中央对齐模式 3 计数模式

（3）TIM_Period。在下一个更新事件时装入自动重装载寄存器 TIMx_ARR 的周期值，等于 TIMx 计数器 CNT 的计数周期减 1，它的取值必须为 0～65535。

使用定时器 TIMx 精确定时时间 T 主要取决于 TIM_Prescaler 和 TIM_Period 这两个参数。

$$定时时间\ T=(TIM\_Prescaler+1) * (TIM\_Period+1)/TIMxCLK$$

其中，STM32F103 的 TIMxCLK 默认为 72MHz。

（4）TIM_ClockDivision。设置时钟分割。取值见表 6-6。

表 6-6　TIM_ClockDivision 不同取值

TIM_ClockDivision 取值	功能描述
TIM_CKD_DIV1	TDTS = Tck_tim
TIM_CKD_DIV2	TDTS = 2Tck_tim
TIM_CKD_DIV4	TDTS = 4Tck_tim

【例 6-2】　配置定时器 3 向上计数模式，重载寄存器值为 9999，预分频值为 71，则定时时间为 10ms。

```
TIM_TimeBaseInitTypeDef MyTIM;
MyTIM.TIM_Period=9999;
MyTIM.TIM_Prescaler=71;
MyTIM.TIM_ClockDivision=TIM_CKD_DIV1;
MyTIM.TIM_CounterMode=TIM_CounterMode_Up;
TIM_TimeBaseInit(TIM3, &MyTIM);
```

3. TIM_OCnInit() 函数

TIM_OCnInit() 函数的功能是根据 TIM_OCInitStruct 中指定的参数初始化外设 TIMx 的通道 n。n 取值为 1～4。表 6-7 是该函数说明。

表 6-7　TIM_OCnInit( )函数说明

函数原型	void TIM_OCnInit(TIM_TypeDef ＊ TIMx, TIM_OCInitTypeDef ＊ TIM_OCInitStruct)
输入参数 1	TIMx：x 可以是 1～8,除了 6 和 7,用来选择 TIM
输入参数 2	TIM_OCInitStruct：指向结构体 TIM_OCInitTypeDef 的指针,包含了 TIMx 输出相关的配置信息
输出参数：无;返回值：无;	

TIM_OCInitTypeDef 定义于文件"stm32f10x_tim.h"中,其结构为

```
typedef struct
{uint16_t TIM_OCMode;
 uint16_t TIM_OutputState;
    uint16_t TIM_OutputNState;           //仅对定时器 TIM1 和 TIM8 有效
    uint16_t TIM_Pulse;
    uint16_t TIM_OCPolarity;
    uint16_t TIM_OCNPolarity;            //仅对定时器 TIM1 和 TIM8 有效
    uint16_t TIM_OCIdleState;            //仅对定时器 TIM1 和 TIM8 有效
    uint16_t TIM_OCNIdleState;           //仅对定时器 TIM1 和 TIM8 有效
} TIM_OCInitTypeDef;
```

（1）TIM_OCMode。TIM 的输出模式,取值见表 6-8。

表 6-8　TIM_OCMode 不同取值

TIM_OCMode 取值	功 能 描 述	TIM_OCMode 取值	功 能 描 述
TIM_OCMode_Timing	TIM 输出比较冻结模式,匹配时不输出	TIM_OCMode_Toggle	TIM 输出比较触发模式,匹配时输出翻转
TIM_OCMode_Active	TIM 输出比较主动模式,匹配时,输出高电平	TIM_OCMode_PWM1	TIM 脉冲宽度调制模式1
TIM_OCMode_Inactive	TIM 输出比较非主动模式,匹配时,输出低电平式	TIM_OCMode_PWM2	TIM 脉冲宽度调制模式2

（2）TIM_OutputState。输出比较状态。取值如下：TIM_OutputState_Enable 为使能输出比较状态;TIM_OutputState_Disable 为禁止输出比较状态。

（3）TIM_Pulse。设置待装入捕获/比较寄存器 TIMx_CCRn 的脉冲值,其取值必须在 0～65535,其与结构体 TIM_TimeBaseInitTypeDef 的成员 TIM_Period（即自动重装载寄存器 TIMx_ARR 的值）共同决定了 PWM 输出引脚的占空比：

PWM 输出引脚的占空比＝TIM_Pulse/(TIM_Period＋1)＝TIMx_CCRn/(TIMx_ARR＋1)

（4）TIM_OCPolarity。确定 TIM 输出极性。TIM_OCPolarity 取值有两种：TIM_OCPolarity_High 表示输出有效电平是高电平,TIM_OCPolarity_Low 表示 TIM 输出有效电平是低电平。

【例 6-3】　配置定时器 2 的通道 3 为 PWM 模式,占空比为 50。

```
TIM_TimeBaseInitTypeDef MyTIM;              //定义初始化 TIM 结构体变量
RCC_APB1PeriphClockCmd(RCC_APB1Periph_TIM2,ENABLE);
                                            //打开 TIM2 外设时钟
MyTIM.TIM_Prescaler=8 -1;                   //设置定时器的预分频系数
MyTIM.TIM_Period=1000-1;                    //计数周期-1
MyTIM.TIM_ClockDivision=TIM_CKD_DIV1;
MyTIM.TIM_CounterMode=TIM_CounterMode_Up;   //设置定时器的计数方式
TIM_TimeBaseInit(TIM2,&MyTIM);
TIM_OCInitTypeDef MyPWM;                    //定义 PWM 结构体变量
MyPWM.TIM_OCMode=TIM_OCMode_PWM1;           //选择 PWM1 模式
MyPWM.TIM_OutputState=TIM_OutputState_Enable;
                                            //正常输出使能
MyPWM.TIM_Pulse=500;                        //设置占空比
MyPWM.TIM_OCPolarity=TIM_OCPolarity_Low;    //正常输出低电平
TIM_OC3Init(TIM2,&MyPWM);                   //初始化 TIM2_CH3 通道,输出 PWM 配置
```

4. TIM_OCnPreloadConfig()函数

TIM_OCnPreloadConfig()函数的功能是使能或者禁止 TIMx 在捕获/比较寄存器 CCRn 上的预装载。n 取值为 1～4,表 6-9 是函数说明。

表 6-9　TIM_OCnPreloadConfig()函数说明

函数原型	TIM_OcnPreloadConfig(TIM_TypeDef * TIMx, uint16_t TIM_OCPreload)
输入参数 1	TIMx: x 可以是 1～8,除了 6 和 7,用来选择 TIM
输入参数 2	TIM_OCPreload: TIM_OCPreload_Enable 表示开启预装载;TIM_OCPreload_Disable 表示关闭预装载
输出参数:无;返回值:无;	

【例 6-4】　使能 TIM2 在捕获/比较寄存器 CCR3 上的预装载。

```
TIM_OC3PreloadConfig(TIM2,TIM_OCPreload_Enable);
```

5. TIM_Cmd()函数

TIM_Cmd()函数的功能是使能或者失能 TIMx 外设,表 6-10 是函数说明。

表 6-10　TIM_Cmd()函数说明

函数原型	void TIM_Cmd(TIM_TypeDef * TIMx, FunctionalState NewState)
输入参数 1	TIMx: x 可以是 1～8,用来选择 TIM 外设
输入参数 2	NewState:外设 TIMx 的新状态(ENABLE 或 DISABLE)
输出参数:无;返回值:无;先决条件:无;被调用函数:无	

【例 6-5】　使能 TIM3。

```
TIM_Cmd(TIM3, ENABLE);
```

6. TIM_CtrlPWMOutputs()函数

TIM_CtrlPWMOutputs()函数功能是使能或禁止 TIMx 的主输出。其说明如表 6-11 所示。

表 6-11　TIM_CtrlPWMOutputs()函数说明

函数原型	void TIM_CtrlPWMOutputs(TIM_TypeDef * TIMx, FunctionalState NewState)
输入参数 1	TIMx：x 可以是 1~8
输入参数 2	NewState：TIMx 主输出新状态(可取 ENABLE 或 DISABLE)
输出参数：无;返回值：无;先决条件：无;被调用函数：无	

【例 6-6】　使能 TIM2 主输出。

```
TIM_CtrlPWMOutputs(TIM2,ENABLE);
```

7. TIM_ARRPreloadConfig()函数

TIM_ARRPreloadConfig()函数的功能是使能或者失能 TIMx 在 ARR 上的预装载寄存器,表 6-12 是函数说明。

表 6-12　TIM_ARRPreloadConfig()函数说明

函数原型	void TIM_ARRPreloadConfig(TIM_TypeDef * TIMx, FunctionalState Newstate)
输入参数 1	TIMx：x 可以是 1~8,除了 6 和 7,用来选择 TIM 外设
输入参数 2	NewState：TIM_CR1 寄存器 ARPE 位的新状态(可取 ENABLE 或 DISABLE)
输出参数：无;返回值：无;先决条件：无;被调用函数：无	

【例 6-7】　使能 TIM3 在 ARR 上的预装载寄存器。

```
TIM_ARRPreloadConfig(TIM3,ENABLE)
```

8. TIM_SetCounter()函数

TIM_SetCounter()函数的功能是设置 TIMx 计数器寄存器值,表 6-13 是其说明。

表 6-13　TIM_SetCounter()函数说明

函数原型	void TIM_SetCounter(TIM_TypeDef * TIMx, u16 Counter)
输入参数 1	TIMx：x 可以是 1~8
输入参数 2	Counter：计数器寄存器新值,范围是 0~65535
输出参数：无;返回值：无;先决条件：无;被调用函数：无	

【例 6-8】　设置 TIM3 计数值为 0。

```
TIM_SetCounter(TIM3, 0U);
```

9. TIM_GetCounter()函数

TIM_GetCounter()函数的功能是获得 TIMx 计数器的值,函数说明如表 6-14 所示。

表 6-14　TIM_GetCounter()函数说明

函数原型	u32 TIM_GetCounter(TIM_TypeDef * TIMx)
输入参数 1	TIMx:x 可以是 1～8

输出参数:无;返回值:计数器的值;先决条件:无;被调用函数:无

【例 6-9】　获取定时器 2 的计数值。

```
u32 t=TIM_GetCounter(TIM2);
```

10. TIM_GetFlagStatus()函数

TIM_GetFlagStatus()函数功能是查询指定 TIM 标志位是否设置,表 6-15 是函数说明。

表 6-15　TIM_GetFlagStatus()函数说明

函数原型	FlagStatus TIM_GetFlagStatus(TIM_TypeDef * TIMx, u16 TIM_FLAG)
输入参数 1	TIMx: x 可以是 1～8
输入参数 2	TIM_FLAG:待查询的 TIM 标志位(见表 6-16)

输出参数:无;返回值:SET(查询标志位置位) 或 RESET(查询标志位清零);先决条件:无;被调用函数:无

表 6-16　TIM_FLAG 不同取值

TIM_FLAG 取值	功 能 描 述	TIM_FLAG 取值	功 能 描 述
TIM_FLAG_Update	TIM 更新标志位	TIM_FLAG_Trigger	TIM 触发标志位
TIM_FLAG_CC1	TIM 捕获/比较 1 标志位	TIM_FLAG_CC1OF	TIM 捕获/比较 1 溢出标志位
TIM_FLAG_CC2	TIM 捕获/比较 2 标志位	TIM_FLAG_CC2OF	TIM 捕获/比较 2 溢出标志位
TIM_FLAG_CC3	TIM 捕获/比较 3 标志位	TIM_FLAG_CC3OF	TIM 捕获/比较 3 溢出标志位
TIM_FLAG_CC4	TIM 捕获/比较 4 标志位	TIM_FLAG_CC4OF	TIM 捕获/比较 4 溢出标志位
TIM_FLAG_COM	TIM 通信标志位	TIM_FLAG_Break	TIM 刹车标志位

【例 6-10】　查询 TIM3 捕获/比较 2 标志是否置位。

```
if(TIM_GetFlagStatus(TIM3, TIM_FLAG_CC2)==SET)
{ }
```

11. TIM_ClearFlag()函数

TIM_ClearFlag()函数的功能是清除 TIMx 的待处理标志位,说明如表 6-17 所示。

表 6-17   TIM_ClearFlag()函数说明

函数原型	void TIM_ClearFlag(TIM_TypeDef * TIMx, u16 TIM_FLAG)
输入参数 1	TIMx:x 可以是 1~8
输入参数 2	TIM_FLAG:待清除的 TIM 标志位(见表 6-16)
输出参数:无;返回值:无;先决条件:无;被调用函数:无	

【例 6-11】 清除 TIM3 捕获比较标志 3。

```
TIM_ClearFlag(TIM3, TIM_FLAG_CC3);
```

12. TIM_ITConfig()函数

TIM_ITConfig()函数的功能是使能或者失能指定 TIM 中断。其说明如表 6-18 所示。

表 6-18   TIM_ITConfig()函数说明

函数原型	void TIM_ITConfig(TIM_TypeDef * TIMx, u16 TIM_IT, FunctionalState NewState)
输入参数 1	TIMx:x 可以是 1~8
输入参数 2	TIM_IT:待使能或者失能的 TIM 中断源(见表 6-19)
输入参数 3	NewState:TIMx 中断的新状态(可取 ENABLE 或 DISABLE)
输出参数:无;返回值:无;先决条件:无;被调用函数:无	

表 6-19   TIM_IT 不同取值

TIM_IT 取值	功 能 描 述	TIM_IT 取值	功 能 描 述
TIM_IT_Update	TIM 更新中断	TIM_IT_CC3	TIM 捕获/比较 3 中断
TIM_IT_CC1	TIM 捕获/比较 1 中断	TIM_IT_CC4	TIM 捕获/比较 4 中断
TIM_IT_CC2	TIM 捕获/比较 2 中断	TIM_IT_Trigger	TIM 触发中断
TIM_IT_COM	TIM 通信中断	TIM_IT_Break	TIM 刹车中断

【例 6-12】 使能 TIM3 中断。

```
TIM_ITConfig(TIM3, TIM_IT_Update, ENABLE);
```

13. TIM_GetITStatus()函数

TIM_GetITStatus()函数功能是查询 TIM 指定标志位状态并检测该中断是否被屏

蔽,说明如表 6-20 所示。

表 6-20　TIM_GetITStatus( )函数说明

函数原型	ITStatus TIM_GetITStatus(TIM_TypeDef * TIMx, u16 TIM_IT)
输入参数 1	TIMx: x 可以是 1~8
输入参数 2	TIM_IT: 待查询的 TIM 中断源(见表 6-19)
输出参数:无;返回值:SET(查询中断标志位置位)或 RESET(查询中断标志位清零)	

【例 6-13】　查询 TIM3 中断是否发生。

```
if(TIM_GetITStatus(TIM3, TIM_IT_Update)!=RESET)
   {  …; }
```

14. TIM_ClearITPendingBit( )函数

TIM_ClearITPendingBit( )函数的功能是清除 TIMx 的中断待处理位,其说明如表 6-21 所示。

表 6-21　TIM_ClearITPendingBit( )函数说明

函数原型	void TIM_ClearITPendingBit(TIM_TypeDef * TIMx, u16 TIM_IT)
输入参数 1	TIMx: x 可以是 1~8
输入参数 2	TIM_IT: 待清除的 TIM 中断请求标志(见表 6-19)
输出参数:无;返回值:无;先决条件:无;被调用函数:无	

【例 6-14】　清除 TIM2 中断标志位。

```
if (TIM_GetITStatus(TIM2, TIM_IT_Update)!=RESET)        //检测中断是否发生
    {TIM_ClearITPendingBit(TIM2, TIM_IT_Update);}
```

6.6　STM32F103 的定时器设计实例

6.6.1　定时器应用基础

定时器 TIMx 程序编写的一般步骤如下。

(1) 打开定时器的外设时钟。

(2) 定义初始化 TIM 结构体 TIM_TimeBaseInitTypeDef 变量,设置定时时间,设置定时器计数模式。调用 TIM 初始化函数 TIM_TimeBaseInit( ),完成 TIMx 寄存器的配置。

(3) 调用 TIM_Cmd( )函数,使能 TIMx 工作。

(4) 如果采用定时器 TIMx 中断,需要调用 TIM_ITConfig( )函数使能 TIMx 的溢出中断。配置 NVIC,包括设置优先级分组、设置定时器中断向量通道和 2 个优先级,通过

结构体 NVIC_InitTypeDef 和 NVIC_Init()函数初始化 NVIC 寄存器,并编写 TIMx 中断服务程序。

6.6.2　定时器中断方式控制数码管和 LED 设计

【例 6-15】　定时器中断方式控制数码管和 LED 设计。

1. 实例要求

STM32F103R6 具有 3 个定时器:TIM1～TIM3,STM32F103R6 的 GPIOB 端口连接 2 位共阴极 LED 数码管和 2 个 LED。利用 TIM1～TIM3 分别实现 0.1ms 定时、100ms 和 5ms 定时,各定时器定时时间到溢出时触发中断,分别在中断服务程序中实现每 1ms 计数加 1 并在 LED 数码管上显示计数结果、LED1 闪烁和 LED2 闪烁。

2. 硬件电路

定时器中断方式控制数码管和 LED 仿真如图 6-11 所示。STM32F103R6 的 PB0～PB7 引脚连接到 2 位共阴 LED 数码管的段选码引脚 A～G 和 DP 上;PB9 和 PB8 分别用于驱动数码管的位选码 1 和 2。PB10～PB11 分别连接 LED1 和 LED2 的阴极。

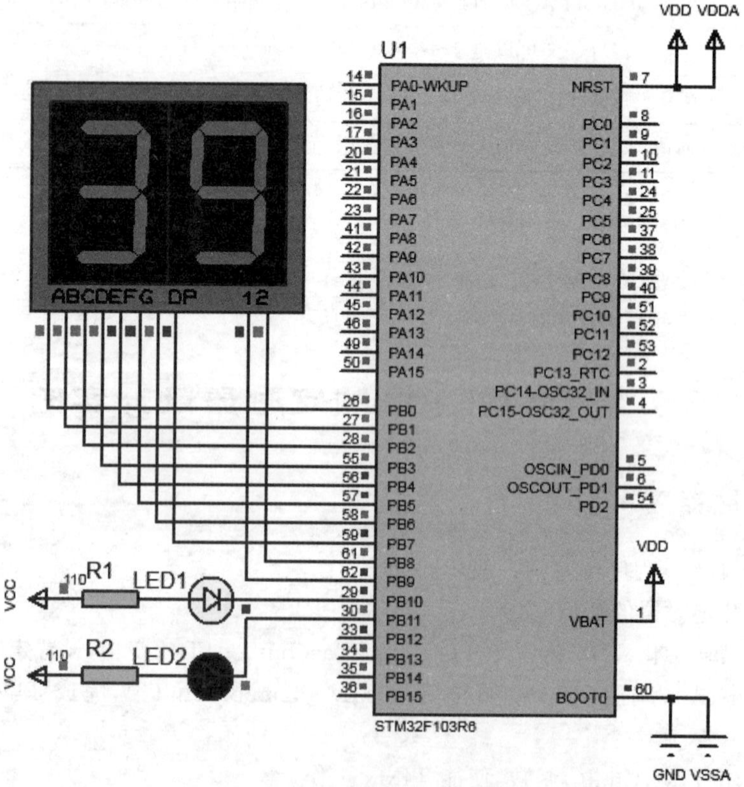

图 6-11　定时器中断方式控制数码管和 LED 仿真图

3. 软件设计

系统主程序设计：首先对连接 LED 数码管和 LED 的 GPIO 端口初始化，对 TIM1～
TIM3 分别初始化，对 NVIC 初始化，使得 TIM1 中断优先级最高，TIM2 中断优先级次
高，TIM3 中断优先级最低；在循环程序中，等待 3 个定时器中断到来。在 3 个中断服务
程序中，分别实现计数加 1 和在数码管显示、LED1 亮灭和 LED2 亮灭。实例采用 3 个定
时器中断，设计思路如下：

（1）打开 3 个定时器的外设时钟。其中，TIM1 外设时钟的总线与 TIM2、TIM3 的
外设时钟总线有所不同。TIM1 外设时钟在 APB2 总线上，TIM2 和 TIM3 是在 APB1 总
线上。

```
RCC_APB2PeriphClockCmd(RCC_APB2Periph_TIM1,ENABLE);
RCC_APB1PeriphClockCmd(RCC_APB1Periph_TIM2,ENABLE);
RCC_APB1PeriphClockCmd(RCC_APB1Periph_TIM3,ENABLE);
```

（2）定义初始化 TIM 结构体 TIM_TimeBaseInitTypeDef，使能 TIM1 工作，使能
TIM1 的溢出中断。在 TIM1 结构体变量中，设置定时时间为 0.1ms，设置定时器向上计
数模式。

```
MyTIM.TIM_Period=5-1;                       //设置定时器计数周期-1
MyTIM.TIM_Prescaler=1440 -1;                //设置定时器的预分频系数,定时时间为 0.1ms
MyTIM.TIM_CounterMode=TIM_CounterMode_Up;   //设置定时器的计数方式
TIM_TimeBaseInit(TIM1,&MyTIM);              //调用初始化函数完成 TIM1 功能配置
TIM_Cmd(TIM1,ENABLE);                       //使能 TIM1 工作
TIM_ITConfig(TIM1,TIM_IT_Update,ENABLE);    //使能 TIM1 的溢出中断
```

（3）配置 NVIC，设置优先级分组为 2，设置 3 个不同的向量通道，设置 TIM1～TIM3
的抢占优先级都是 1，TIM1～TIM3 子优先级分别为 0～2，因此，TIM1 中断优先级最
高，TIM2 优先级次高，TIM3 优先级最低。

（4）编写 TIMx 中断服务程序，注意 TIM1 中断服务程序 TIM1_UP_IRQHandler()
命名与其他定时器中断命名的区别。进入中断服务程序后，首先判断是否定时器 TIMx
中断溢出，接着通过 TIM_ClearITPendingBit(TIMx,TIM_IT_Update)函数清除对应的
TIMx 中断标志。其中，定时器 TIM1 每隔 0.1ms 产生中断，在中断服务程序中，每当中
断计数到 10 次(1ms)时，计数值加 1，并刷新数码管显示的计数值。

（5）新建和配置 STM32F103 工程，根据主程序设计思路和库函数，写出的 main.c 参
考程序如下。

```
#include "stm32f10x.h"
unsigned char SEG[] ={0x3F,0x06,0x5B,0x4F,0x66,0x6D,0x7D,0x07,0x7F,0x6F};
unsigned char DIG[] ={0x2,0x1};                //位选码
#define DIS_SEG(x) GPIO_Write(GPIOB,x)
#defineLED1_Display(x) x?GPIO_SetBits(GPIOB,GPIO_Pin_10):GPIO_ResetBits
(GPIOB,GPIO_Pin_10)
```

```c
#defineLED2_Display(x) x?GPIO_SetBits(GPIOB,GPIO_Pin_11): GPIO_ResetBits
(GPIOB,GPIO_Pin_11)
int t1;
int Index;
unsigned char Dis_Buf[2] ={0,0};
int Count;
void MyGPIO_Init(void)
{   GPIO_InitTypeDef SegGPIO;
    RCC_APB2PeriphClockCmd(RCC_APB2Periph_GPIOB,ENABLE);
    SegGPIO.GPIO_Pin=GPIO_Pin_All & 0x1FFF;
    SegGPIO.GPIO_Speed=GPIO_Speed_2MHz;
    SegGPIO.GPIO_Mode=GPIO_Mode_Out_PP;
    GPIO_Init(GPIOB,&SegGPIO);}
void di_fi(int data)
{   Dis_Buf[0] =(data / 1) %10;
    Dis_Buf[1] =(data / 10) %10;
    }
void delay(uint32_t nCount)
{for(; nCount!=0; nCount--);}
void TIM1_UP_IRQHandler(void)
{ if(RESET!=TIM_GetITStatus(TIM1,TIM_IT_Update))
    { TIM_ClearITPendingBit(TIM1,TIM_IT_Update);
            if(++t1>=10)
            { t1=0;
            Count++;
      if(Count >=100)Count=0;
      di_fi(Count);}
      DIS_SEG((DIG[Index] <<8) | (SEG[Dis_Buf[Index]] <<0));
      if(++Index >=sizeof(Dis_Buf))Index=0;
    }}
void TIM2_IRQHandler(void)
{ if(RESET!=TIM_GetITStatus(TIM2,TIM_IT_Update))
    {   LED1_Display(0);
        delay(10);
        LED1_Display(1);
    delay(10); }}
void TIM3_IRQHandler(void)
{ if(RESET!=TIM_GetITStatus(TIM3,TIM_IT_Update))
    {   LED2_Display(0);
        delay(10);
        LED2_Display(1);
        delay(10); }}
```

```
void MY_NVIC_Init(void)
{      NVIC_InitTypeDef MyNVIC;
       NVIC_PriorityGroupConfig(NVIC_PriorityGroup_2);
       MyNVIC.NVIC_IRQChannel=TIM1_UP_IRQn;
       MyNVIC.NVIC_IRQChannelPreemptionPriority=1;
       MyNVIC.NVIC_IRQChannelSubPriority=0;
       MyNVIC.NVIC_IRQChannelCmd=ENABLE;
       NVIC_Init(&MyNVIC);
       MyNVIC.NVIC_IRQChannel=TIM2_IRQn;
       MyNVIC.NVIC_IRQChannelPreemptionPriority=1;
       MyNVIC.NVIC_IRQChannelSubPriority=1;
       MyNVIC.NVIC_IRQChannelCmd =ENABLE;
       NVIC_Init(&MyNVIC);
       MyNVIC.NVIC_IRQChannel=TIM3_IRQn;
       MyNVIC.NVIC_IRQChannelPreemptionPriority=1;
       MyNVIC.NVIC_IRQChannelSubPriority=2;
       MyNVIC.NVIC_IRQChannelCmd=ENABLE;
       NVIC_Init(&MyNVIC); }
void MY_TIM_Init(void)
   {TIM_TimeBaseInitTypeDef MyTIM;               //定义初始化 TIM 结构体变量
   RCC_APB2PeriphClockCmd(RCC_APB2Periph_TIM1,ENABLE);
                                                 //打开 TIM1 外设时钟
   MyTIM.TIM_Period=5-1;
   MyTIM.TIM_Prescaler=1440 -1;        //设置定时器的预分频系数,定时时间为 0.1ms
   MyTIM.TIM_CounterMode=TIM_CounterMode_Up;   //设置定时器的计数方式
   TIM_TimeBaseInit(TIM1,&MyTIM);   //调用 TIM 初始化函数完成 TIM1 定时功能的配置
   TIM_Cmd(TIM1,ENABLE);                        //使能 TIM1 工作
   TIM_ITConfig(TIM1,TIM_IT_Update,ENABLE);   //使能 TIM1 的溢出中断
   RCC_APB1PeriphClockCmd(RCC_APB1Periph_TIM2,ENABLE);    //打开 TIM2 外设时钟
   MyTIM.TIM_Period=720-1;                      //设置计数周期-1
   MyTIM.TIM_Prescaler=10000-1;        //设置定时器的预分频系数,定时时间为 0.1s
   MyTIM.TIM_CounterMode=TIM_CounterMode_Up;   //设置定时器的计数方式
   TIM_TimeBaseInit(TIM2,&MyTIM);     //调用 TIM 初始化函数完成 TIM 定时功能的配置
   TIM_Cmd(TIM2,ENABLE);                        //使能 TIM2 工作
   TIM_ITConfig(TIM2,TIM_IT_Update,ENABLE);   //使能 TIM1 的溢出中断
   RCC_APB1PeriphClockCmd(RCC_APB1Periph_TIM3,ENABLE);    //打开 TIM3 外设时钟
   MyTIM.TIM_Period=72-1;                       //设置计数周期-1
   MyTIM.TIM_Prescaler=5000-1;          //设置定时器的预分频系数,定时时间为 0.005s
   MyTIM.TIM_CounterMode=TIM_CounterMode_Up;   //设置定时器的计数方式
   TIM_TimeBaseInit(TIM3,&MyTIM);     //调用 TIM 初始化函数完成 TIM 定时功能的配置
   TIM_Cmd(TIM3,ENABLE);                        //使能 TIM3 工作
    TIM_ITConfig(TIM3,TIM_IT_Update,ENABLE); }
```

```
int main(void)
{   MyGPIO_Init();
    MY_NVIC_Init();
    MY_TIM_Init();
  LED1_Display(1);
    LED2_Display(1);
    while(1)
    {   }}
```

6.6.3　定时器 PWM 输出控制 LED 设计

【例 6-16】　定时器 PWM 输出控制 LED 设计。

1. 实例要求

利用 STM32F103R6 的 TIM2_CH4(定时器 TIM2 的通道 4)的 PWM 输出功能,实现部分点亮绿色 LED 的效果。具体功能是:①在 TIM2_CH4 的 PWM 信号输出引脚 PA3 上输出频率 1kHz、占空比(即正脉冲时间与信号周期的比值)可由按键调节的信号。PA3 引脚上输出低电平的时间决定了绿色 LED 的点亮:PA3 输出高电平越小(占空比越小),绿色 LED 亮度越高;PA3 输出高电平越大(占空比越大),绿色 LED 亮度越低。②PA 端口连接 2 个按键(K1 和 K2)用于调节 PWM 信号的占空比数值,K1 每按下 1 次,占空比增加 1%;K2 每按下 1 次,占空比减小 1%。③STM32F103R6 的 GPIOC 端口连接 2 位共阴 LED 数码管用于显示 PWM 的占空比数值。

2. 硬件电路

定时器 PWM 输出控制 LED 仿真如图 6-12 所示。STM32F103R6 的定时器 TIM2_CH4 的 PWM 信号输出引脚 PA3 连接一个绿色 LED 的阴极端,PA3 同时连接虚拟示波器。按键 K1~K2 分别连接在 PA0~PA1 引脚上。STM32F103R6 的 PC0~PC7 引脚连接到 2 位共阴 LED 数码管的段选码 A~G 和 DP 引脚上;PC9 和 PC8 分别用于驱动 2 位共阴 LED 数码管的十位位选码 1 和个位位选码 2。

3. 软件设计

系统主程序设计:首先对 GPIO、NVIC、TIM2 初始化,对 PWM 初始化,接着在循环程序中,扫描按键,判断当 K1(或 K2)按下时,将捕捉/比较寄存器的脉冲值加 10(或减10),计算占空比,更新数码管显示缓冲区,等待 K1(或 K2)释放。在定时器 TIM2 中断服务程序中显示占空比。设计思路如下。

(1) 按键检测设计。定义 K1 和 K2,分别读取 PA0(按键 K1)和 PA1(按键 K2)的引脚值。

```
#define K1 GPIO_ReadInputDataBit(GPIOA,GPIO_Pin_0)     //K1宏定义
```

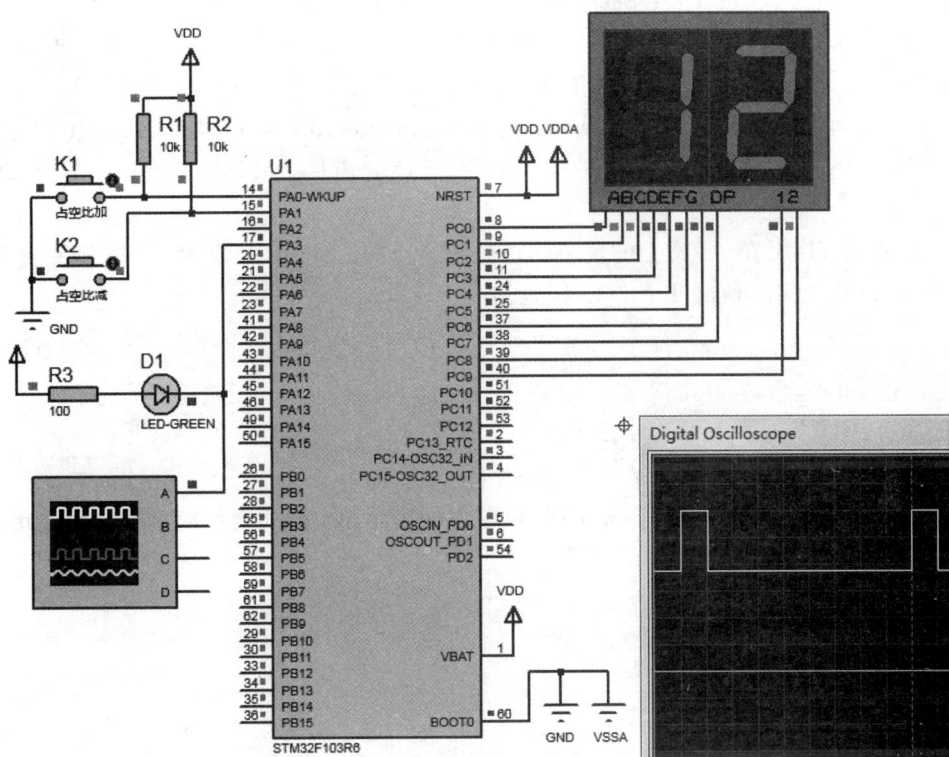

图 6-12　定时器 PWM 输出控制 LED 仿真图

```
#define K2 GPIO_ReadInputDataBit(GPIOA,GPIO_Pin_1)      //K2 宏定义
```

则按键 K1(K2)按下时，K1(K2)为 0；按键抬起，K1(K2)为 1。

（2）在定时器 TIM2 中断服务程序中显示占空比，需要在 NVIC_InitTypeDef 结构体变量 MyNVIC 中设置定时器 2 向量通道，并打开定时器中断。

```
MyNVIC.NVIC_IRQChannel=TIM2_IRQn;                       //设置向量通道
TIM_ITConfig(TIM2,TIM_IT_Update,ENABLE);                //使能 TIM2 的溢出中断
```

（3）TIM2_CH4 的 PA3 引脚输出 PWM 信号的编程步骤如下。

① 打开 APB2 总线上 PA3 所属端口 GPIOA 时钟，定义 GPIO_InitTypeDef 结构体变量，设置 PA3 为复用功能推挽输出。

```
RCC_APB2PeriphClockCmd(RCC_APB2Periph_GPIOA,ENABLE);
MyGPIO.GPIO_Mode=GPIO_Mode_AF_PP;
```

② 打开 APB1 总线上 TIM2 时钟，配置 TIM2 的两个结构体：定义初始化 TIM 结构体变量 TIM_TimeBaseInitTypeDef 和定义 PWM 结构体变量 TIM_OCInitTypeDef。

在结构体 TIM_TimeBaseInitTypeDef 变量中，设置 TIM2 的预分频系数 TIM_Prescaler 为 72-1，设置定时计数值 TIM_Period 为 1000-1，设置定时器的计数方式为向上计数，并使能中断。因此，PA3 上输出频率 f_{PWM} 计算如下。

$$f_{PWM}=TIM2CLK/((TIM\_Prescaler+1)*(TIM\_Period+1))=72000000/(72*1000)=1kHz$$

在结构体 TIM_OCInitTypeDef 中,设置 TIM_OCMode 成员为 TIM_OCMode_PWM1,选择 PWM1 模式,设置 TIM_OutputState 成员为 TIM_OutputState_Enable,正常输出使能,设置 TIM_Pulse 为 200,设置 TIM_OCPolarity 为 TIM_OCPolarity_Low。

因此,PA3 引脚 PWM 输出的占空比 = TIM_Pulse/(TIM_Period+1)=200/1000=20%。

③ 使能 TIM2 在 ARR 上的预装载寄存器,并使能 TIM2 在 CCR4 上的预装载寄存器,使能 TIM2 工作,使能 TIM2_CH4 通道的 PWM 输出。

```
TIM_ARRPreloadConfig(TIM2,ENABLE);                    //使能 TIM2 在 ARR 上的预装载寄存器
TIM_OC4PreloadConfig(TIM2,TIM_OCPreload_Enable);    //自动装载使能
TIM_Cmd(TIM2,ENABLE);                                //使能 TIM2 工作
TIM_CtrlPWMOutputs(TIM2,ENABLE);                     //使能 TIM2_CH4 通道输出 PWM
```

(4) 新建和配置 STM32F103 工程,根据主程序设计思路和库函数,写出的 main.c 参考程序如下。

```
#include "stm32f10x.h"
static int TIM_Pulse1;
unsigned char SEG[] =
{   0x3F,0x06,0x5B,0x4F,0x66,0x6D,0x7D,0x07,0x7F,0x6F,
    0x77,0x7C,0x39,0x5E,0x79,0x71,
    0x40,0x00,                    };
#define K1 GPIO_ReadInputDataBit(GPIOA,GPIO_Pin_0)//K1 宏定义
#define K2 GPIO_ReadInputDataBit(GPIOA,GPIO_Pin_1)//K2 宏定义
unsigned char DIG[2]={2,1};                       //位选码
int LEDIndex;
unsigned char Dis_Buf[2]={0,0};                   //显示缓冲区
void TIM2_IRQHandler(void)
{   if(RESET!=TIM_GetITStatus(TIM2,TIM_IT_Update))
    {   GPIO_Write(GPIOC,(DIG[LEDIndex]<<8)|(SEG[Dis_Buf[LEDIndex]]<<0));
        if(++LEDIndex>=sizeof(Dis_Buf)) LEDIndex=0;
    }}
void MyGPIO_Init(void)
    {   GPIO_InitTypeDef MyGPIO;                   //定义初始化 GPIO 结构体变量
        RCC_APB2PeriphClockCmd(RCC_APB2Periph_GPIOC,ENABLE);
        MyGPIO.GPIO_Pin=GPIO_Pin_All & 0xFFF;     //指定要配置的 GPIO 引脚
        MyGPIO.GPIO_Speed=GPIO_Speed_10MHz;       //指定 GPIO 引脚输出响应速度
        MyGPIO.GPIO_Mode=GPIO_Mode_Out_PP;        //指定 GPIO 引脚为通用推挽输出模式
        GPIO_Init(GPIOC,&MyGPIO);                 //调用 GPIO 初始化函数完成 PC0~PC11 引脚配置
        RCC_APB2PeriphClockCmd(RCC_APB2Periph_GPIOA,ENABLE);
        MyGPIO.GPIO_Pin=GPIO_Pin_3;
        MyGPIO.GPIO_Speed=GPIO_Speed_50MHz;       //设置响应速度
```

```
                MyGPIO.GPIO_Mode=GPIO_Mode_AF_PP;              //设置 PA3 为复用功能推挽输出
                GPIO_Init(GPIOA,&MyGPIO);               //调用 GPIO 初始化函数完成 PA3 引脚配置
                RCC_APB2PeriphClockCmd(RCC_APB2Periph_GPIOA,ENABLE);
                MyGPIO.GPIO_Pin=GPIO_Pin_0 | GPIO_Pin_1;
                MyGPIO.GPIO_Mode=GPIO_Mode_IN_FLOATING;
                GPIO_Init(GPIOA,&MyGPIO); }
        void MyNVIC_Init(void)
          {     NVIC_InitTypeDef MyNVIC;                    //定义初始化 NVIC 结构体变量
                NVIC_PriorityGroupConfig(NVIC_PriorityGroup_1);    //设置优先级分组
                MyNVIC.NVIC_IRQChannel=TIM2_IRQn;              //设置向量通道
                MyNVIC.NVIC_IRQChannelPreemptionPriority=1;    //设置抢占优先级
                MyNVIC.NVIC_IRQChannelSubPriority=0;
                MyNVIC.NVIC_IRQChannelCmd=ENABLE;            //使能设置的向量通道中断
                NVIC_Init(&MyNVIC);}          //调用 NVIC 初始化函数完成设置的向量通道配置
        void MyTIM2_Init(void)                          //TIM2 初始化
            {   TIM_TimeBaseInitTypeDef MyTIM2;           //定义初始化 TIM 结构体变量
                RCC_APB1PeriphClockCmd(RCC_APB1Periph_TIM2,ENABLE);
                MyTIM2.TIM_Prescaler=72 -1;                 //设置定时器的预分频系数
                MyTIM2.TIM_Period=1000-1;                   //设置计数周期-1
                MyTIM2.TIM_ClockDivision=TIM_CKD_DIV1;
                MyTIM2.TIM_CounterMode=TIM_CounterMode_Up;   //设置定时器的计数方式
                MyTIM2.TIM_RepetitionCounter=0;
                TIM_TimeBaseInit(TIM2,&MyTIM2);        //调用 TIM 初始化函数完成 TIM2 的配置
                TIM_ARRPreloadConfig(TIM2,ENABLE);    //使能 TIM2 在 ARR 上的预装载寄存器
                TIM_Cmd(TIM2,ENABLE);                    //使能 TIM2 工作
                TIM_ITConfig(TIM2,TIM_IT_Update,ENABLE);}
        void MyPWM_Init(void)
          {     TIM_OCInitTypeDef MyPWM;                     //定义 PWM 结构体变量
                MyPWM.TIM_OCMode=TIM_OCMode_PWM1;            //选择 PWM1 模式
                MyPWM.TIM_OutputState=TIM_OutputState_Enable;
                MyPWM.TIM_Pulse=200;                        //设置占空比
                MyPWM.TIM_OCPolarity=TIM_OCPolarity_Low;    //正常输出低电平
                TIM_OC4Init(TIM2,&MyPWM);                //初始化 TIM2_CH4 通道输出 PWM 配置
                TIM_OC4PreloadConfig(TIM2,TIM_OCPreload_Enable);
                TIM_Cmd(TIM2,ENABLE);                       //使能 TIM2 工作
                TIM_CtrlPWMOutputs(TIM2,ENABLE); }
        int main(void)
        {  MyGPIO_Init();
           MyNVIC_Init();
           MyTIM2_Init();
           MyPWM_Init();
           TIM_Pulse1=200;                                     //定义 PWM 占空比变量
```

```
   TIM_SetCompare4(TIM2,TIM_Pulse1);              //将 PWM 占空比数值送入 TIM2
   Dis_Buf[0]=((TIM_Pulse1 / 10) / 1) %10;
   Dis_Buf[1]=((TIM_Pulse1 / 10) / 10) %10;
while(1)
{ if(RESET==K1)                                   //判断 K1 是否按下
    {   TIM_Pulse1+=10;                            //占空比数值加 1 级
        if(TIM_Pulse1>=1000) TIM_Pulse1=999;
        TIM_SetCompare4(TIM2,TIM_Pulse1);          //将 PWM 占空比数值送入 TIM2
        Dis_Buf[0]=((TIM_Pulse1 / 10) / 1) %10;
        Dis_Buf[1]=((TIM_Pulse1 / 10) / 10) %10;
        while(RESET==K1); }
    if(RESET==K2)                                  //判断 K2 是否按下
    {   TIM_Pulse1-=10;                            //占空比数值减 1 级
        if(TIM_Pulse1<=0)TIM_Pulse1=0;
        TIM_SetCompare4(TIM2,TIM_Pulse1);          //将 PWM 占空比数值送入 TIM2
        Dis_Buf[0]=((TIM_Pulse1 / 10) / 1) %10;
        Dis_Buf[1]=((TIM_Pulse1 / 10) / 10) %10;
        while(RESET==K2);                          //等待 K2 释放
    }  }}
```

习 题 6

1. STM32F103 微控制器的定时器有哪几种？各种类型的定时器特点有什么不同？

2. STM32F103 微控制器的定时器有什么功能？

3. 简述 STM32F103 的定时器 TIMx 的时钟单元构成。

4. STM32F10x 的定时器计数模式有哪几种？

5. 使用 TIM1 精确定时，设置 TIM_TimeBaseInitTypeDef 结构体的 TIM_Prescaler 为 35，TIM_Period 为 99999，时钟源频率 TIMxCLK 为 72MHz，则定时时间为多少？写出初始化程序。

6. 什么是 PWM？STM32 有哪几个定时器可以产生 PWM 波形？PWM 输出波形的占空比是如何确定的？

7. STM32F103 的哪些定时器可以产生 PWM 波形？

8. 编程配置 TIM1 向上计数模式，自动重装载寄存器为 14999，预分频值为 9。时钟源 TIMxCLK 频率为 72MHz？则定时时间是多少？写出初始化程序。

9. STM32F103 R6 的 PA9 引脚作为定时器 TIM1_CH2 的 PWM 脉冲输出引脚，设输出矩形脉冲的占空比为 60%，编写初始化程序。

10. 简述定时器 TIMx 编程的步骤。

11. 使用 STM32F103 R6 的 TIM3 产生精确定时，定时时间为 2s，每 2s 时间到，在

TIM3 的中断服务程序中使 PA8 引脚连接的 LED0 闪烁，如图 6-13 所示。设 TIM3 的 NVIC 配置如下：优先级为 1 组、抢占优先级为 0、子优先级为 2。

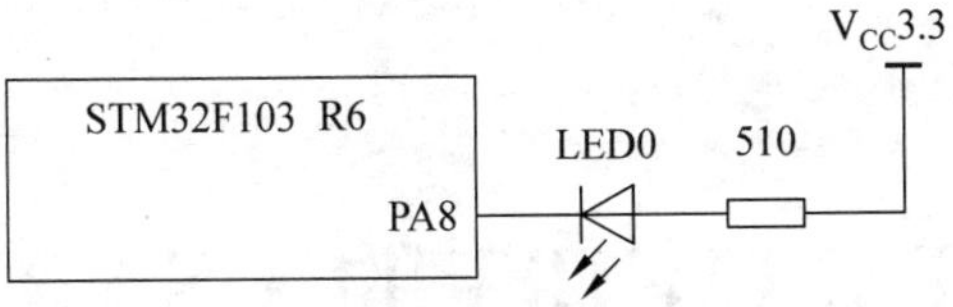

图 6-13　第 11 题图

第 7 章

STM32F103 的 USART

STM32F103 具有功能强大的 USART(Universal Synchronous/Asynchronous Receiver/Transmitter,通用同步/异步接收发送器)模块,其 USART 模块在具备 UART(Universal Asynchronous Receiver/Transmitter,通用异步接收发送器)功能基础上,还支持同步单向通信、单线半双工通信、智能卡协议、多处理器通信、LIN(局部互联网)协议、IrDA(红外数据组织)SIR ENDEC 规范、调制解调器 CTS/RTS 等操作。

7.1 USART 概述

USART 提供了一种灵活的方法,与使用工业标准 NRZ(不归零码)异步串行数据格式的外部设备之间进行全双工数据交换。USART 和 UART 是一种能够实现并/串变换和串/并变换的装置。在发送数据时,把二进制数据进行并/串变换,在接收数据时,把数据进行串/并变换。

1. 异步模式

UART 通信是在数据链路层组成帧作为传送单位,在物理链路上传输。每帧包括起始位、数据位、校验位和停止位。起始位 1 位(0),数据位长度为 5~8 位,奇偶校验位 0 位或 1 位,停止位为 0.5、1、1.5、2 位。帧的具体格式由 UART 通信双方在数据传输前设定。帧间隔不固定,用空闲位 1 填充。STM32F103UART 的 1 帧数据格式如图 7-1 所示。

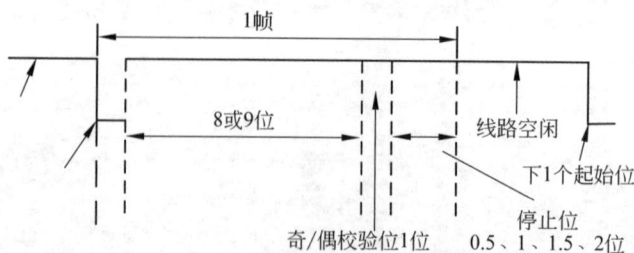

图 7-1 STM32F103 异步通信 1 帧数据格式

对于 STM32F103 系列,异步模式说明如下。

(1) 总线在不发送或不接收数据帧时处于空闲状态。

(2) 1 帧数据包括 1 个起始位,8 位或者 9 位数据字(由最低有效位 LSB 到最高有效位 MSB)、校验位(奇、偶或无),0.5、1、1.5、2 个停止位。

(3) 使用分数比特率发生器(12 位整数和 4 位小数的表示方法)。

(4) 具有独立的发送器和接收器使能位。

(5) 具有接收缓冲器满、发送缓冲器空和传输结束标志,还有溢出错误、噪声错误、帧错误和校验错误等标志。

(6) 硬件数据流控制。

(7) USART 的寄存器包括 1 个状态寄存器(USART_SR)、1 个数据寄存器(USART_DR)、1 个比特率寄存器(USART_BRR)、1 个智能卡模式下的保护时间寄存器(USART_GTPR)。

2. 同步模式

同步模式需要用 SCLK 信号作为发送器同步传输的时钟输出。在接收端,根据 SCLK 信号同步接收引脚 Rx 数据。

SCLK 时钟相位和极性都可用软件编程实现。在智能卡通信模式中,由智能卡提供 SCLK 同步时钟。

3. 硬件流控制

硬件流控制用于解决串口传输数据出现的接收端数据处理能力不足而使得数据丢失的问题。常用的硬件流控制有 RTS/CTS(请求发送/清除发送)流控制和 DTR/DSR(数据终端就绪/数据设置就绪)流控制。

利用 RTS/CTS 流控制时,需要将通信双方设备的 RTS、CTS 线对应相连,数据终端设备(如计算机)使用 RTS 来协调数据的发送,而数据通信设备(如调制解调器)则用 CTS 来启动和暂停来自计算机的数据流,两个串口通信的硬件流控制如图 7-2 所示。

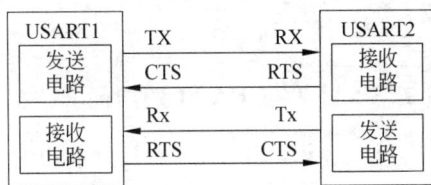

图 7-2　两个串口通信的硬件流控制

(1) RTS 流控制。如果设置了 RTS 流控制使能(RTSE＝1),当 USART 接收器准备好接收新的数据,RTS 就变成有效(低电平)。当接收寄存器内接收到新数据时,RTS 被释放,表明希望在当前帧结束时停止接收数据。

(2) CTS 流控制。如果设置了 CTS 流控制使能(CTSE＝1),发送器在发送下一帧前检查 CTS 输入,如果 CTS 有效(低电平),则发送下一个数据,否则不发送下一帧数据。若 CTS 在传输期间变成无效,当前的传输完成后即停止发送。如果设置了 USART_CR3 寄存器的 CTSIE 位,则产生中断。

4. IrDA 传输模式

IrDA 模式有 IrDA_RDI 和 IrDA_TDO 2 个引脚。

（1）IrDA_RDI 为数据输入引脚。

（2）IrDA_TDO 为数据输出引脚。

5. STM32F103 微控制器的 USART 特点

小容量的 STM32F103 微控制器有 2 个 USART，中等容量的 STM32F103 微控制器有 3 个 USART，大容量的 STM32F103 微控制器有 3 个 USART（USART1、USART2 和 USART3）和 2 个 UART（UART4 和 UART5）。

（1）USART1 位于 APB2 总线上，USART2、USART3、UART4 和 UART5 在 APB1 总线上。

（2）USART1 接口的通信速率可达 4.5Mb/s，USART2、USART3、UART4 和 UART5 接口速率为 2.25Mb/s。

（3）具有可编程波特率发生器（整数 12 位，小数 4 位），提供宽范围的波特率参数选择。

（4）可编程串行接口特性：8/9 位数据位；校验位（奇、偶或无）；停止位（0.5、1、1.5 或 2 位）。

（5）硬件数据流控制（CTS/RTS）。

（6）具有 2 个独立的中断标志位，当发送数据寄存器空时，发送标志位 TXE 置位；当接收数据寄存器接收到数据时，接收标志位 RXNE 置位。标志位置位时，可以使能中断。

（7）USART1、USART2、USART3、UART4 都可以使用 DMA 操作，进行发送 DMA 请求和接收 DMA 请求。

（8）单线半双工通信。

6. USART 与 UART 的功能

USART1～USART3 与 UART4～UART5 功能如表 7-1 所示。UART4 和 UART5 不支持硬件流控制、同步和智能卡。

表 7-1　USART 与 UART 功能

USART 模式	USART1～USART3	UART4～UART5
异步模式	支持	支持
同步	支持	不支持
硬件流控制	支持	不支持
智能卡	支持	不支持
DMA	支持	支持
多处理器通信	支持	支持

续表

USART 模式	USART1～USART3	UART4～UART5
半双工(单线模式)	支持	支持
IrDA	支持	支持
LIN 支持	支持	支持

7.2 STM32F103 USART 的寄存器

STM32 微控制器的 USART 寄存器如表 7-2 所示,包括状态寄存器、数据寄存器、波特率寄存器、控制寄存器 1～控制寄存器 3、保护时间和预分频寄存器等。USART 寄存器可用半字或字进行存取。USART 寄存器结构 USART_TypeDef 定义在 stm32f10x.h 中,定义如下。

```
typedef struct
{   uint16_t SR;
    uint16_t RESERVED0;
      uint16_t DR;
    uint16_t RESERVED1;
      uint16_t BRR;
    uint16_t RESERVED2;
      uint16_t CR1;
    uint16_t RESERVED3;
      uint16_t CR2;
    uint16_t RESERVED4;
      uint16_t CR3;
    uint16_t RESERVED5;
      uint16_t GTPR;
    uint16_t RESERVED6;
} USART_TypeDef;
```

表 7-2 USART 寄存器

寄存器	名 称	功 能 描 述
SR	状态寄存器	保存 USART 标志位状态(有用位:位 0～位 9)
DR	数据寄存器	保存接收或发送的数据(有用位:位 0～位 8)
BRR	波特率寄存器	设置 USART 的波特率(有用位:位 0～位 15)
CR1	控制寄存器 1	控制 USART(有用位:位 0～位 13)
CR2	控制寄存器 2	控制 USART(有用位:位 0～位 14)
CR3	控制寄存器 3	控制 USART(有用位:位 0～位 10)
GTPR	保护时间和预分频寄存器	保护时间和预分频(有用位:位 0～位 15)

7.3　STM32F103 USART 的工作原理

7.3.1　USART 的内部结构

STM32F103 微控制器的 USART 内部结构可分为数据存储转移、收发控制、波特率控制 3 部分,如图 7-3 所示。

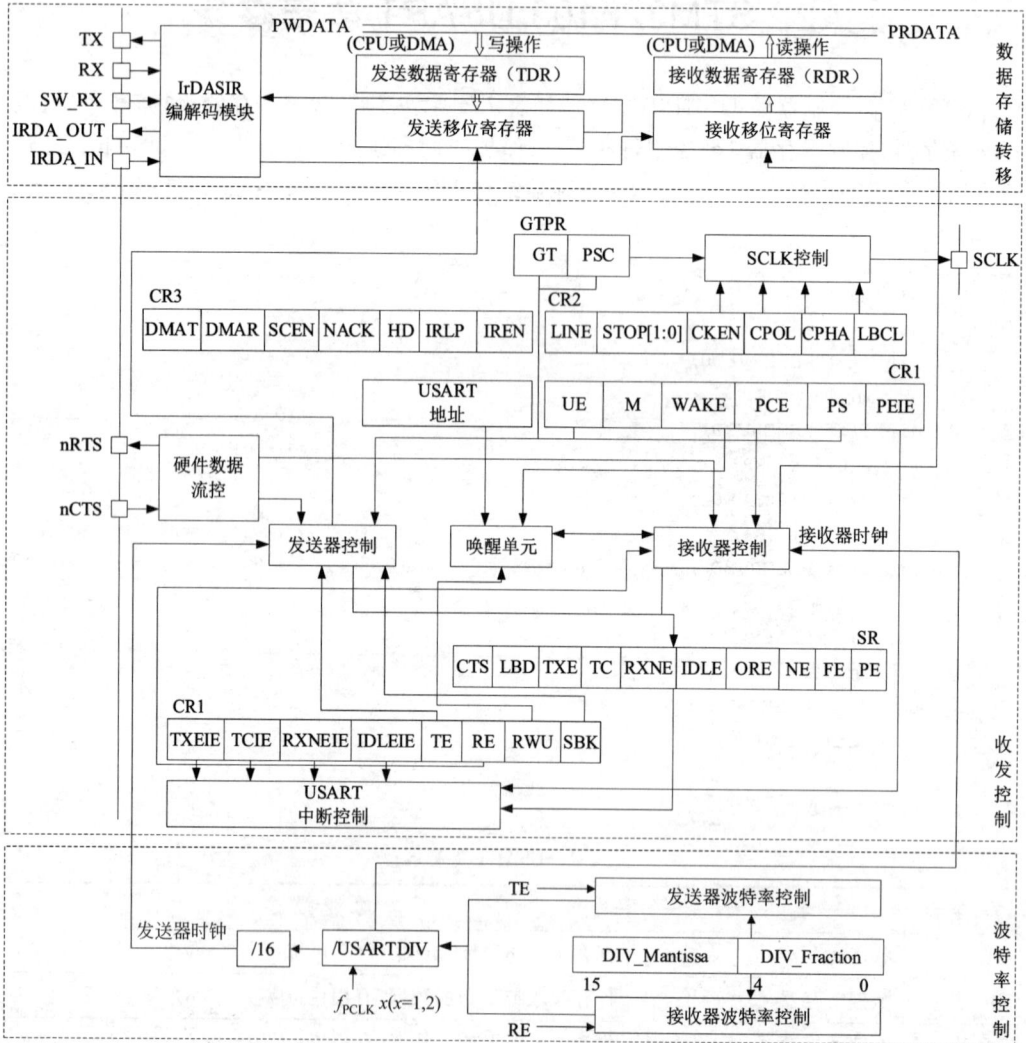

图 7-3　USART 内部结构

1. 数据存储转移

数据存储转移由发送移位寄存器和接收移位寄存器负责发送数据和接收数据,并实现串并转换。

1) USART 发送数据

当发送数据时，内核（或 DMA）把数据从内存（变量）写入发送数据寄存器 TDR，之后发送控制器自动把数据从 TDR 加载到发送移位寄存器中，将数据逐位地从 Tx 引脚发送出去。

当数据从 TDR 转移到移位寄存器后，会产生 TDR 空事件 TXE。当数据从移位寄存器全部发送到 Tx 引脚时，会产生数据发送完成事件 TC。这些事件会置位状态寄存器对应位。

2) USART 接收数据

USART 接收数据是发送数据的逆过程，数据从串口线 Rx 引脚逐位地输入接收移位寄存器中，接收控制器自动把数据转移到接收数据寄存器 RDR，可用内核指令（或 DMA）将 RDR 中数据读取到内存变量中。

当数据从接收移位寄存器转移到 RDR 后，会产生 RDR 已满事件 RXNE，该事件会置位状态寄存器对应位。

2. 收发控制

收发控制由 USART 的 3 个控制寄存器（CR1、CR2 和 CR3）和 1 个状态寄存器 SR 组成。通过向控制寄存器写入各种控制参数来控制接收和发送状态（如奇偶校验位、停止位等），还包括对 USART 中断的控制。通过读取 SR，可以查询串口的状态。

USART 的控制和状态查询可以通过使用库函数实现。

3. USART 波特率控制

USART 波特率控制部分包括发送器波特率控制、接收器波特率控制和波特率时钟分频器等部分。

USART 外设时钟源是不同的，USART1 位于 APB2 总线上，时钟源是 f_{PCLK2}，USART2、USART3、UART4 和 UART5 在 APB1 总线上，时钟源是 f_{PCLK1}，各时钟源经过各自 USART 波特率分频器除法因子 USARTDIV 分频，再经 16 分频后，作为发送器时钟和接收器时钟，控制发送和接收时序。

7.3.2　USART 的波特率设计

1. 波特率计算

USART 波特率是时钟源 f_{PCLK1} 经过波特率分频器除法因子 USARTDIV 分频和 16 分频后得到，波特率计算公式如式（7-1）所示。改变 USART 的 USARTDIV，可以设置 USART 的波特率。

$$波特率 = f_{PCLKx}/(16 \times USARTDIV) \tag{7-1}$$

式中，f_{PCLKx}（$x = 1, 2$）是外设的时钟，PCLK1 用于 USART2、USART3、UART4 和 UART5，PCLK2 用于 USART1。

2. 波特率设置

接收器和发送器的波特率要设置一致，即双方在 USART 波特率分频器除法因子 USARTDIV 中整数值和小数值的设置保持一致。USARTDIV 通过 USART_BRR 寄存器[15:0]设置，包括 12 位整数部分 DIV_Mantissa 和 4 位小数 DIV_Fraction 部分，如图 7-4 所示。其中，USARTDIV 的整数部分位于 bit15～bit4，USARTDIV 的小数部分位于 bit3～bit0。USARTDIV 是一个无符号的定点数。常用的波特率及除法因子 USARTDIV 值如表 7-3 所示。

31	30	29	···	18	17	16	15	···	5	4	3	2	1	0
保留							DIV_Mantissa[11:0]				DIV_Fraction[3:0]			
rw	rw	rw	rw	rw	rw	rw	rw	rw	rw	rw	rw	rw	rw	rw

图 7-4　波特率 USART_BRR 寄存器各位定义

表 7-3　常用的波特率及除法因子 USARTDIV

波特率（k/b/s）	$f_{PCLK1}=36MHz$		$f_{PCLK2}=72MHz$	
	波特率实际值	USARTDIV 值	波特率实际值	USARTDIV 值
1.2	1.2	1875	1.2	3750
2.4	2.4	937.5	2.4	1875
4.8	4.8	468.75	4.8	937.5
9.6	9.6	234.375	9.6	468.75
19.2	19.2	117.1875	19.2	234.375
57.6	57.6	39.0625	57.6	78.125
115.2	115.385	19.5	115.2	39.0625
230.4	230.769	9.75	230.769	19.5
460	461.538	4.875	461.539	9.75
921.6	923.077	2.4375	923.077	4.875
2250	2250	1	2250	2
4500	不可能	不可能	4500	1

【例 7-1】　USART1 的 $f_{PCLK2}=72MHz$，要求波特率为 115200，波特率分频器除法因子 USARTDIV 为多少，DIV_Fraction 和 DIV_Mantissa 各为多少？

USARTDIV$=f_{PCLKx}/(16×$波特率$)=72\ 000\ 000/(16×115\ 200)=39.0625d$

DIV_Fraction$=16 × 0.0625d=1d$

DIV_Mantissa$=$mantissa$(39.0625d)=39d=0x27$

所以，USART_BRR$=0x271$。

7.3.3　STM32F103 的 USART 中断

STM32F103USART 中断事件、标志及使能位如表 7-4 所示，分为两类中断事件。

表 7-4　USART 中断事件、标志及使能位

中 断 事 件	中 断 标 志	中 断 使 能 位
发送完成	TC	TCIE
发送数据寄存器空	TXE	TXEIE
清除发送	CTS	CTSIE
检测到空闲线路	IDLE	IDLEIE
接收数据寄存器非空	RXNE	RXNEIE
溢出错误	ORE	
奇偶校验错误	PE	PEIE
LIN 断开检测	LBD	LBDIE
噪声错误、溢出错误和帧错误	NE 或 ORE 或 FE	EIE

（1）发送期间的中断事件包括发送完成、发送数据寄存器空和清除发送。

（2）接收期间的中断事件包括检测到空闲线路、接收数据寄存器非空、溢出错误、奇偶校验错误、LIN 断开检测、噪声错误（仅在多缓冲器通信）和帧错误（仅在多缓冲器通信）。

STM32F103 USART 的中断逻辑如图 7-5 所示，各种中断标志位与对应中断使能位相与后通过或门，所有中断被连接到同一个 USART 中断向量。如果设置了某种中断使能控制位，当该中断请求事件发生时，该事件就会产生中断。

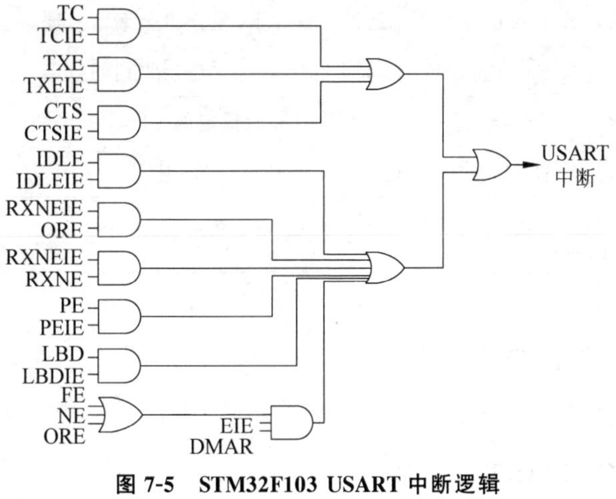

图 7-5　**STM32F103 USART 中断逻辑**

7.4 STM32F10x 的 USART 相关库函数

STM32F10x 的 USART 库函数存放在 STM32F10x 标准外设库的头文件 stm32f10x_usart.h 和源代码文件 stm32f10x_usart.c 等文件中,源代码文件用来存放 USART 库函数定义,头文件用来存放 USART 相关结构体、宏定义和库函数声明。USART 常用库函数如表 7-5 所示。

表 7-5 USART 常用库函数

函 数 分 类	函 数 名	功 能 描 述
初始化函数	USART_DeInit()	将 USARTx 寄存器恢复为复位启动时的默认值
	USART_Init()	根据 USART_InitStruct 中参数初始化 USARTx 寄存器
设置/检测函数	USART_Cmd()	使能或者失能 USARTx
	USART_GetFlagStatus()	查询指定的 USART 标志位的状态
	USART_ClearFlag()	清除 USARTx 的标志位
	USART_DMACmd()	使能或者失能指定 USART 的 DMA 请求
	USART_LINCmd()	使能或者失能 USARTx 的 LIN 模式
	USART_IrDAConfig()	设置 USART IrDA 模式
	USART_IrDACmd()	使能或者失能 USART IrDA 模式
	USART_SmartCardCmd()	使能或者失能指定 USART 的智能卡模式
	USART_SmartCardNackCmd()	使能或者失能 NACK 传输
	USART_HalfDuplexCmd()	使能或者失能 USART 半双工模式
输入输出	USART_SendData()	通过 USARTx 发送单个字节数据
	USART_ReceiveData()	返回 USARTx 最近接收到的数据
USART 中断类相关函数	USART_ITConfig()	使能或者失能指定的 USART 中断
	USART_GetITStatus()	查询指定的 USART 中断发生与否
	USART_ClearITPendingBit()	清除 USARTx 的中断挂起位

1. USART_DeInit()函数

函数的功能是将外设 USARTx 寄存器重设为默认值。表 7-6 是该函数说明。

【例 7-2】 复位 USART3、UART4。

```
USART_DeInit(USART3);
USART_DeInit(UART4);
```

表 7-6　USART_DeInit()函数说明

函数原型	void USART_DeInit(USART_TypeDef * USARTx)
输入参数	USART1~USART3,也可以是 UART4、UART5
输出参数：无；返回值：无	

2. USART_Init()函数

函数功能是根据 USART_InitStruct 中指定的参数初始化外设 USARTx 寄存器。表 7-7 是该函数说明。

表 7-7　USART_Init()函数说明

函数原型	void USART_Init(USART_TypeDef * USARTx, USART_InitTypeDef * USART_InitStruct)
输入参数 1	USART1~USART3,也可以是 UART4、UART5
输入参数 2	USART_InitStruct：指向结构 USART_InitTypeDef 的指针,包含 USART 配置信息
输出参数：无；返回值：无	

USART_InitTypeDef 定义于文件 stm32f10x_usart.h 中：

```
typedef struct
{   uint32_t USART_BaudRate;
    uint16_t USART_WordLength;
    uint16_t USART_StopBits;
    uint16_t USART_Parity;
    uint16_t USART_Mode;
    uint16_t USART_HardwareFlowControl;
} USART_InitTypeDef;
```

USART_InitTypeDef 结构成员含义如下：

(1) USART_BaudRate。设置 USART 传输的波特率,波特率与波特率分频器除法因子的整数和小数部分关系如下。

```
IntegerDivider=((APBClock) / (16 × (USART_InitStruct->USART_BaudRate)))
FractionalDivider=((IntegerDivider -((u32) IntegerDivider))×16) +0.5
```

该波特率不一定是 2400、9600、19200、38400、57600 等值,可以是任意值。

(2) USART_WordLength。设置在一个帧中传输或接收到的数据位数。其取值为 USART_WordLength_8b(表示 8 位数据)或者 USART_WordLength_9b(表示 9 位数据)。

(3) USART_StopBits。设置在一个帧中停止位数目。表 7-8 是该成员取值。

表 7-8　USART_StopBits 取值

USART_StopBits 取值	功 能 描 述	USART_StopBits 取值	功 能 描 述
USART_StopBits_1	在帧尾有 1 个停止位	USART_StopBits_0_5	在帧尾有 0.5 个停止位
USART_StopBits_2	在帧尾有 2 个停止位	USART_StopBits_1_5	在帧尾有 1.5 个停止位

（4）USART_Parity。设置奇偶校验模式。校验模式一旦使能，在发送数据的 MSB 位后插入计算的奇/偶校验位。表 7-9 是该成员取值。

表 7-9　USART_Parity 不同取值

USART_Parity 取值	功 能 描 述
USART_Parity_No	无校验
USART_Parity_Even	偶校验模式
USART_Parity_Odd	奇校验模式

（5）USART_HardwareFlowControl。指定是否使能硬件流控制模式。表 7-10 是该成员取值。

表 7-10　USART_HardwareFlowControl 不同取值

USART_HardwareFlowControl 取值	功 能 描 述	USART_HardwareFlowControl 取值	功 能 描 述
USART_HardwareFlowControl_None	无硬件控制流	USART_HardwareFlowControl_CTS	使能清除发送 CTS
USART_HardwareFlowControl_RTS	使能发送请求 RTS	USART_HardwareFlowControl_RTS_CTS	使能 RTS 和 CTS

（6）USART_Mode。指定是否使能发送和接收模式。USART_Mode 可取 USART_Mode_Tx（发送使能）和 USART_Mode_Rx（接收使能）的任意组合。

【例 7-3】　初始化 USART2，波特率为 2400、9 位数据、1 位停止位、无校验、无硬件流控制、允许接收和发送。

```
USART_InitTypeDef My_USARTInitS;                          //定义结构体
My_USARTInitS.USART_BaudRate=2400;                        //设置波特率
My_USARTInitS.USART_WordLength=USART_WordLength_9b;       //9 位数据
My_USARTInitS.USART_StopBits=USART_StopBits_1;            //一个停止位
My_USARTInitS.USART_Parity=USART_Parity_No;               //无奇偶校验位
My_USARTInitS.USART_HardwareFlowControl=USART_HardwareFlowControl_None;
                                                          //无硬件流控制
My_USARTInitS.USART_Mode=USART_Mode_Rx | USART_Mode_Tx;   //允许发送接收
USART_Init(USART2, &My_USARTInitS);
```

3. USART_Cmd()函数

函数的功能是使能或者禁止 USARTx 外设。表 7-11 是该函数说明。

表 7-11 USART_Cmd()函数说明

函数原型	void USART_Cmd(USART_TypeDef * USARTx，FunctionalState NewState)
输入参数 1	USART1~USART3，也可以是 UART4、UART5
输入参数 2	NewState：外设 USARTx 的新状态（ENABLE 或 DISABLE）
输出参数：无；返回值：无；先决条件：无；被调用函数：无	

【例 7-4】 使能 USART2。

```
USART_Cmd(USART2, ENABLE);
```

4. USART_GetFlagStatus()函数

函数的功能是查询指定的 USART 标志位的状态。表 7-12 是该函数说明。

表 7-12 USART_GetFlagStatus 函数说明

函数原型	FlagStatus USART_GetFlagStatus(USART_TypeDef * USARTx，uint16_t USART_FLAG)
输入参数 1	USART1~USART3，也可以是 UART4、UART5
输入参数 2	USART_FLAG：待查询的 USART 标志位（见表 7-13）
输出参数：无；返回值：USART_FLAG 状态 SET 或 RESET；先决条件：无；被调用函数：无	

表 7-13 USART_FLAG 不同取值

USART_FLAG 取值	功 能 描 述	USART_FLAG 取值	功 能 描 述
USART_FLAG_RXNE	接收数据寄存器非空标志位	USART_FLAG_TC	发送完成标志位
USART_FLAG_TXE	发送数据寄存器空标志位	USART_FLAG_FE	帧错误标志位
USART_FLAG_CTS	CTS 标志位	USART_FLAG_IDLE	空闲总线标志位
USART_FLAG_ORE	溢出错误标志位	USART_FLAG_NE	噪声错误标志位
USART_FLAG_LBD	LIN 断开检测标志位	USART_FLAG_PE	奇偶错误标志位

【例 7-5】 查询 USART2 是否接收到数据。

```
FlagStatus Stat1;
Stat1=USART_GetFlagStatus(USART2, USART_FLAG_RXNE)
```

5. USART_ClearFlag()函数

函数的功能是将指定 USARTx 标志位清除。表 7-14 是该函数说明。

表 7-14 **USART_ClearFlag** 函数说明

函数原型	void USART_ClearFlag(USART_TypeDef * USARTx, uint16_t USART_FLAG)
输入参数 1	USART1~USART3,也可以是 UART4、UART5
输入参数 2	USART_FLAG:待清除的 USART 标志位(见表 7-13)
输出参数:无;返回值:无;先决条件:无;被调用函数:无	

【例 7-6】 清除 USART2 的发送完成标志位。

```
USART_ClearFlag(USART2, USART_FLAG_TC);
```

6. USART_SendData()函数

函数的功能是通过 USARTx 发送单个数据。表 7-15 是该函数说明。

表 7-15 **USART_SendData()** 函数说明

函数原型	void USART_SendData(USART_TypeDef * USARTx, uint16_t Data)
输入参数 1	USART1~USART3,也可以是 UART4、UART5
输入参数 2	Data:待发送的数据
输出参数:无;返回值:无;先决条件:无;被调用函数:无	

【例 7-7】 通过 USART2 发送 0x5A 数据。

```
USART_SendData(USART2,0x5A);
```

7. USART_ReceiveData()函数

函数的功能是返回 USARTx 最近接收到的数据。表 7-16 是该函数说明。

表 7-16 **USART_ReceiveData()** 函数说明

函数原型	uint16_t USART_ReceiveData(USART_TypeDef * USARTx)
输入参数 1	USART1~USART3,也可以是 UART4、UART5
输出参数:无;返回值:接收到的数据;先决条件:无;被调用函数:无	

【例 7-8】 从 USART1 读取最新数据。

```
uint16_t Rxs;
Res=USART_ReceiveData(USART1);
```

8. USART_ITConfig()函数

函数的功能是使能或禁止 USART 中断。表 7-17 是该函数说明。

表 7-17　USART_ITConfig()函数说明

函数原型	void USART_ITConfig(USART_TypeDef * USARTx，uint16_t USART_IT，FunctionalState NewState)
输入参数 1	USART1～USART3，也可以是 UART4、UART5
输入参数 2	USART_IT：待使能或者禁止的 USART 中断源(见表 7-18)
输入参数 3	NewState：USARTx 中断的新状态(ENABLE 或 DISABLE)

输出参数：无；返回值：无；先决条件：无；被调用函数：无

表 7-18　USART_IT 不同取值

USART_IT 取值	功 能 描 述	USART_IT 取值	功 能 描 述
USART_IT_RXNE	接收中断	USART_IT_TC	发送完成中断
USART_IT_TXE	发送中断	USART_IT_ERR	错误中断
USART_IT_CTS	CTS 中断	USART_IT_IDLE	空闲总线中断
USART_IT_LBD	LIN 断开中断	USART_IT_PE	奇偶错误中断

【例 7-9】　允许 USART3、UART4 接收中断。

```
USART_ITConfig(USART3, USART_IT_RXNE, ENABLE);
USART_ITConfig(UART4, USART_IT_RXNE, ENABLE);
```

9. USART_GetITStatus()函数

函数的功能是检查指定的 USART 中断是否发生。表 7-19 是该函数说明。

表 7-19　USART_GetITStatus()函数说明

函数原型	ITStatus USART_GetITStatus(USART_TypeDef * USARTx，uint16_t USART_IT)
输入参数 1	USART1～USART3，也可以是 UART4、UART5
输入参数 2	USART_IT：待使能或者禁止的 USART 中断源(见表 7-20)

输出参数：无；返回值：指定中断的最新状态，请求位置位时为 SET，请求位清零时为 RESET；先决条件：无；被调用函数：无

表 7-20　USART_IT 不同取值

USART_IT 取值	功 能 描 述	USART_IT 取值	功 能 描 述
USART_IT_RXNE	接收数据寄存器非空中断	USART_IT_TC	发送完成中断
USART_IT_TXE	发送数据寄存器空中断	USART_IT_FE	帧错误中断
USART_IT_CTS	CTS 中断	USART_IT_IDLE	空闲总线中断
USART_IT_LBD	LIN 断开中断	USART_IT_PE	奇偶错误中断
USART_IT_ORE	溢出错误中断	USART_IT_NE	噪声错误中断

【例 7-10】 检查 USART1 接收中断状态。

```
if(USART_GetITStatus(USART1, USART_IT_RXNE)!=RESET)
    {   }
```

10. USART_ClearITPendingBit()函数

函数的功能是清除 USARTx 的中断挂起位。表 7-21 是该函数说明。

表 7-21　USART_ClearITPendingBit()函数说明

函数原型	void USART_ClearITPendingBit(USART_TypeDef * USARTx，uint16_t USART_IT)
输入参数 1	USART1~USART3,也可以是 UART4、UART5
输入参数 2	USART_IT:待使能或者禁止的 USART 中断源(见表 7-20)
输出参数:无;返回值:无;先决条件:无;被调用函数:无	

【例 7-11】 清除 USART2 发送完成中断标志位。

```
USART_ClearITPendingBit(USART2, USART_IT_TC);
```

7.5　STM32F103 的 USART 设计实例

7.5.1　USART 应用基础

1. 串口连接

STM32F103x4/6 微控制器有两个同步/异步串口(USART1 和 USART2)，STM32F103xC/D/E 有 5 个串口(USART1~USART3、UART4 和 UART5)。在 STM32 微控制器中,同名的串口引脚相同,图 7-6 是 STM32F103xC/D/E 系列微控制器的 5 个串口默认复用功能引脚示意图。在应用设计中如不采用硬件流控制,可不使用 RTS 和 CTS。

2. USART 程序编写的一般步骤

(1) Rx/Tx 引脚初始化:打开 APB2 总线上 USARTx(USART1~USART3、UART4 和 UART5)的复用引脚所属端口 GPIO 时钟。

(2) 通过 GPIO_InitTypeDef 结构体变量配置 USARTx 的复用引脚(如 USART1 的 PA10 和 PA9)。

(3) 打开 APB2(或 APB1)总线上 USART1(或 USART2、USART3、UART4 和 UART5)时钟。

(4) 通过 USART_InitTypeDef 结构体变量和 USART_Init()函数配置 USARTx,对 USART 初始化,包括波特率、字长、停止位、奇偶校验位、模式等。

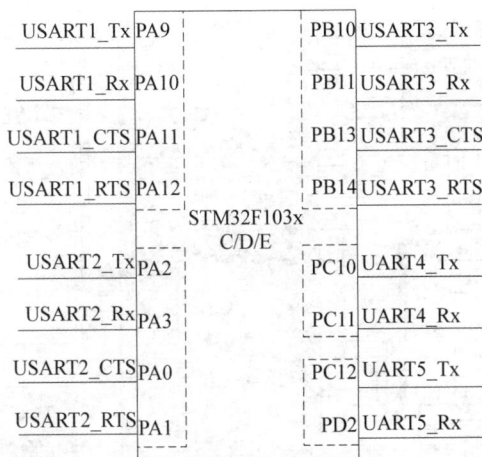

图 7-6　**STM32F103xC/D/E 微控制器的串口默认复用功能引脚**

（5）如果使用 USART 中断，通过结构体 NVIC_InitTypeDef 和 NVIC_Init()函数，用指定的参数初始化 NVIC 寄存器。

（6）开启中断和使能 USARTx。

7.5.2　USART 中断方式接收和发送设计

【**例 7-12**】　USART 中断方式接收和发送设计。

1. 实例要求

（1）STM32F103C6 微控制器连接串口虚拟终端，从串口虚拟终端接收字符并将接收字符存储在存储芯片 24C02C；当从串口接收 5 个任意字符后，微控制器将字符串"USART1 Receive OK！"发送到串口虚拟终端上显示，同时将接收到的 5 个串口字符发送到 LCD1602 实时显示。

（2）按下按键 K1 后，微控制器将存储芯片存储数据送 LCD1602 显示。

2. 硬件电路

系统由 STM32F103C6 微控制器、串口虚拟终端、LCD1602、存储芯片 24C02C 和按键组成，USART 接收发送仿真如图 7-7 所示。

（1）微控制器的 PA9 与串口虚拟终端 RXD 连接，PA10 与虚拟终端 TXD 连接，实现 USART1 的接收和发送。

（2）微控制器的 PB7～PB0 与 LCD1602 的数据引脚 D7～D0 相连。PB13 和 PB15 分别连接 LCD1602 的 RS 和 E（使能）引脚。LCD1602 的 RW 连接到地。

（3）PA0 和 PA1 分别与 24C02C 的 SCK 和 SDA 连接，存储芯片的写和读基于 I2C 总线协议。微控制器连接 I2C 调试器便于查看存储器存取的数据。

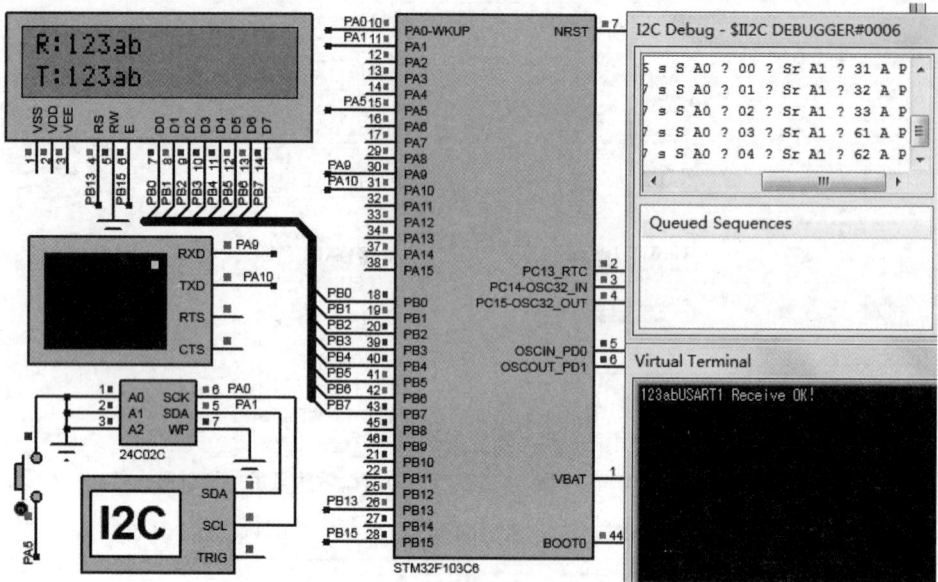

图 7-7　USART 接收发送仿真图

3. 软件设计

USART 接收发送主程序流程图如图 7-8 所示。首先对 GPIO、LCD 和串口初始化，LED 显示初始提示符，接着进入循环程序，调用按键扫描子程序，判断是否从串口虚拟终端接收完 5 个字符，如果是，则将从串口虚拟终端接收的 5 个字符送 LCD 显示，同时将串口接收数据存入存储器 24C02C。如果没有接收完，则返回循环程序。

在按键扫描子程序中，判断是否有按键按下，无键按下则退出，若有按键按下则读取 24C02C 存储的 5 个字符数据，送 LCD 显示。

中断服务程序设计。STM32F103C6 通过 Usart1 与串口虚拟终端之间接收发送字符都在中断服务程序中完成，当接收到每个字符时进入中断服务程序，在串口中断服务程序中接收字符并存储，当接收到 5 个字符时向虚拟终端发送字符串。串口设计思路如下：

（1）打开 USART1 的 GPIOA 外设时钟。

（2）通过结构体 GPIO_InitTypeDef 和 GPIO_Init() 函数，设置 USART1 的接收引脚 PA10 和发送引脚 PA9。

（3）使能 USART1 时钟。

（4）通过结构体 USART_InitTypeDef 和 USART_Init() 函数，设置 USART1 寄存器，包括波特率 9600、

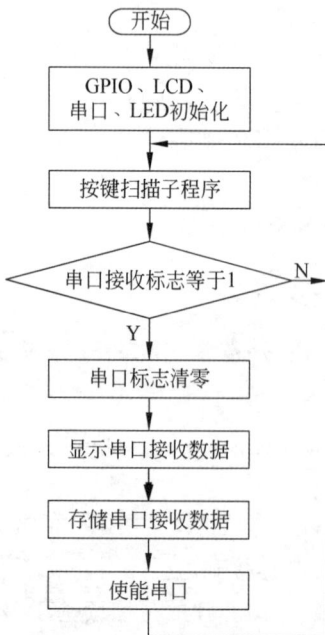

图 7-8　USART 接收发送
主程序流程图

字长 8b、停止位 1b、无奇偶校验位等。

（5）通过结构体 NVIC_InitTypeDef 和 NVIC_Init()函数，初始化 NVIC 寄存器。

（6）开启 USART1 接收中断和使能 USART1。

新建和配置 STM32F103 工程，根据主程序设计思路和库函数，写出 main.c 参考程序如下：

```c
#include "stm32f10x.h"
#include "32init.h"
#include "1602.h"
#include "Serial.h"
#include<24cxx.h>
#include "Delay.h"
#define uchar unsigned char
#define uint unsigned int
#define key PAin(5)
uchar a,b,c,d,e;
char Test[]={"USART1 Receive OK!\r\n"};
void Port32_Init(void)
{   RCC_APB2PeriphClockCmd(RCC_APB2Periph_GPIOA, ENABLE);
    GPIO_InitTypeDef GPIO_InitStructure;
    GPIO_InitStructure.GPIO_Mode=GPIO_Mode_Out_PP;
    GPIO_InitStructure.GPIO_Pin=GPIO_Pin_All&0xffe3;
    GPIO_InitStructure.GPIO_Speed=GPIO_Speed_50MHz;
    GPIO_Init(GPIOA, &GPIO_InitStructure);
    GPIO_Write(GPIOA, 0xffff);
    GPIO_InitStructure.GPIO_Pin=GPIO_Pin_All;
    GPIO_InitStructure.GPIO_Speed=GPIO_Speed_50MHz;
    GPIO_InitStructure.GPIO_Mode=GPIO_Mode_Out_PP;
    GPIO_Init(GPIOB, &GPIO_InitStructure);
    GPIO_Write(GPIOB, 0xffff);
}
void Serial_Init(void)
{   RCC_APB2PeriphClockCmd(RCC_APB2Periph_USART1, ENABLE);
    RCC_APB2PeriphClockCmd(RCC_APB2Periph_GPIOA, ENABLE);
    GPIO_InitTypeDef GPIO_InitStructure;
    GPIO_InitStructure.GPIO_Mode=GPIO_Mode_AF_PP;
    GPIO_InitStructure.GPIO_Pin=GPIO_Pin_9;
    GPIO_InitStructure.GPIO_Speed=GPIO_Speed_50MHz;
    GPIO_Init(GPIOA, &GPIO_InitStructure);
    GPIO_InitStructure.GPIO_Mode=GPIO_Mode_IPU;
    GPIO_InitStructure.GPIO_Pin=GPIO_Pin_10;
    GPIO_InitStructure.GPIO_Speed=GPIO_Speed_50MHz;
    GPIO_Init(GPIOA, &GPIO_InitStructure);
    USART_InitTypeDef USART_InitStructure;
```

```
    USART_InitStructure.USART_BaudRate=9600;
    USART_InitStructure.USART_HardwareFlowControl=USART_HardwareFlowControl_
None;
    USART_InitStructure.USART_Mode=USART_Mode_Tx | USART_Mode_Rx;
    USART_InitStructure.USART_Parity=USART_Parity_No;
    USART_InitStructure.USART_StopBits=USART_StopBits_1;
    USART_InitStructure.USART_WordLength=USART_WordLength_8b;
    USART_Init(USART1, &USART_InitStructure);
    USART_ITConfig(USART1, USART_IT_RXNE, ENABLE);
    NVIC_PriorityGroupConfig(NVIC_PriorityGroup_2);
    NVIC_InitTypeDef NVIC_InitStructure;
    NVIC_InitStructure.NVIC_IRQChannel=USART1_IRQn;
    NVIC_InitStructure.NVIC_IRQChannelCmd=ENABLE;
    NVIC_InitStructure.NVIC_IRQChannelPreemptionPriority=1;
    NVIC_InitStructure.NVIC_IRQChannelSubPriority=1;
    NVIC_Init(&NVIC_InitStructure);
    USART_Cmd(USART1, ENABLE);
}
void keyscan1(void)
{if(key==0)
  { Delay_ms(5);                                    //延时消抖 5ms
  while(key==0);
    a=read_add(0);
    b=read_add(1);
    c=read_add(2);
    d=read_add(3);
    e=read_add(4);
    LCD_Write_Char(2,1,a);
    LCD_Write_Char(3,1,b);
    LCD_Write_Char(4,1,c);
    LCD_Write_Char(5,1,d);
    LCD_Write_Char(6,1,e);
  }  }
int main(void)
{   Port32_Init();
    LCD_Init();
    Serial_Init();
    LCD_Write_String(0,0,"R:");
    LCD_Write_String(0,1,"T:");
    while (1)
    {   keyscan1();
        if (Serial_RxFlag==1)
        {   Serial_RxFlag=0;
            LCD_Write_Char(2,0,Serial_RxPacket[0]);
```

```
        LCD_Write_Char(3,0,Serial_RxPacket[1]);
        LCD_Write_Char(4,0,Serial_RxPacket[2]);
        LCD_Write_Char(5,0,Serial_RxPacket[3]);
        LCD_Write_Char(6,0,Serial_RxPacket[4]);
        write_add(0,Serial_RxPacket[0]);
        Delay_ms(1);
        write_add(1,Serial_RxPacket[1]);
        Delay_ms(1);
        write_add(2,Serial_RxPacket[2]);
        Delay_ms(1);
        write_add(3,Serial_RxPacket[3]);
        Delay_ms(1);
        write_add(4,Serial_RxPacket[4]);
        Delay_ms(1);
    USART_Cmd(USART1, ENABLE);
    }  }}
void USART1_IRQHandler(void)
{  if (USART_GetITStatus(USART1, USART_IT_RXNE)==SET)
    {uint8_t RxData=USART_ReceiveData(USART1);
    if (RxState==0)
        { Serial_RxPacket[pRxPacket]=RxData;
          pRxPacket++;
        if (pRxPacket>=5)
            {  RxState=1;
               pRxPacket=0;
               Serial_SendString(Test);
            }  }
        if (RxState==1)
        { RxState=0;
          Serial_RxFlag=1;
          USART_Cmd(USART1, DISABLE);}
        USART_ClearITPendingBit(USART1, USART_IT_RXNE);}}
```

7.5.3　USART 利用 JY60 传感器采集加速度设计

【**例 7-13**】　USART 利用 JY60 传感器采集加速度设计。

1. 实例要求

STM32F103RCT6 微控制器通过串口 USART1 连接 JY60 加速度传感器，在 USART1 的中断服务程序中采集加速度数据。当串口接收到字节数据后，对每次接收到的数据进行存储和解析，当接收到完整加速度数据帧后，从中提取纵向加速度、横向加速度和垂向加速度、纵向角加速度、横向角加速度、垂向角加速度 6 个 16 位的加速度数值，并将各数值存在数组中。

2. 硬件电路

STM32F103RCT6 的 USART1 接收引脚 RXD（PA10）连接 JY60 加速度传感器的 TXD 引脚。JY60 芯片引脚与 STM31F103RCT6 的接线如图 7-9 所示。

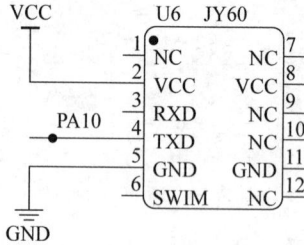

图 7-9　JY60 芯片引脚与 STM31F103RCT6 的接线图

3. 软件设计

系统主程序设计如下。对 USART1 初始化，包括对 USART1 接收引脚 PA10 的 GPIO 初始化、设置 Usart1 初始化和配置 NVIC，接着进入循环程序，等待 USART1 中断。在 USART1 中断服务程序中，首先判断接收中断标志位 RXNE 是否被置位，如果置位就从 USART1 读取 1 字节数据存入接收数组，接着判断接收的数据组成的数据帧是否符合帧格式，不符就重新开始接收。如果接收到 33 字节数据组成完整加速度数据帧，就从相应字节中解析 3 个角加速度值和 3 个重力加速度数值，转换为浮点数存在 JY61P_Data 数组中。

本例中用到的 USART1 初始化编程设计如下。

（1）打开 USART1 的 GPIO 外设时钟，USART1 位于 APB2 总线上。

```
RCC_APB2PeriphClockCmd(RCC_APB2Periph_GPIOA, ENABLE);//使能 PA 端口时钟
```

（2）通过结构体 GPIO_InitTypeDef 和 GPIO_Init()函数，设置 USART1 的接收引脚 PA10。

```
GPIO_InitTypeDef MyGPIO_InitStr;
MyGPIO_InitStr.GPIO_Pin=GPIO_Pin_10;
MyGPIO_InitStr.GPIO_Mode=GPIO_Mode_IPU;
GPIO_Init(GPIOA, &MyGPIO_InitStr);
```

（3）使能 USART1 时钟。

```
RCC_APB2PeriphClockCmd(RCC_APB2Periph_USART1, ENABLE);    //使能 USART1
USART_DeInit(USART1);
```

（4）通过结构体 USART_InitTypeDef 和 USART_Init()函数，设置 USART1 寄存器，包括波特率、字长、停止位、奇偶校验位、模式等。

```
USART_InitTypeDef MyUSART_InitStru;
MyUSART_InitStru.USART_BaudRate=bound;
```

```
MyUSART_InitStru.USART_WordLength=USART_WordLength_8b;
MyUSART_InitStru.USART_StopBits=USART_StopBits_1;
MyUSART_InitStru.USART_Parity=USART_Parity_No;
MyUSART_InitStru.USART_HardwareFlowControl=USART_HardwareFlowControl_None;
MyUSART_InitStru.USART_Mode=USART_Mode_Rx | USART_Mode_Tx;
USART_Init(USART1, &MyUSART_InitStru);
```

（5）通过结构体 NVIC_InitTypeDef 和 NVIC_Init（）函数，用指定的参数初始化
NVIC 寄存器。

（6）开启中断和使能串口。

```
USART_ITConfig(USART1, USART_IT_RXNE, ENABLE);
USART_Cmd(USART1, ENABLE);
```

实例 main.c 参考程序如下。

```
#include "stm32f10x.h"
float JY61P_Data[3];                                    //用于存储重力加速度
float JY61P_Data_J[3];                                  //用于存储角速度
u8 U1RxBuf[100];                                        //串口1接收缓冲区
u8 U1RxLen=0;                                           //串口1接收长度
void UsartInit(u32 bound)
{ GPIO_InitTypeDef MyGPIO_InitStr;
    NVIC_InitTypeDef MyNVIC_InitStru;
    USART_InitTypeDef MyUSART_InitStru;
RCC_APB2PeriphClockCmd(RCC_APB2Periph_GPIOA, ENABLE);
    MyGPIO_InitStr.GPIO_Pin=GPIO_Pin_10;
    MyGPIO_InitStr.GPIO_Mode=GPIO_Mode_IPU;
    GPIO_Init(GPIOA, &MyGPIO_InitStr);
RCC_APB2PeriphClockCmd(RCC_APB2Periph_USART1, ENABLE);  //使能 USART1
    USART_DeInit(USART1);
    MyUSART_InitStru.USART_BaudRate=bound;
    MyUSART_InitStru.USART_WordLength=USART_WordLength_8b;
    MyUSART_InitStru.USART_StopBits=USART_StopBits_1;
    MyUSART_InitStru.USART_Parity=USART_Parity_No;
    MyUSART_InitStru.USART_HardwareFlowControl=USART_HardwareFlowControl_None;
    MyUSART_InitStru.USART_Mode=USART_Mode_Rx | USART_Mode_Tx;   //收发模式
    USART_Init(USART1, &MyUSART_InitStru);                       //初始化串口
    NVIC_PriorityGroupConfig(NVIC_PriorityGroup_2);
    MyNVIC_InitStru.NVIC_IRQChannel=USART1_IRQn;
    MyNVIC_InitStru.NVIC_IRQChannelPreemptionPriority=3;
    MyNVIC_InitStru.NVIC_IRQChannelSubPriority=1;
    MyNVIC_InitStru.NVIC_IRQChannelCmd=ENABLE;
    NVIC_Init(&MyNVIC_InitStru);
    USART_ITConfig(USART1, USART_IT_RXNE, ENABLE);
    USART_Cmd(USART1, ENABLE);                                           }
```

```
void USART1_IRQHandler(void)
{   u8 Res;
    if(USART_GetITStatus(USART1, USART_IT_RXNE)!=RESET)
    {Res=USART_ReceiveData(USART1);
        U1RxBuf[U1RxLen++]=Res;
if((U1RxLen==1) && (U1RxBuf[0]!=0x55))
        {U1RxLen=0;}
        if((U1RxLen==2) && (U1RxBuf[1]!=0x51))
        {   U1RxLen=0;
            if(Res ==0x55)
            {U1RxBuf[U1RxLen++]=Res;}
        }
        if((U1RxLen==12) && (U1RxBuf[11]!=0x55))
        {   U1RxLen=0;      }
        if((U1RxLen==13) && (U1RxBuf[12]!=0x52))
        {   U1RxLen=0;      }
        if((U1RxLen==23) && (U1RxBuf[22]!=0x55))
        {   U1RxLen=0;      }
        if((U1RxLen==24) && (U1RxBuf[23]!=0x53))
        {   U1RxLen=0;      }
        if(U1RxLen==33)             //如果接收到数据帧长度为33字节,说明接收完整
        {u16 Temp;
        Temp=U1RxBuf[14];
        Temp<<=8;
        Temp|=U1RxBuf[13];
        JY61P_Data_J[0]=((short) Temp) / 32768.0 * 2000;
        Temp=U1RxBuf[16];
        Temp<<=8;
        Temp|=U1RxBuf[15];
        JY61P_Data_J[1]=((short) Temp) / 32768.0 * 2000;
        Temp=U1RxBuf[18];
        Temp<<=8;
        Temp|=U1RxBuf[17];
        JY61P_Data_J[2]=((short) Temp) / 32768.0 * 2000;
        Temp=U1RxBuf[3];
        Temp<<=8;
        Temp|=U1RxBuf[2];
        JY61P_Data[0]=((short) Temp) / 32768.0 * 16;
        Temp=U1RxBuf[5];
        Temp<<=8;
        Temp|=U1RxBuf[4];
        JY61P_Data[1]=((short) Temp) / 32768.0 * 16;
        Temp=U1RxBuf[7];
        Temp<<=8;
```

```
        Temp|=U1RxBuf[6];
        JY61P_Data[2]=((short) Temp) / 32768.0 * 16;
        U1RxLen=0;
        }
        if(U1RxLen>=100)
        U1RxLen=0;}}
int main(void)
{   UsartInit(9600);
    while(1)
    {    }}
```

习　题　7

1. 简述 STM32F103 UART 的数据帧格式。

2. 简述 STM32F103 USART 的特点。

3. 简述 STM32F103 USART 与 UART 的区别。

4. 简述 STM32F103 USART 的内部结构。

5. 简述 STM32F103 USART 的波特率计算。

6. STM32F103 USART 的中断事件有哪些?

7. STM32F103 USART1 通过 Tx 引脚发送 ASCII 码字符"A",设数据帧格式为 8 位数据、1 位偶校验位、1 位停止位,画出 Tx 引脚的波形图。

8. 简述 USART 程序编写步骤。

9. 简述 USART1~USART3、UART4 和 UART5 默认的接收和发送引脚。

10. 简述 STM32F103C8 有哪些 USART 和 USART。

11. STM32F103 USART1 设置如下：波特率 19200b/s、8 位数据、1 位停止位、偶校验、无硬件流控制、允许接收和发送、允许接收数据寄存器非空中断。编程初始化 USART1。

12. STM32F103C6 微控制器的 USART1 与串口虚拟终端通信,用中断方式从串口虚拟终端接收数据并保存;检测接收数据是否为 1,如果是则将字符串"OK"发送给串口虚拟终端。设置 USART1 为允许中断接收和允许发送数据,波特率为 115200b/s、8 位数据、1 个停止位、奇校验模式。编写 USART1 初始化程序和中断服务程序,并完成仿真。

chapter 8

STM32F103 的 ADC

8.1　ADC 概述

　　ADC(Analog to Digital Converter)即模数转换器,其功能是将连续变化的模拟信号转换成离散的数字信号。真实世界的模拟信号有电压、电流等电信号,也有声、图像、光、压力和温度等非电物理量,由于微控制器只能识别高低电平,且其内部只能存储和处理数字信号,如需对外部模拟信号进行分析和处理,非电物理量可选择合适的传感器转换成电信号,并使用 ADC 进行模数变换。

　　STM32F103 系列微控制器集成 1～3 个 12 位逐次逼近型 ADC,主要特征如下。

　　(1) 每个 ADC 最多有 18 路模拟输入通道,可测量 16 个外部和 2 个内部信号源。

　　(2) ADC 模拟输入信号 V_{IN} 范围为 $V_{REF-} \leqslant V_{IN} \leqslant V_{REF+}$,这里 V_{REF-} 和 V_{REF+} 分别是 ADC 负、正参考电压。如果需要测量的模拟输入信号电压超出此范围时,要将输入信号经过运算电路平移或利用电阻分压后再送入 ADC 输入通道。

　　(3) 转换分辨率为 12 位,即输出数字量范围为 0～4095。

　　(4) ADC 供电电源要求为 2.4～3.6V。

　　(5) 可设置为单次、连续、扫描或间断模式。

　　(6) 转换结果可设置为左对齐或右对齐方式存储,每次转换结束后,转换结果存储在 16 位数据寄存器中。转换结束可以产生中断请求或 DMA 请求(仅 ADC1 和 ADC3)。

　　(7) 当系统时钟为 56MHz、ADC 时钟为 14MHz,采用间隔为 1.5 个 ADC 时钟周期时,ADC 获得最短转换时间为 $1\mu s$。

　　(8) 每次 ADC 开始转换前进行一次自校准。

　　(9) 通道采样间隔时间可编程。

　　(10) 输入通道可分为规则通道组和注入通道组,规则通道组最多可有 16 路输入通道,注入组最多可有 4 路通道。只有规则通道可以产生 DMA 请求。

8.2　STM32F103 ADC 的内部结构

　　STM32F103ADC 的内部结构如图 8-1 所示,由电源、模拟输入通道、模拟至数字转换器、ADC 时钟 ADCCLK、通道采样时间编程、外部触发转换、数据寄存器、模拟看门狗、

DMA 请求、温度传感器、ADC 的上电控制和中断电路等组成。

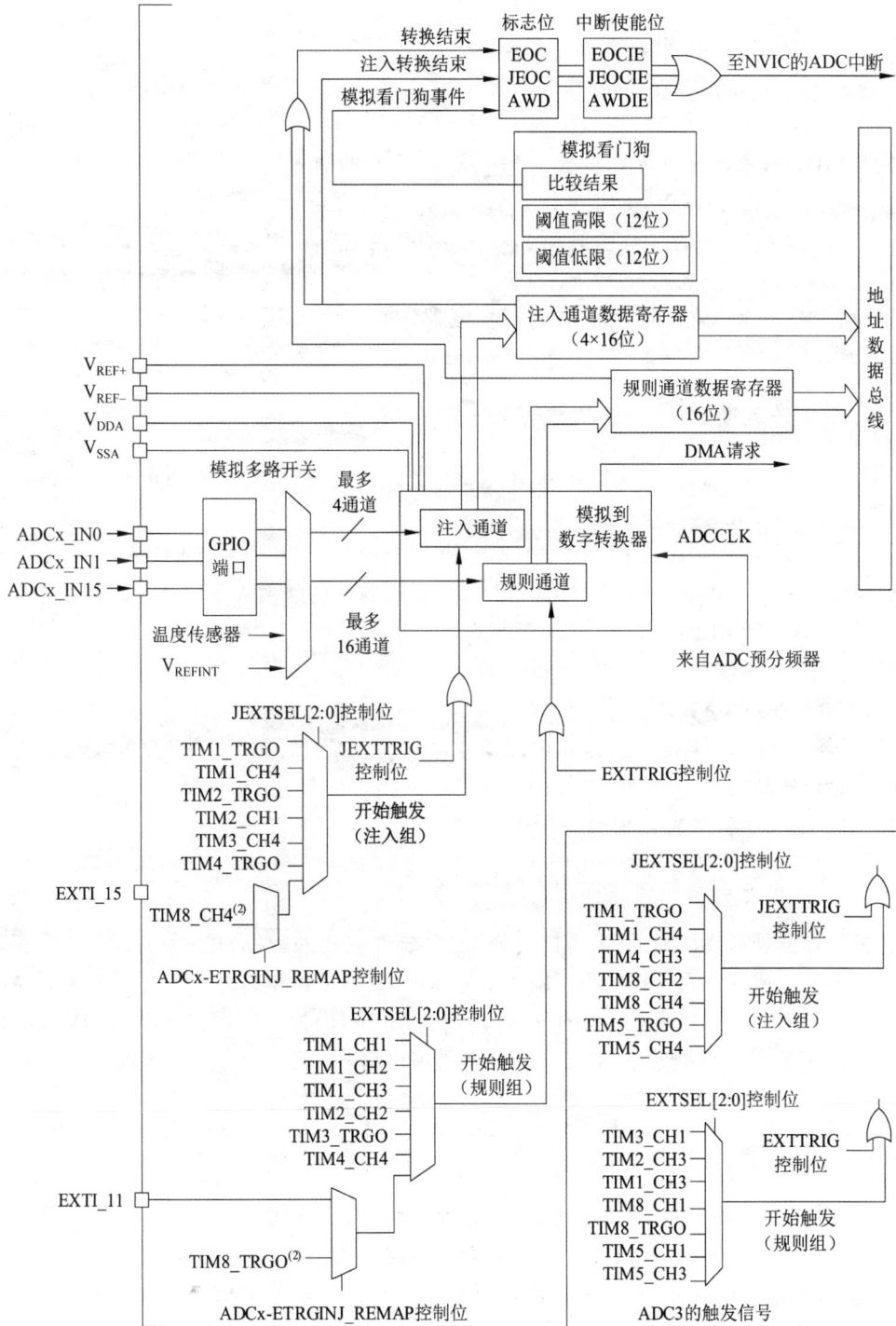

图 8-1　STM32F103 ADC 的内部结构

1. 电源

电源引脚有 V_{DDA}、V_{SSA}、V_{REF+}、V_{REF-}。

V_{DDA}、V_{SSA} 分别是模拟电源和地。通常 V_{DDA} 和 V_{SSA} 分别连接到 V_{DD} 和 V_{SS} 上。

V_{DDA} 和 V_{REF+} 上一般使用高质量的滤波电容,且尽可能靠近芯片引脚。V_{REF+}、V_{REF-} 分别是 ADC 参考电压正极和负极。ADC 所能转换的输入模拟信号 V_{IN} 的电压范围在 V_{REF-} 和 V_{REF+} 之间,即 $V_{REF-} \leqslant V_{IN} \leqslant V_{REF+}$。

V_{REF-} 和 V_{REF+} 只在 100 引脚和 144 引脚的微控制器芯片上有引出引脚,通常 V_{REF+} 取值在 2.4V 和 V_{DDA} 之间,即 $2.4V \leqslant V_{REF+} \leqslant V_{DDA}$;$V_{REF-}$ 与 V_{SSA} 连接,即 $V_{REF-} = V_{SSA}$;对于没有 V_{REF-} 和 V_{REF+} 引出引脚的微控制器芯片,V_{REF-} 和 V_{REF+} 在芯片内部分别与 V_{DDA} 和 V_{SSA} 连接。

2. 模拟输入通道

ADC 模拟输入信号通道共有 18 个,可测量 16 个外部模拟输入通道和 2 个内部信号源。

16 个外部通道是 ADCx_IN0~ADCx_IN15(x=1,2,…,表示 ADC 数),这 16 个通道对应着不同的 GPIO 引脚,ADC 通道与 GPIO 引脚间的映射关系由具体微控制器型号决定,例如 STM32F103C8 的 ADC 通道与 IO 引脚的映射关系参见附录 B,ADC12_IN0~ADC12_IN7 分别映射到 PA0~PA7;ADC12_IN8、ADC12_IN9 分别映射到 PB0、PB1;ADC12_IN10~ADC12_IN15 分别映射到 PC0~PC5。

2 个内部通道为温度传感器和内部参考电压。ADC1 的通道 16(ADC1_IN16)连接片内温度传感器,ADC1 通道 17(ADC1_IN17)连接内部参考电压 V_{REFINT}(1.2V);ADC2 和 ADC3 只有 16 路外部模拟输入通道。

3. ADC 的转换结果与模拟输入电压关系

模数转换器为逐次逼近式 A/D 转换器,由软件或硬件触发,在时钟 ADCCLK 驱动下对规则通道或注入通道中的模拟输入信号进行采样、量化和编码。

由于 STM32F103 微控制器的 ADC 精度为 12 位,模拟供电电源 V_{DDA} 连接 3.3V 电压,因此,A/D 转换后数字量 ADC_DR 与引脚模拟输入电压 V_{IN} 的关系如式(8-1)所示。

$$ADC\_DR = V_{IN} * 2^{12}/3.3 \tag{8-1}$$

4. ADC 通道分组

STM32F103 的 ADC 根据优先级,可分为 2 组:规则通道组和注入通道组。规则通道组最多 16 路,注入通道组最多 4 路,可在任意多个通道上以任意顺序进行成组转换,例如,可以按照 ADC1_IN0、ADC1_IN5、ADC1_IN4、ADC1_IN3、ADC1_IN1、ADC1_15、ADC1_IN5、ADC1_IN4 的顺序完成转换。当编程设置好通道分组,一旦触发信号产生,相应通道组中的各通道将自动逐个转换。

对于连接到 ADC1_IN16 和 ADC1_IN17 上的温度传感器和内部参考电压

VREFINT,ADC1 可以按照规则通道或者注入通道进行转换。

（1）规则通道组。针对一般模拟输入信号,可将其通道设置为规则通道,当每个规则通道转换完成后,转换结果将保存到同一个规则通道数据寄存器,同时产生 A/D 转换结束事件,可以设置产生中断或 DMA 请求。

（2）注入通道组。当需要转换的模拟输入信号具有高优先级,可将该输入通道设置为注入通道。ADC 具有 4 个注入通道数据寄存器用来存放注入通道的转换结果;当每个注入通道转换完成时,产生注入转换结束事件,可设置产生对应的中断。

启动注入通道组转换有两种方式:触发注入和自动注入。

① 触发注入。触发注入的过程如下。

a. 通过软件或硬件触发启动规则通道组的转换。

b. 在规则通道组转换过程中,如果有外部注入通道触发,则当前正在转换的规则通道被复位,注入通道组各通道以单次扫描方式依次转换。

c. 注入通道转换完成后,被中断的规则通道继续进行转换。

② 自动注入。自动注入方式,在规则通道组转换结束后会自动转换注入通道组。

5. ADC 时钟

ADC 的时钟 ADCCLK 由高级外设总线 APB2 经过专用的可编程 ADC 预分频器后得到,预分频器分频系数可以是 2、4、6 或 8,预分频后 ADCCLK 最大不超过 14MHz。

6. ADC 转换时间设计

STM32F103 ADC 采用若干 ADC 时钟周期对输入模拟电压采样,每个通道可以选择不同的采样时间。ADC 总的转换时间 T_{CONV} 是由采样时间和量化编码时间构成。

$$T_{CONV} = 采样时间 + 量化编码时间$$

采样时间可编程为 1.5、7.5、13.5、28.5、41.5、56.5、71.5 或 239.5 个 ADC 时钟周期。量化编码时间固定为 12.5 个 ADC 时钟周期。当 APB2 为 56MHz,ADC 预分频器分频系数设置为 4,ADCCLK 取得最大值 14MHz;若采样时间设置为最小的 1.5 时钟周期,则 ADC 取得最短转换时间 T_{CONV}。

$$T_{CONV} = (1.5 + 12.5) 个 ADC 时钟周期$$
$$= 14 个 ADC 的时钟周期$$
$$= 14 * [1/(14 * 1000000)] = 1\mu s$$

则 STM32F103 ADC 最短转换时间为 $1\mu s$。

7. 外部触发转换

A/D 转换可以由外部事件触发,如果设置了 ADC_CR2 寄存器的 EXTTRIG 控制位,则 A/D 转换可以由外部事件(如定时器捕获、EXTI 线)的上升沿触发。

ADC1 和 ADC2 的规则通道和注入通道的外部触发源和 ADC3 是不同的。表 8-1 和表 8-2 分别描述了 ADC1 与 ADC2 规则通道和注入通道的外部触发。规则通道和注入通道的外部触发源分别由 EXTSEL[2:0]控制位和 JEXTSEL[2:0]控制位的 8 种状态来选择 8 个可能的触发源中的某个可以触发规则和注入组的采样。

表 8-1　ADC1 与 ADC2 规则通道的外部触发

触 发 源	类 型	EXTSEL[2:0]
TIM1_CC1		000
TIM1_CC2		001
TIM1_CC3		010
TIM2_CC2	片上定时器	011
TIM3_TRGO		100
TIM4_CC4		101
EXTI_11/TIM8_TRGO	外部引脚	110
SWSTART	软件控制位	111

表 8-2　ADC1 与 ADC2 注入通道的外部触发

触 发 源	类 型	JEXTSEL[2:0]
TIM1_TRGO		000
TIM1_CC4		001
TIM2_TRGO		010
TIM2_CC1	片上定时器	011
TIM3_CC4		100
TIM4_TRGO		101
EXTI_15/TIM8_CC4	外部引脚	110
JSWSTART	软件控制位	111

1) ADC1 和 ADC2 触发源

(1) 规则通道触发源。ADC1 和 ADC2 规则通道触发源有 8 个：TIM1_CC1、TIM1_CC2、TIM1_CC3、TIM2_CC2、TIM3_TRGO、TIM4_CC4、EXTI_11/TIM8_TRGO、软件控制位 SWSTART。

(2) 注入通道触发源。ADC1 和 ADC2 注入通道触发源有 8 个：TIM1_TRGO、TIM1_CC4、TIM2_TRGO、TIM2_CC1、TIM3_CC4、TIM4_TRGO、EXTI_15/TIM8_CC4、软件控制位 JSWSTART。

2) ADC3 触发源

(1) 规则通道触发源。ADC3 规则通道触发源有 8 个：TIM3_CC1、TIM2_CC3、TIM1_CC3、TIM8_CC1、TIM8_TRGO、TIM5_CC1、TIM5_CC3、软件控制位 SWSTART。

(2) 注入通道触发源。ADC3 注入通道触发源有 8 个：TIM1_TRGO、TIM1_CC4、

TIM4＿CC3、TIM8＿CC2、TIM8＿CC4、TIM5＿CC4、TIM5＿TRGO、软 件 控 制 位 JSWSTART。

8. 数据寄存器

A/D 转换的 12 位结果可以以左对齐或右对齐的方式存放在 16 位数据寄存器中。

根据存放转规则通道或注入通道不同，STM32F103 的数据寄存器分为 1 个规则通道数据寄存器 ADC_DR 和 4 个注入通道数据寄存器 ADC_JDRx（x＝1,2,3,4），如果要对多个规则通道模拟输入信号进行转换，一般使用 DMA 方式将转换结果自动保存在内存变量中。

ADC 控制寄存器 ADC_CR2 中的 ALIGN 位用于选择数据存储的对齐方式。数据可以右对齐，注入组右对齐和规则组右对齐分别如图 8-2 和图 8-3 所示。数据也可以左对齐，注入组左对齐和规则组左对齐分别如图 8-4 和图 8-5 所示。由于注入组通道转换的数据值已经减去了在注入通道数据偏移寄存器 ADC_JOFRx 中定义的偏移量，因此结果可能是一个负值。SEXT 位是扩展的符号值。对于规则组通道，不需要减去偏移值，因此只有 12 个位有效。

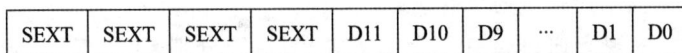

SEXT	SEXT	SEXT	SEXT	D11	D10	D9	…	D1	D0

图 8-2　注入组右对齐

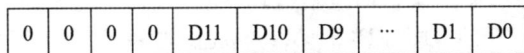

0	0	0	0	D11	D10	D9	…	D1	D0

图 8-3　规则组右对齐

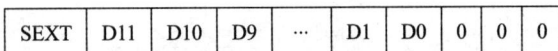

SEXT	D11	D10	D9	…	D1	D0	0	0	0

图 8-4　注入组左对齐

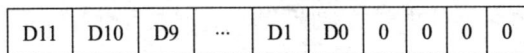

D11	D10	D9	…	D1	D0	0	0	0	0

图 8-5　规则组左对齐

9. 模拟看门狗

模拟看门狗的作用是监控电压阈值，可作用于一个、多个或全部转换通道，当检测到电压低于阈值低限或高于阈值高限时，可以申请中断。

10. ADC 中断

ADC 中断如表 8-3 所示，ADC 的中断事件有 3 种情况，即规则组转换结束中断 ADC_IT_EOC、注入组转换结束中断 ADC_IT_JEOC 和模拟看门狗事件中断 ADC_IT_AWD。

表 8-3　ADC 中断

中 断 事 件	事 件 标 志	使能控制位
ADC_IT_EOC	EOC	EOCIE
ADC_IT_JEOC	JEOC	JEOCIE
ADC_IT_AWD	AWD	AWDIE

对于规则通道(或注入通道),如果 ADC_CR1 寄存器的 EOCIE(或 JEOCIE)设置为 1,在每个规则通道(或注入通道)转换完成后,EOC(或 JEOC)标志位为 1,可产生中断请求,跳转到对应 ADC 中断服务程序执行。其中,ADC1 和 ADC2 的中断对应同一个中断向量,ADC3 有独立的中断向量。

11. DMA 请求

由于规则通道的转换值储存在同一个数据寄存器 ADC_DR 中,因此当转换多个规则通道时需要使用 DMA,避免丢失已经存储在 ADC_DR 中的数据。

只有 ADC1 和 ADC3 的规则通道转换结束时,可产生 DMA 请求,并将转换的数据从 ADC_DR 传输到用户指定的目的地址。

例如,ADC1 的规则通道组有 5 个通道等待转换,分别是 ADC1_IN0、ADC1_IN5、ADC1_IN4、ADC1_IN3、ADC1_IN1,在内存中定义了存储 5 个通道转换结果的数组 Conv[5]。当每个规则通道顺序转换结束时,DMA 依次将 ADC1 的 ADC_DR 中的结果自动传输到数组 Conv[5]中,即 ADC1 第一个规则通道(ADC1_IN0)转换结果保存在 Conv[0],ADC1 第二个规则通道(ADC1_IN5)转换结果保存在 Conv[2],以此类推,ADC1 第五个规则通道(ADC1_IN1)转换结果保存在 Conv[4]。每次数据传送完毕,ADC 的 EOC 标志位会清除,DMA 目标地址自动增加。

12. 温度传感器

温度传感器用来测量器件内部的温度,其在内部与 ADCx_IN16 相连,温度传感器输出的电压通过 ADCx_IN16 通道进入 A/D 转换器得到数字值。

温度传感器测量范围为$-40\sim125℃$,测量精度为$\pm1.5℃$。温度传感器对模拟输入信号的采样时间为 $17.1\mu s$。

温度传感器设置步骤是,选择 ADCx_IN16 输入通道,选择采样时间大于 $2.2\mu s$,设置 ADC_CR2 的 TSVREFE 位,可唤醒温度传感器。

8.3　STM32F103 ADC 的工作过程

ADC 的转换过程如下。

(1) 模拟输入信号通过模拟输入通道 ADCx_IN0 ～ ADCx_IN15 被送到 A/D 转换器。

（2）ADC 只有受到触发信号才开始进行 A/D 转换，触发源可以是软件触发、定时器触发或者 EXTI 外部触发。

（3）A/D 转换器接收到触发信号后，在时钟 ADCCLK 驱动下，对输入通道的模拟信号进行采样、量化和编码，模拟信号转换为数字信号。

（4）转换完成后，转换后的 12 位数值结果以左对齐或者右对齐方式保存在规则通道数据寄存器或注入通道数据寄存器中，产生 A/D 转换结束 EOC/注入转换结束 JEOC 事件。可触发中断请求或 DMA 请求，可编程通过 DMA 方式将转换结果读取到内存变量中。注意，仅 ADC1 和 ADC3 可在转换结束时发生 DMA 请求。读取 ADC2 的转换结果可以采用双 ADC 模式，利用 ADC1 的 DMA 功能实现。

（5）如果设置了模拟看门狗，在检测到电压低于阈值低限或高于阈值高限时，会触发看门狗中断。

8.4 STM32F103 ADC 的工作模式

按照 ADC 是否独立工作，ADC 工作模式分为独立模式和双 ADC 模式。

按照 A/D 转换模式，其各通道的 A/D 转换可以工作在 4 种转换模式，即对于单通道的单次转换模式和连续转换模式、对于多通道的扫描模式和间断模式。

1. 独立模式和双 ADC 模式

在独立模式下，每个 ADCx(x=1,2,3)可以独立工作。

在双 ADC 模式下，可以有两个或两个以上 ADC 工作，其中 ADC1 为主设备，ADC2 为从设备。转换的启动可以采用 ADC1 主、ADC2 从的交替触发或同步触发，每次转换完成后，ADC2 的转换结果可以利用 ADC1 的 DMA 功能传输。

双 ADC 模式可以分为以下 9 种情况：同步规则模式、同步注入模式、交替触发模式、混合的同步规则模式和同步注入模式、混合的同步规则模式和交替触发模式、快速交替模式、慢速交替模式、混合的同步注入模式和快速交替模式、混合的同步注入模式和慢速交替模式。

2. 单次转换模式

单通道单次转换模式下，ADC 只执行一次转换。可通过软件触发（仅适用于规则通道）启动，即设置 ADC_CR2 寄存器的 ADON 位，也可通过外部触发启动（适用于规则通道或注入通道），这时 CONT 位为 0。

3. 连续转换

单通道在连续转换模式中，当 A/D 转换结束，马上就启动另一次转换。

对于规则通道或注入通道，此模式都可通过外部触发启动或通过设置 ADC_CR2 的 ADON 位（软件触发）启动。

对于单次转换和连续转换，一旦被选择通道的每次转换完成，转换结果将被存于 16

位的 ADC_DR(或 ADC_JDRx, x＝1, 2, 3, 4)中, EOC(或 JEOC)被置位, 如果设置了 EOCIE(或 JEOCIE)位, 则产生中断。如果是 ADC1 或 ADC3 的规则通道, 可以产生 DMA 请求。

A/D 转换时序如图 8-6 所示。A/D 开始转换前需要一个稳定时间 t_{STAB}。A/D 转换时间需要 14 个 A/D 时钟周期, 一旦转换结束, A/D 结果存于 16 位的 A/D 数据寄存器中, EOC(或 JEOC)被设置。

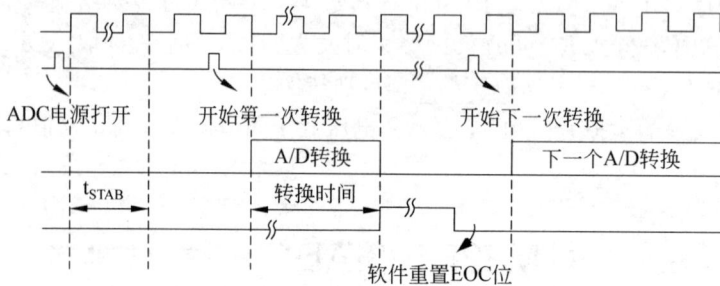

图 8-6　A/D 转换时序

4. 扫描模式

在嵌入式应用中, 通常需要转换多个模拟输入信号, 需要进行多通道的转换。ADC 的扫描模式用于扫描一组模拟通道, 可实现多个通道模拟信号的转换。按照通道分组情况, 扫描模式可对通道组中的多个通道按照任意顺序进行转换。

根据扫描通道是否存在注入通道, 扫描模式可分为规则转换扫描模式和注入转换扫描模式。

1) 规则转换扫描模式

规则转换扫描模式可分为单次转换扫描模式和连续转换扫描模式。

(1) 单次转换扫描模式。在单次转换扫描模式下, ADC 可一次以不同的采样顺序扫描规则通道组的最多 16 个通道, 各通道只执行一次转换。每个通道可根据被测量模拟信号设置不同的采样时间。

例如, ADC1 的规则通道组有 5 个通道需要转换, 分别是 ADC1_IN0、ADC1_IN5、ADC1_IN4、ADC1_IN3、ADC1_IN1, 分别以 7.5、1.5、28.5、71.5、1.5 个 ADC 时钟周期为采样时间进行单次转换扫描, 如图 8-7 所示。

(2) 连续转换扫描模式。在连续转换扫描模式下, ADC 可按照不同的采样顺序和采样时间, 扫描规则通道组的最多 16 个通道。当 ADC 对规则组中进行一轮转换后, 立即启动下一轮转换。

例如, ADC1 的规则通道组有 5 个通道需要转换, 分别是 ADC1_IN0、ADC1_IN5、ADC1_IN4、ADC1_IN3、ADC1_IN1, 分别以 7.5、1.5、28.5、71.5、1.5 个 ADC 时钟周期为采样时间进行连续转换扫描, 如图 8-8 所示。

2) 注入转换扫描模式

在注入转换扫描模式下, 注入通道的触发转换将中断正在进行的规则通道转换, 转

```
                            ( 开始 )
                               │
        ┌──────────────────────┴──────────────────────┐
        │          转换第一个规则通道信号               │
        │    （ADC1_IN0，采样时间7.5ADCCLK）            │ ╌╌╌▶ EOC中断或
        └──────────────────────┬──────────────────────┘        DMA请求
                               │
        ┌──────────────────────┴──────────────────────┐
        │          转换第二个规则通道信号               │
        │    （ADC1_IN5，采样时间1.5ADCCLK）            │ ╌╌╌▶ EOC中断或
        └──────────────────────┬──────────────────────┘        DMA请求
                               │
        ┌──────────────────────┴──────────────────────┐
        │          转换第三个规则通道信号               │
        │    （ADC1_IN4，采样时间28.5ADCCLK）           │ ╌╌╌▶ EOC中断或
        └──────────────────────┬──────────────────────┘        DMA请求
                               │
        ┌──────────────────────┴──────────────────────┐
        │          转换第四个规则通道信号               │
        │    （ADC1_IN3，采样时间71.5ADCCLK）           │ ╌╌╌▶ EOC中断或
        └──────────────────────┬──────────────────────┘        DMA请求
                               │
        ┌──────────────────────┴──────────────────────┐
        │          转换第五个规则通道信号               │
        │    （ADC1_IN1，采样时间1.5ADCCLK）            │ ╌╌╌▶ EOC中断或
        └──────────────────────┬──────────────────────┘        DMA请求
                               │
                           ( 结束 )
```

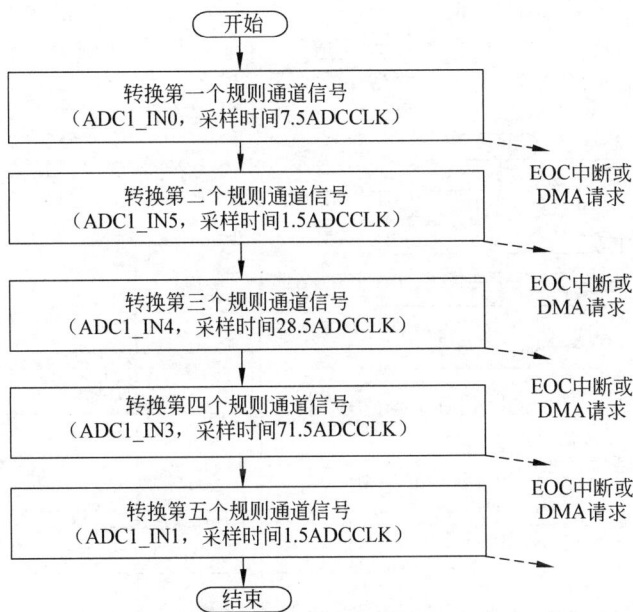

图 8-7　单次转换扫描模式

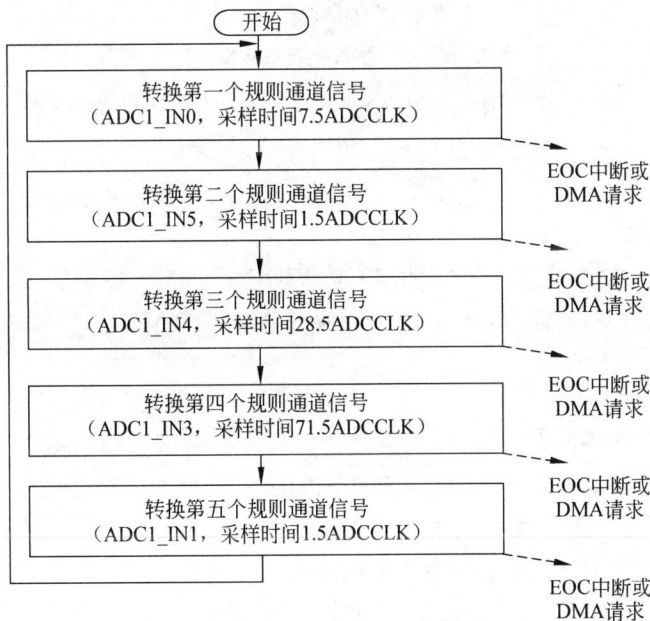

```
                            ( 开始 )
        ┌──────────────────────┴──────────────────────┐
        │ ┌──────────────────────────────────────────┐│
        │ │          转换第一个规则通道信号            ││
        │ │    （ADC1_IN0，采样时间7.5ADCCLK）         ││ ╌╌╌▶ EOC中断或
        │ └──────────────────────┬───────────────────┘│       DMA请求
        │ ┌──────────────────────┴───────────────────┐│
        │ │          转换第二个规则通道信号            ││
        │ │    （ADC1_IN5，采样时间1.5ADCCLK）         ││ ╌╌╌▶ EOC中断或
        │ └──────────────────────┬───────────────────┘│       DMA请求
        │ ┌──────────────────────┴───────────────────┐│
        │ │          转换第三个规则通道信号            ││
        │ │    （ADC1_IN4，采样时间28.5ADCCLK）        ││ ╌╌╌▶ EOC中断或
        │ └──────────────────────┬───────────────────┘│       DMA请求
        │ ┌──────────────────────┴───────────────────┐│
        │ │          转换第四个规则通道信号            ││
        │ │    （ADC1_IN3，采样时间71.5ADCCLK）        ││ ╌╌╌▶ EOC中断或
        │ └──────────────────────┬───────────────────┘│       DMA请求
        │ ┌──────────────────────┴───────────────────┐│
        │ │          转换第五个规则通道信号            ││
        │ │    （ADC1_IN1，采样时间1.5ADCCLK）         ││ ╌╌╌▶ EOC中断或
        │ └────────────────────────────────────────┬─┘│       DMA请求
        └──────────────────────────────────────────┼──┘
                                                    ╎
                                                  ╌╌▶ EOC中断或
                                                       DMA请求
```

图 8-8　连续转换扫描模式

去执行注入通道的转换，直至注入通道组全部转换完毕后，回到被中断的规则通道组继续执行通道转换。

　　例如，ADC1 有 7 个通道需要转换，分别是 ADC1_IN0、ADC1_IN5、ADC1_IN4、ADC1_IN3、ADC1_IN1、ADC1_IN14、ADC1_IN13，其中 ADC1_IN14 和 ADC1_IN13

通道连接的任务是比较紧急的采集任务,需要及时处理。可以根据优先级要求,把 ADC1_IN14 和 ADC1_IN13 划分为注入通道组,其他划分为规则通道组,7 个通道扫描转换如图 8-9 所示。

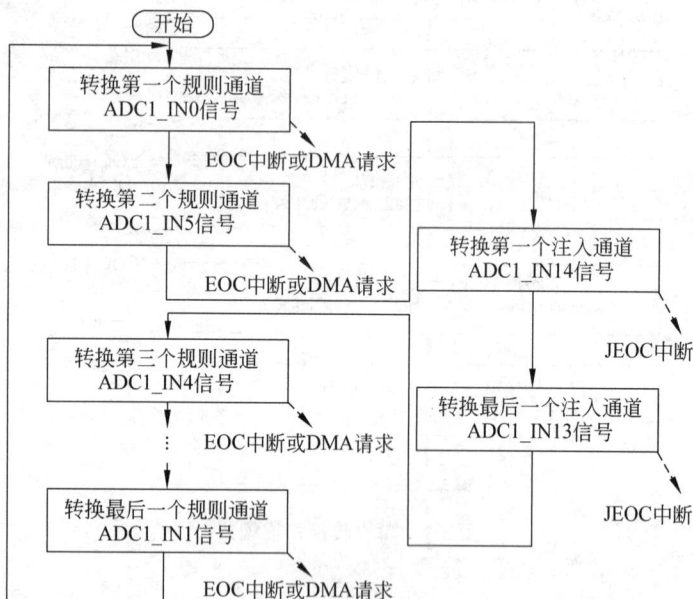

图 8-9　注入转换扫描模式

扫描模式是设置 ADC_CR1 的 SCAN 位,一旦设置 SCAN 位,就启动 ADC 扫描。在每组的每个通道上执行单次 A/D 转换。当每个转换结束时,同组的下一个通道被自动转换。如果设置了 CONT 位,当最后一个通道上转换完成后,再次从选择组的第一个通道继续 A/D 转换。

如果设置了 DMA 位,在每次产生 EOC/JEOC 后,DMA 控制器会将规则组通道的转换数据传输到内存,而注入通道转换的转换结果存储在 ADC_JDRx(x=1,2,3,4)。

5. 间断模式

STM32F103 微控制器 ADC 的间断模式是将转换通道分解为多个子序列。根据是否存在注入通道,间断模式分为规则通道组的间断模式和注入通道组的间断模式。

对于规则通道组的间隔模式,每个子序列最多可以有 8 个规则通道。对于注入通道组的间断模式,每个子序列最多只有 1 个注入通道。

应避免将规则通道组和注入通道组同时采用间断模式。

6. 校准

ADC 有一个内置自校准模式。利用校准可大幅度减小因内部电容器组的变化而造成的精度误差。在校准期间,每个电容器上都会计算出一个误差修正码数字值,该码用于消除在随后的转换中每个电容器上产生的误差。

通过设置 ADC_CR2 的 CAL 位可启动校准。一旦校准结束,CAL 位被硬件复位,即可开始正常 A/D 转换。建议在上电时执行一次 ADC 校准。校准结束后,校准码储存在 ADC_DR 中。

8.5　STM32F103 ADC 的寄存器

1. ADC 寄存器

ADC 相关寄存器及功能如表 8-4 所示。

表 8-4　ADC 相关寄存器及功能

ADC 寄存器	功 能 描 述
状态寄存器(ADC_SR)	反映 ADC 的状态
控制寄存器 1(ADC_CR1)	控制 ADC
控制寄存器 2(ADC_CR2)	控制 ADC
采样时间寄存器 1(ADC_SMPR1)	独立地选择通道 10~17 的采样时间
采样时间寄存器(ADC_SMPRx,(x=1,2))	独立地选择通道 0~9 的采样时间
注入通道数据偏移寄存器 x(ADC_JOFRx,(x=1,2,3,4))	定义注入通道的数据偏移量,转换得到的原始数据会减去相应偏移量
规则序列寄存器 x(ADC_SQRx,(x=1,2,3))	定义规则转换的序列,包括长度及次序
注入序列寄存器(ADC_JSQR)	定义注入转换的序列,包括长度及次序
注入数据寄存器 x(ADC_JDRx,(x=1,2,3,4))	保存注入转换得到的结果
规则数据寄存器(ADC_DR)	保存规则转换得到的结果
看门狗高阈值寄存器(ADC_HTR)	HT[11:0]:定义模拟看门狗的阈值高限
看门狗低阈值寄存器(ADC_LTR)	LT[11:0]:定义模拟看门狗的阈值低限

2. 注入数据寄存器 x

ADC 注入数据寄存器 x 各位含义如表 8-5 所示。

表 8-5　注入数据寄存器 x 各位含义

位	含　　义
位 31:16	保留,保持为 0
位 15:0	JDATA[15:0]:注入转换的数据(injected data)。只读,数据左对齐或右对齐

3. 规则数据寄存器(ADC_DR)

规则数据寄存器(ADC_DR)各位含义如表 8-6 所示。

表 8-6　ADC 规则数据寄存器(ADC_DR)各位含义

位	含　　义
位 31:16	ADC2 DATA[15:0]：ADC2 转换的数据(ADC2 data)。在 ADC1 中,双模式下,这些位包含了 ADC2 转换的规则通道数据。在 ADC2 和 ADC3 中,不使用这些位
位 15:0	DATA[15:0]：规则转换的数据(regular data)。只读,数据左对齐或右对齐

8.6　STM32F10x 的 ADC 相关库函数

ADC 是一种提供多输入通道的逐次逼近型模数转换器,其分辨率为 12 位,具有 18 个通道,可测量 16 个外部和 2 个内部信号源。各通道的转换可以选择单次、连续、扫描或间断模式执行。转换结果可以以左对齐或右对齐方式存储在 16 位数据寄存器中。

STM32F10x 的 ADC 库函数存放在 STM32F10x 标准外设库的头文件 stm32f10x_adc.h 和源代码文件 stm32f10x_adc.c 等文件中,源代码文件存放 ADC 库函数定义,头文件存放 ADC 相关结构体、宏定义以及 ADC 库函数声明。ADC 常用库函数如表 8-7 所示。

表 8-7　ADC 常用库函数

函数分类	函　数　名	功　能　描　述
初始化和使能相关函数	ADC_DeInit()	将 ADCx 寄存器恢复为复位启动时的默认值
	ADC_Init()	根据 ADC_InitStruct 指定的参数初始化 ADCx 寄存器
	ADC_Cmd()	使能或者禁止 ADCx
	ADC_DMACmd()	使能或者禁止指定 ADC 的 DMA 请求
	ADC_SoftwareStartConvCmd()	使能或者禁止指定 ADC 的软件启动转换功能
设置获取类函数	ADC_ResetCalibration()	重置指定 ADC 的校准寄存器
	ADC_GetResetCalibrationStatus()	获取 ADC 重置校准寄存器的状态
	ADC_StartCalibration()	开始指定 ADC 的校准程序
	ADC_GetCalibrationStatus()	获取指定 ADC 的校准状态
	ADC_GetSoftwareStartConvStatus()	获取 ADC 软件启动转换状态
	ADC_RegularChannelConfig()	设置指定 ADC 的规则组通道
	ADC_InjectedChannelConfig()	设置指定 ADC 的注入组通道
A/D 转换结果	ADC_GetConversionValue()	返回最近一次 ADCx 规则组的转换结果
	ADC_GetDuelModeConversionValue()	返回最近一次双 ADC 模式下的转换结果
	ADC_GetInjectedConversionValue()	返回最近一次 ADCx 指定注入通道的转换结果

函数分类	函　数　名	功　能　描　述
ADC 标志与中断类相关函数	ADC_ITConfig()	使能或者禁止指定 ADC 的中断
	ADC_GetFlagStatus()	检查指定 ADC 标志位是否置 1
	ADC_ClearFlag()	清除指定的 ADCx 标志位
	ADC_GetITStatus()	检查指定的 ADC 中断是否发生
	ADC_ClearITPendingBit()	清除指定的 ADCx 的中断挂起位

1. ADC_DeInit()函数

函数的功能是将 ADCx 寄存器恢复为默认值。表 8-8 是该函数说明。

表 8-8　ADC_DeInit()函数说明

函数原型	void ADC_DeInit(ADC_TypeDef * ADCx)
输入参数	ADCx：x 可以是 1、2 或 3,用来选择 ADC1、ADC2 或 ADC3
输出参数：无;返回值：无;先决条件：无	

【例 8-1】　复位 ADC1。

```
ADC_DeInit(ADC1);
```

2. ADC_Init()函数

函数的功能是根据 ADC_InitTypeDef 指定参数初始化外设 ADCx 的寄存器。表 8-9 是该函数说明。

表 8-9　ADC_Init()函数说明

函数原型	void ADC_Init(ADC_TypeDef * ADCx, ADC_InitTypeDef * ADC_InitStruct)
输入参数 1	ADCx：x 可以是 1、2 或 3,用来选择 ADC1、ADC2 或 ADC3
输入参数 2	ADC_InitStruct：指向结构体 ADC_InitTypeDef 的指针,包含 ADC 配置信息
输出参数：无;返回值：无;先决条件：无;被调用函数：无	

ADC_InitTypeDef 定义于 stm32f10x_adc.h：

```
typedef struct
{ uint32_t ADC_Mode;
  FunctionalState ADC_ScanConvMode;
  FunctionalState ADC_ContinuousConvMode;
  uint32_t ADC_ExternalTrigConv;
  uint32_t ADC_DataAlign;
  uint8_t ADC_NbrOfChannel;
```

```
} ADC_InitTypeDef;
```

ADC_InitTypeDef 结构成员说明如下。

（1）ADC_Mode。设置 ADC 工作在独立或双 ADC 模式，取值见表 8-10。

表 8-10　ADC_Mode 不同取值

ADC_Mode 取值	功能描述
ADC_Mode_Independent	ADC1 和 ADC2 工作在独立模式
ADC_Mode_RegInjecSimult	ADC1 和 ADC2 工作在同步规则和同步注入模式
ADC_Mode_RegSimult_AlterTrig	ADC1 和 ADC2 工作在同步规则模式和交替触发模式
ADC_Mode_InjecSimult_FastInterl	ADC1 和 ADC2 工作在同步注入模式和快速交替模式
ADC_Mode_InjecSimult_SlowInterl	ADC1 和 ADC2 工作在同步注入模式和慢速交替模式
ADC_Mode_InjecSimult	ADC1 和 ADC2 工作在同步注入模式
ADC_Mode_RegSimult	ADC1 和 ADC2 工作在同步规则模式
ADC_Mode_FastInterl	ADC1 和 ADC2 工作在快速交替模式
ADC_Mode_SlowInterl	ADC1 和 ADC2 工作在慢速交替模式
ADC_Mode_AlterTrig	ADC1 和 ADC2 工作在交替触发模式

（2）ADC_ScanConvMode。指定 ADC 工作在扫描模式（多通道）或单次（单通道）模式，可设置为 ENABLE（多通道）或 DISABLE（单通道）。

（3）ADC_ContinuousConvMode。指定 ADC 工作在连续或单次模式，设置为 ENABLE（连续模式）或 DISABLE（单次模式）。

（4）ADC_ExternalTrigConv。使用外部触发来启动规则通道 A/D 转换。取值见表 8-11。

表 8-11　ADC_ExternalTrigConv 不同取值

ADC_ExternalTrigConv 取值	功能描述
ADC_ExternalTrigConv_T1_CC1	选择 TIM1 捕获/比较 1 作为转换外部触发（ADC1/2）
ADC_ExternalTrigConv_T1_CC2	选择 TIM1 捕获/比较 2 作为转换外部触发（ADC1/2）
ADC_ExternalTrigConv_T1_CC3	选择 TIM1 捕获/比较 3 作为转换外部触发（ADC1/2/3）
ADC_ExternalTrigConv_T2_CC2	选择 TIM2 捕获/比较 2 作为转换外部触发（ADC1/2）
ADC_ExternalTrigConv_T3_TRGO	选择 TIM3 TRGO 作为转换外部触发（ADC1/2）
ADC_ExternalTrigConv_T4_CC4	选择 TIM4 捕获/比较 4 作为转换外部触发（ADC1/2）
ADC_ExternalTrigConv_Ext_IT11_TIM8_TRGO	选择 EXTI11 或 TIM8TRGO 作为转换外部触发（ADC1/2）
ADC_ExternalTrigConv_None	转换由软件而不是外部触发启动（对 ADC1/2/3）
ADC_ExternalTrigConv_T2_CC3	选择 TIM2 捕获/比较 3 作为转换外部触发（ADC3）

ADC_ExternalTrigConv 取值	功 能 描 述
ADC_ExternalTrigConv_T3_CC1	选择 TIM3 捕获/比较 1 作为转换外部触发(ADC3)
ADC_ExternalTrigConv_T5_CC1	选择 TIM5 捕获/比较 1 作为转换外部触发(ADC3)
ADC_ExternalTrigConv_T5_CC3	选择 TIM5 捕获/比较 3 作为转换外部触发(ADC3)
ADC_ExternalTrigConv_T8_CC1	选择 TIM8 捕获/比较 1 作为转换外部触发(ADC3)
ADC_ExternalTrigConv_T8_TRGO	选择 TIM8 TRGO 作为转换外部触发(ADC3)

(5) ADC_DataAlign。指定 A/D 转换数据是靠左对齐还是靠右对齐。取值可以是 ADC_DataAlign_Right(右对齐)或者 ADC_DataAlign_Left(左对齐)。

(6) ADC_NbrOfChannel。指定顺序进行转换的规则通道组中 ADC 通道的数目。取值范围是 1~16。

【例 8-2】 初始化 ADC1,ADC1 工作在独立模式、单通道模式、单次转换模式、转换由软件启动、数据右对齐、ADC 通道的数目为 1。

```
ADC_InitTypeDef MyADC_InitStru;
MyADC_InitStru.ADC_Mode=ADC_Mode_Independent;         //ADC1 工作在独立模式
MyADC_InitStru.ADC_ScanConvMode=DISABLE;              //模数转换工作在单通道模式
MyADC_InitStru.ADC_ContinuousConvMode=DISABLE;        //模数转换工作在单次转换模式
MyADC_InitStru.ADC_ExternalTrigConv=ADC_ExternalTrigConv_None;
                                                      //转换由软件启动
MyADC_InitStru.ADC_DataAlign=ADC_DataAlign_Right;     //ADC 数据右对齐
MyADC_InitStru.ADC_NbrOfChannel=1;                    //顺序进行规则转换 ADC 通道的数目
ADC_Init(ADC1, &MyADC_InitStru);                      //初始化外设 ADC1 寄存器
```

3. ADC_Cmd()函数

函数的功能是使能或者禁止指定的 ADC,只能在其他 ADC 设置函数之后被调用。表 8-12 是该函数说明。

表 8-12 ADC_Cmd()函数说明

函数原型	void ADC_Cmd(ADC_TypeDef * ADCx, FunctionalState NewState)
输入参数 1	ADCx: x 可以是 1,2 或 3,用来选择 ADC1、ADC2 或 ADC3
输入参数 2	NewState: ADCx 新状态,可取 ENABLE(使能)或 DISABLE(禁止)
输出参数: 无;返回值: 无;先决条件: 无;被调用函数: 无	

【例 8-3】 使能 ADC1。

```
ADC_Cmd(ADC1, ENABLE);
```

4. ADC_DMACmd()函数

函数的功能是使能或者禁止指定的 ADC 的 DMA 请求。

函数原型 ADC_DMACmd(ADC_TypeDef * ADCx, FunctionalState NewState),用法与 ADC_Cmd()函数类似。

5. ADC_SoftwareStartConvCmd()函数

函数的功能是使能或禁止指定 ADC 的软件启动转换功能。表 8-13 是该函数说明。

表 8-13　ADC_SoftwareStartConvCmd()函数说明

函数原型	void ADC_SoftwareStartConvCmd(ADC_TypeDef * ADCx, FunctionalState NewState)
输入参数 1	ADCx：x 可以是 1、2 或者 3,用来选择 ADC 外设 ADC1、ADC2 或 ADC3
输入参数 2	NewState：ADCx 软件启动转换新状态,可取 ENABLE(使能)或 DISABLE(禁止)
输出参数：无;返回值：无;先决条件：无;被调用函数：无	

【例 8-4】　软件启动 ADC1 开始转换。

```
ADC_SoftwareStartConvCmd(ADC1, ENABLE);
```

6. ADC_ResetCalibration()函数

函数的功能是重置指定 ADC 的校准寄存器。表 8-14 是该函数说明。

表 8-14　ADC_ResetCalibration()函数说明

函数原型	void ADC_ResetCalibration(ADC_TypeDef * ADCx)
输入参数 1	ADCx：x 可以是 1、2 或 3,用来选择 ADC1、ADC2 或 ADC3
输出参数：无;返回值：无;先决条件：无;被调用函数：无	

【例 8-5】　重置 ADC1 校准寄存器。

```
ADC_ResetCalibration(ADC1);
```

7. ADC_GetResetCalibrationStatus()函数

函数的功能是获取 ADC 重置校准寄存器的状态。表 8-15 是该函数说明。

表 8-15　ADC_GetResetCalibrationStatus()函数说明

函数原型	FlagStatus ADC_GetResetCalibrationStatus(ADC_TypeDef * ADCx)
输入参数 1	ADCx：x 可以是 1、2 或 3,用来选择 ADC1、ADC2 或 ADC3
输出参数：无;返回值：ADC 重置校准寄存器的新状态(SET 或 RESET);先决条件：无;被调用函数：无	

【例 8-6】 获取 ADC1 重置校准寄存器的状态。

```
FlagStatus Status;
Status =ADC_GetResetCalibrationStatus(ADC1);
```

8. ADC_StartCalibration()函数

函数的功能是开始指定 ADC 的校准程序。

函数原型 void ADC_StartCalibration(ADC_TypeDef* ADCx),ADCx：x 可以是 1、2 或者 3,用来选择 ADC 外设 ADC1、ADC2 或 ADC3。无输出参数和返回值。

【例 8-7】 启动 ADC1 校准。

```
ADC_StartCalibration(ADC1);
```

9. ADC_GetCalibrationStatus()函数

函数的功能是获取指定 ADC 的校准状态。表 8-16 是该函数说明。

表 8-16 ADC_GetCalibrationStatus()函数说明

函数原型	FlagStatus ADC_GetCalibrationStatus(ADC_TypeDef * ADCx)
输入参数 1	ADCx：x 可以是 1、2 或者 3,用来选择 ADC 外设 ADC1、ADC2 或 ADC3
输出参数：无;返回值：ADC 重置校准寄存器的状态(SET 或 RESET);先决条件：无;被调用函数：无	

【例 8-8】 获取 ADC1 的校准状态。

```
FlagStatus Status1;
Status =ADC_GetCalibrationStatus(ADC1);
```

10. ADC_GetSoftwareStartConvStatus()函数

函数的功能是获取 ADC 软件启动转换状态。

函数原型 FlagStatus ADC_GetSoftwareStartConvStatus(ADC_TypeDef * ADCx),函数使用与 ADC_GetCalibrationStatus()函数类似。

【例 8-9】 获取 ADC1 的启动转换位。

```
FlagStatus Status2;
Status2=ADC_GetSoftwareStartConvStatus(ADC1);
```

11. ADC_RegularChannelConfig()函数

函数的功能是设置指定 ADC 规则组通道,设置采样顺序及采样时间。表 8-17 是该函数说明。

表 8-17　ADC_RegularChannelConfig( )函数说明

函数原型	void ADC_RegularChannelConfig(ADC_TypeDef * ADCx，uint8_t ADC_Channel，uint8_t Rank，uint8_t ADC_SampleTime)
输入参数 1	ADCx：x 可以是 1、2 或 3，用来选择 ADC1、ADC2 或 ADC3
输入参数 2	ADC_Channel：被设置的 ADC 通道(见表 8-18)
输入参数 3	Rank：规则组采样顺序,取值范围为 1～16
输入参数 4	ADC_SampleTime：指定通道的采样时间值(见表 8-19)

输出参数：无；返回值：无；先决条件：无；被调用函数：无

表 8-18　ADC_Channel 不同取值

ADC_Channel 取值	功 能 描 述	ADC_Channel 取值	功 能 描 述
ADC_Channel_0	选择 ADC 通道 0	ADC_Channel_1	选择 ADC 通道 1
ADC_Channel_2	选择 ADC 通道 2	ADC_Channel_3	选择 ADC 通道 3
ADC_Channel_4	选择 ADC 通道 4	ADC_Channel_5	选择 ADC 通道 5
ADC_Channel_6	选择 ADC 通道 6	ADC_Channel_7	选择 ADC 通道 7
ADC_Channel_8	选择 ADC 通道 8	ADC_Channel_9	选择 ADC 通道 9
ADC_Channel_10	选择 ADC 通道 10	ADC_Channel_11	选择 ADC 通道 11
ADC_Channel_12	选择 ADC 通道 12	ADC_Channel_13	选择 ADC 通道 13
ADC_Channel_14	选择 ADC 通道 14	ADC_Channel_15	选择 ADC 通道 15
ADC_Channel_16	选择 ADC 通道 16	ADC_Channel_17	选择 ADC 通道 17

表 8-19　ADC_SampleTime 不同取值

ADC_SampleTime 取值	功 能 描 述	ADC_SampleTime 取值	功 能 描 述
ADC_SampleTime_1Cycles5	采样时间为 1.5 倍时钟周期	ADC_SampleTime_7Cycles5	采样时间为 7.5 倍时钟周期
ADC_SampleTime_13Cycles5	采样时间为 13.5 倍时钟周期	ADC_SampleTime_28Cycles5	采样时间为 28.5 倍时钟周期
ADC_SampleTime_41Cycles5	采样时间为 41.5 倍时钟周期	ADC_SampleTime_55Cycles5	采样时间为 55.5 倍时钟周期
ADC_SampleTime_71Cycles5	采样时间为 71.5 倍时钟周期	ADC_SampleTime_239Cycles5	采样时间为 239.5 倍时钟周期

【例 8-10】　设置 ADC1 通道 6 为第 1 个采样,采样时间为 239.5 倍时钟周期。

```
ADC_RegularChannelConfig(ADC1, ADC_Channel_6, 1, ADC_SampleTime_239Cycles5);
```

12. ADC_InjectedChannleConfig( )函数

函数的功能是设置指定 ADC 注入组通道,设置转化顺序及采样时间。表 8-20 是该函数说明。

表 8-20   ADC_InjectedChannleConfig() 函数说明

函数原型	void ADC_InjectedChannelConfig(ADC_TypeDef * ADCx, uint8_t ADC_Channel, uint8_t Rank, uint8_t ADC_SampleTime)
输入参数 1	ADCx：x 可以是 1、2 或 3，用来选择 ADC1、ADC2 或 ADC3
输入参数 2	ADC_Channel：被设置的 ADC 通道（见表 8-18）
输入参数 3	Rank：注入组采样顺序，取值范围为 1～16
输入参数 4	ADC_SampleTime：指定 ADC 通道的采样时间值（见表 8-19）

输出参数：无；返回值：无；先决条件：之前必须调用函数 ADC_InjectedSequencerLengthConfig() 来确定注入转换通道的数目，特别是在通道数目小于 4 的情况下，来正确配置每个注入通道的转化顺序；被调用函数：无

【例 8-11】 配置 ADC1 第 10 通道采样周期为 7.5 倍时钟周期，第 1 个周期开始转换。

```
ADC_InjectedChannelConfig(ADC1, ADC_Channel_10, 1, ADC_SampleTime_7Cycles5);
```

13. ADC_GetConversionValue() 函数

函数的功能是返回最近一次 ADCx 规则通道的转换结果。表 8-21 是该函数说明。

表 8-21   ADC_GetConversionValue() 函数说明

函数原型	uint16_t ADC_GetConversionValue(ADC_TypeDef * ADCx)
输入参数 1	ADCx：x 可以是 1、2 或 3，用来选择 ADC1、ADC2 或 ADC3

输出参数：无；返回值：转换结果；先决条件：无；被调用函数：无

【例 8-12】 返回 ADC1 上次转换通道的结果。

```
uint16_t ADC_Data;
ADC_Data = ADC_GetConversionValue(ADC1);
```

14. ADC_GetDuelModeConversionValue() 函数

函数的功能是返回最近一次双 ADC 模式下的转换结果。表 8-22 是该函数说明。

表 8-22   ADC_GetDuelModeConversionValue() 函数说明

函数原型	uint32_t ADC_GetDualModeConversionValue()

输入参数：无；输出参数：无；返回值：转换结果；先决条件：无；被调用函数：无

【例 8-13】 返回 ADC1 和 ADC2 最近一次转换的结果。

```
uint32_t DualADC_Val;
```

```
DualADC_Val=ADC_GetDualModeConversionValue();
```

15. ADC_GetInjectedConversionValue()函数

函数的功能是返回 ADC 指定注入通道的转换结果。表 8-23 是该函数说明。

表 8-23　ADC_GetInjectedConversionValue()函数说明

函数原型	utin16_t ADC_GetInjectedConversionValue（ADC_TypeDef * ADCx，uint8_t ADC_InjectedChannel）
输入参数 1	ADCx：x 可以是 1、2 或 3，用来选择 ADC1、ADC2 或 ADC3
输入参数 2	ADC_InjectedChannel：被转换的 ADC 注入通道（见表 8-24）
输出参数：无；返回值：转换结果；先决条件：无；被调用函数：无	

表 8-24　ADC_InjectedChannel 不同取值

ADC_InjectedChannel 取值	功 能 描 述	ADC_InjectedChannel 取值	功 能 描 述
ADC_InjectedChannel_1	选择注入通道 1	ADC_InjectedChannel_2	选择注入通道 2
ADC_InjectedChannel_3	选择注入通道 3	ADC_InjectedChannel_4	选择注入通道 4

【例 8-14】　读取 ADC2 指定注入通道 3 的转换结果。

```
uint16_t Injected_Val;
Injected_Val=ADC_GetInjectedConversionValue(ADC2, ADC_InjectedChannel_3);
```

16. ADC_ITConfig()函数

函数的功能是使能或者禁止指定 ADC 中断。表 8-25 是该函数说明。

表 8-25　ADC_ITConfig()函数说明

函数原型	void ADC_ITConfig(ADC_TypeDef * ADCx, uint16_t ADC_IT, FunctionalState NewState)
输入参数 1	ADCx：x 可以是 1、2 或 3，用来选择 ADC1、ADC2 或 ADC3
输入参数 2	ADC_IT：将要被使能或者禁止的指定 ADC 中断源（参数见表 8-26）
输入参数 3	NewState：指定 ADC 中断的新状态（可取 ENABLE 或 DISABLE）
输出参数：无；返回值：转换结果；先决条件：无；被调用函数：无	

表 8-26　ADC 中断源表 ADC_IT 不同取值

ADC_IT 取值	功 能 描 述
ADC_IT_EOC	EOC 中断
ADC_IT_JEOC	JEOC 中断
ADC_IT_AWD	AWDOG 中断

【例 8-15】　使能 ADC2 EOC 和 AWDOG 中断。

```
ADC_ITConfig(ADC2, ADC_IT_EOC | ADC_IT_AWD, ENABLE);
```

17. ADC_GetFlagStatus()函数

函数的功能是检查指定 ADC 标志位是否置 1。表 8-27 是该函数说明。

表 8-27　ADC_GetFlagStatus()函数说明

函数原型	FlagStatus ADC_GetFlagStatus(ADC_TypeDef * ADCx，uint8_t ADC_FLAG)
输入参数 1	ADCx：x 可以是 1、2 或 3，用来选择 ADC1、ADC2 或 ADC3
输入参数 2	ADC_FLAG：指定需检查的标志位(见表 8-28)
输出参数：无；返回值：指定标志位新状态(SET 或 RESET)；先决条件：无；被调用函数：无	

表 8-28　ADC_FLAG 不同取值

ADC_FLAG 取值	功　能　描　述	ADC_FLAG 取值	功　能　描　述
ADC_FLAG_AWD	模拟看门狗标志位	ADC_FLAG_EOC	转换结束标志位
ADC_FLAG_JEOC	注入组转换结束标志位	ADC_FLAG_JSTRT	注入组转换开始标志位
ADC_FLAG_STRT	规则组转换开始标志位		

【例 8-16】　检查 ADC1 转换结束标志位是否置位。

```
FlagStatus Sta1;
Sta1=ADC_GetFlagStatus(ADC1, ADC_FLAG_EOC);
```

18. ADC_ClearFlag()函数

函数的功能是清除指定 ADCx 标志位。表 8-29 是该函数说明。

表 8-29　ADC_ClearFlag()函数说明

函数原型	ADC_ClearFlag(ADC_TypeDef * ADCx，uint8_t ADC_FLAG)
输入参数 1	ADCx：x 可以是 1、2 或 3，用来选择 ADC1、ADC2 或 ADC3
输入参数 2	ADC_FLAG：待处理的标志位(见表 8-28)
输出参数：无；返回值：无；先决条件：无；被调用函数：无	

【例 8-17】　清除 ADC1 转换结束标志位。

```
ADC_ClearFlag(ADC1, ADC_FLAG_EOC);
```

19. ADC_GetITStatus()函数

函数的功能是查询指定的 ADC 中断是否发生。表 8-30 是该函数说明。

表 8-30　ADC_GetITStatus() 函数说明

函数原型	ITStatus ADC_GetITStatus(ADC_TypeDef * ADCx, uint16_t ADC_IT)
输入参数 1	ADCx: x 可以是 1、2 或 3,用来选择 ADC1、ADC2 或 ADC3
输入参数 2	ADC_IT: 将要被查询的指定 ADC 中断源(见表 8-26)

输出参数:无;返回值:指定中断的最新状态(SET 指定中断请求位置位,RESET 指定中断请求位清零);先决条件:无;被调用函数:无

【例 8-18】　测试 ADC1 的 EOC 中断是否发生。

```
ITStatus Sta1;
Sta1=ADC_GetITStatus(ADC1, ADC_IT_EOC);
```

20. ADC_ClearITPendingBit() 函数

函数的功能是清除 ADCx 中断挂起位。表 8-31 是该函数说明。

表 8-31　ADC_ClearITPendingBit() 函数说明

函数原型	void ADC_ClearITPendingBit(ADC_TypeDef * ADCx, uint16_t ADC_IT)
输入参数 1	ADCx: x 可以是 1、2 或 3,用来选择 ADC1、ADC2 或 ADC3
输入参数 2	ADC_IT: 待清除的 ADC 中断挂起位(见表 8-26)

输出参数:无;返回值:无;先决条件:无;被调用函数:无

【例 8-19】　清除 ADC1 的 EOC 中断挂起位。

```
ADC_ClearITPendingBit(ADC2, ADC_IT_EOC);
```

8.7　STM32F103 的 ADC 设计实例

8.7.1　ADC 应用基础

1. ADC 硬件电路设计

在 ADC 硬件设计中,需要测量的模拟输入信号电压原则上不可超过微控制器芯片的供电电压。如果输入电压过大,则要按照比例减小;如果输入电压过小,还需按照比例放大。另外,对模拟电路噪声的滤除及电源隔离也很重要。

2. ADC 软件设计

以 ADC1_IN0 为例,ADC1_IN0 映射的引脚为 PA0,初始化配置 ADC1(独立、单通道、单次、软件触发和通道数 1 等)编程步骤如下:

(1) 使能 ADC 时钟。打开模拟输入引脚 PA0 在 APB2 总线上所属端口 GPIOA 时

钟和 ADC1 时钟。

```
RCC_APB2PeriphClockCmd(RCC_APB2Periph_GPIOA|RCC_APB2Periph_ADC1, ENABLE);
```

（2）使用 GPIO_InitTypeDef 结构体变量配置模拟输入引脚为模拟输入模式，设置 ADC 端口为复用。

```
GPIO_InitStructure.GPIO_Mode=GPIO_Mode_AIN;
```

（3）配置 ADC，包括配置 ADC_InitTypeDef 结构体变量，使用 ADC_Init()函数初始化 ADC。

① 确定 ADC 的工作模式，选择独立模式或双 ADC 模式。

```
ADC_InitStructure.ADC_Mode=ADC_Mode_Independent;    //独立模式
```

② 确定 ADC 是多通道或单通道模式。

```
ADC_InitStructure.ADC_ScanConvMode=DISABLE;          //单通道模式
```

③ 确定 ADC 的连续模式或单次转换。

```
ADC_InitStructure.ADC_ContinuousConvMode=DISABLE;  //单次转换模式
```

④ 确定 ADC 的转换启动方式是外部信号触发或软件触发。

```
ADC_InitStructure.ADC_ExternalTrigConv=ADC_ExternalTrigConv_None;
```

⑤ 确定 ADC 结果数据对齐方式。

```
ADC_InitStructure.ADC_DataAlign=ADC_DataAlign_Right;    //数据右对齐
```

⑥ 确定 DC 被转换的规则通道数量。

```
ADC_InitStructure.ADC_NbrOfChannel=1;
```

⑦ 初始化 ADC。

```
ADC_Init(ADC1, &ADC_InitStructure);
```

（4）设置 ADC 规则通道，ADC1 通道号 0，采样时间 55.5 个周期，采用顺序 1。

```
ADC_RegularChannelConfig(ADC1, ADC_Channel_0, 1, ADC_SampleTime_55Cycles5);
```

（5）使能 ADC。

```
ADC_Cmd(ADC1,ENABLE);
```

（6）校准 ADC。

```
ADC_ResetCalibration(ADC1);                         /*使能 ADC1 复位校准位*/
while(ADC_GetResetCalibrationStatus(ADC1));          /*检测 ADC1 复位校准位*/
ADC_StartCalibration(ADC1);                          /*开始 ADC1 校准*/
while(ADC_GetCalibrationStatus(ADC1));               /*检测 ADC1 是否校准完毕*/
```

（7）开始 ADC 软件触发转换。

```
ADC_SoftwareStartConvCmd(ADC1, ENABLE);
```

（8）读取 A/D 转换标志位。

```
if (ADC_GetFlagStatus(ADC1, ADC_FLAG_EOC)==SET)
```

（9）读取 A/D 转换后数据。

```
ADC_value=ADC_GetConversionValue(ADC1);
```

（10）编写主程序。

（11）如果设置中断，编写中断服务程序。

（12）如果是 ADC1 或 ADC3 的规则通道，编写 DMA 程序。

8.7.2　查询方式的多通道 ADC 采集电压设计

【例 8-20】　查询方式的多通道 ADC 采集电压设计。

1. 实例要求

（1）STM32F103C6 微控制器连接 3 个电位器。利用 ADC_IN1～ADC_IN3 通道，以查询方式对 3 路电位器电压进行采集。

（2）LCD1602 显示 2 路电压，单位为 mV。

（3）当任意 1 路电压超过阈值时，蜂鸣器报警。

2. 硬件电路

系统由 STM32F103R6 微控制器、电位器 RV1～RV3、LCD1602、LED1、LED2 和蜂鸣器组成，查询方式的多通道 ADC 采集电压仿真电路如图 8-10 所示。

（1）PA1～PA3 分别与电位器 RV1～RV3 连接，由于 ADC1_IN1～ADC1_IN3 通道映射到 PA1～PA3，通过 ADC1_IN1～ADC1_IN3 通道对电位器电压进行采集。

（2）PB15～PB8 分别与 LCD1602 的数据引脚 D7～D0 相连。PB5、PB6 和 PB7 分别连接 LCD1602 的 RS、RW 和 E（使能）引脚。

（3）PA13 连接驱动蜂鸣器的 NPN 管基极，PA14、PA15 分别通过电阻与 LED1 和 LED2 连接。

3. 软件设计

主程序设计如下。首先对 LED、LCD1602 和 ADC 初始化。接着进入循环程序，对 3 个通道电压依次采集和处理，对每一路电压量采集 3 次取平均值，并将滤波后的电压数字量换算成 mV 级的电压量存入数组 adcx[]，将每路电压量转换为 4 位字符数据存入字符串 ADC_LCDDisplay；用 LCD1602 显示字符串 ADC_LCDDisplay；判断各路电压是否超过阈值，当超过时，让蜂鸣器报警，返回循环程序。

本实例利用 STM32F103R6 微控制器的 ADC1 查询方式进行 A/D 转换。具体的配

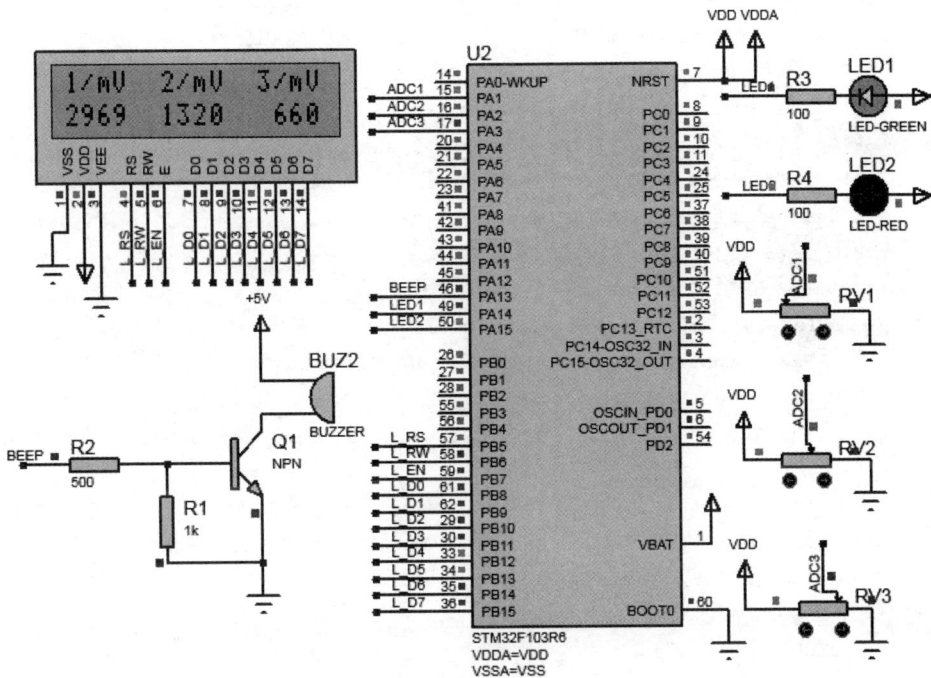

图 8-10　查询方式的多通道 ADC 采集电压仿真图

置步骤如下。

(1) 配置模拟通道的引脚 PA1～PA3 为模拟输入方式。

(2) 打开 GPIOA 的外设时钟和 ADC1 外设时钟,并设置 ADC 分频因子为 6,则 ADC 频率为 72MHz/6＝12MHz。

(3) 配置 ADC_InitTypeDef 结构体成员信息,包括独立模式、单通道、单次转换模式、软件触发、数据右对齐、通道数 1 等信息,通过 ADC_Init() 函数完成配置。

(4) 使能 ADC1 工作,开启校准并等待校准结束。

(5) 利用 ADC_RegularChannelConfig() 函数设置要转换的通道、采样时间等,并利用 ADC_SoftwareStartConvCmd() 函数启动 ADC1 转换开始。

(6) 等待转换结束,通过 ADC_GetConversionValue() 函数读取转换结果。

新建和配置 STM32F103 工程,根据主程序设计思路和库函数,写出 main.c 参考程序如下:

```
#include "stm32f10x.h"
#include "delay.h"
#include "led.h"
#include "lcd.h"
#include "adc.h"
const u8 Adc_Channel[3]={ADC_Channel_1,ADC_Channel_2,ADC_Channel_3};
u32 adcx[3];
void LED_Init(void)
```

```
{   GPIO_InitTypeDef GPIO_InitStructure;
    RCC_APB2PeriphClockCmd(RCC_APB2Periph_GPIOA,ENABLE);
    GPIO_InitStructure.GPIO_Mode=GPIO_Mode_Out_PP;
    GPIO_InitStructure.GPIO_Pin=GPIO_Pin_13|GPIO_Pin_14|GPIO_Pin_15;
    GPIO_InitStructure.GPIO_Speed=GPIO_Speed_50MHz;
    GPIO_Init(GPIOA, &GPIO_InitStructure);
    GPIO_ResetBits(GPIOA,GPIO_Pin_13);
    GPIO_SetBits(GPIOA,GPIO_Pin_14|GPIO_Pin_15);}
void LCD1602_GPIO_Configuration(void)
{   GPIO_InitTypeDef GPIO_InitStructure;
    RCC_APB2PeriphClockCmd(RCC_APB2Periph_GPIOB,ENABLE);
    GPIO_InitStructure.GPIO_Pin=GPIO_Pin_5|GPIO_Pin_6|GPIO_Pin_7|GPIO_Pin_8|
GPIO_Pin_9|GPIO_Pin_10|GPIO_Pin_11|GPIO_Pin_12|GPIO_Pin_13|GPIO_Pin_14|GPIO_
Pin_15;
    GPIO_InitStructure.GPIO_Mode=GPIO_Mode_Out_PP;
    GPIO_InitStructure.GPIO_Speed=GPIO_Speed_50MHz;
    GPIO_Init(GPIOB, &GPIO_InitStructure);
}
void LCD1602_Init(void)
{   LCD1602_Write_Cmd(0x38);
    delay_ms(5);
    LCD1602_Write_Cmd(0x0c);
    delay_ms(5);
    LCD1602_Write_Cmd(0x06);
    delay_ms(5);
    LCD1602_Write_Cmd(0x01);
    delay_ms(5);}
void Adc_Init(void)
{   ADC_InitTypeDef ADC_InitStructure;
    GPIO_InitTypeDef GPIO_InitStructure;
    RCC_APB2PeriphClockCmd(RCC_APB2Periph_GPIOA | RCC_APB2Periph_ADC1,
ENABLE);
    RCC_ADCCLKConfig(RCC_PCLK2_Div6);
    GPIO_InitStructure.GPIO_Pin=GPIO_Pin_1|GPIO_Pin_2|GPIO_Pin_3;
    GPIO_InitStructure.GPIO_Mode=GPIO_Mode_AIN;
    GPIO_Init(GPIOA, &GPIO_InitStructure);
    ADC_DeInit(ADC1);
    ADC_InitStructure.ADC_Mode=ADC_Mode_Independent;
    ADC_InitStructure.ADC_ScanConvMode=DISABLE;      //单通道模式
    ADC_InitStructure.ADC_ContinuousConvMode=DISABLE;   //单次转换模式
    ADC_InitStructure.ADC_ExternalTrigConv=ADC_ExternalTrigConv_None;
    ADC_InitStructure.ADC_DataAlign=ADC_DataAlign_Right;
    ADC_InitStructure.ADC_NbrOfChannel=1;
    ADC_Init(ADC1, &ADC_InitStructure);
```

```
        ADC_Cmd(ADC1, ENABLE);                          //使能 ADC1
        ADC_ResetCalibration(ADC1);                     //使能复位校准
        while(ADC_GetResetCalibrationStatus(ADC1));     //等待复位校准结束
        ADC_StartCalibration(ADC1);                     //开启 AD 校准
        while(ADC_GetCalibrationStatus(ADC1));          //等待校准结束
        }
u16 Get_Adc(u8 ch)
{   ADC_RegularChannelConfig(ADC1, ch, 1, ADC_SampleTime_1Cycles5);
    ADC_SoftwareStartConvCmd(ADC1, ENABLE);             //软件转换启动功能
    while(!ADC_GetFlagStatus(ADC1, ADC_FLAG_EOC));      //等待转换结束
    return ADC_GetConversionValue(ADC1); }
u32 Get_Adc_Average(u8 ch,u8 times)
{   u32 temp_val=0;
    u8 t;
    for(t=0;t<times;t++)
    {   temp_val+=Get_Adc(ch);
    }
    return temp_val/times; }
void beep()
{   char i =0;
        for(i=1;i<=10;i++){
        GPIO_SetBits(GPIOA,GPIO_Pin_13|GPIO_Pin_15);
        delay_ms(600);
        GPIO_ResetBits(GPIOA,GPIO_Pin_13|GPIO_Pin_15);
        delay_ms(200);
        }}
void LED_TURN(void)
{ if(GPIO_ReadOutputDataBit(GPIOA,GPIO_Pin_14)==0)
    { GPIO_SetBits(GPIOA,GPIO_Pin_14); }
    else
    { GPIO_ResetBits(GPIOA,GPIO_Pin_14); }
}
void DataTreat(int temp,char * p)
{   int i=0;
    for(i=0;i<4;i++) * (p +i)=' ';
    * (p +i -1)='0';
    i=0;
    while(temp)
    { * (p+3-i)=temp %10 +'0';
        temp/=10;
        i++; }}
char ADC_LCDDisplay[]={"0000 0000 0000"};
int main(void)
{   u8 i=0;
```

```
LED_Init();
LCD1602_GPIO_Configuration();
LCD1602_Init();
LCD1602_Show_Str(0, 0, " 1/mV 2/mV 3/mV");
LCD1602_Show_Str(0, 1, ADC_LCDDisplay);
Adc_Init();                              //ADC 初始化
while(1)
{   for(i=0;i<3;i++)
    { adcx[i]=Get_Adc_Average(Adc_Channel[i],3) * 3300/4095;
        if(i==0) DataTreat(adcx[i],&ADC_LCDDisplay[0]);
        if(i==1) DataTreat(adcx[i],&ADC_LCDDisplay[6]);
        if(i==2) DataTreat(adcx[i],&ADC_LCDDisplay[12]);
        LCD1602_Show_Str(0,1,ADC_LCDDisplay);
    if(adcx[i]>3000) beep();      }
    LED_TURN();  }  }
```

8.7.3　中断方式的多通道 ADC 采集电压设计

【例 8-21】　中断方式的多通道 ADC 采集电压设计。

1. 实例要求

（1）STM32F103C6 微控制器连接 2 个电位器。利用 ADC_IN1 和 ADC_IN2 以中断方式对 2 路电位器电压进行采集。

（2）LCD1602 显示 2 路电压，单位为 mV。

2. 硬件电路

系统由 STM32F103R6 微控制器、电位器 RV1 和 RV2、LCD1602 组成，微控制器 与 RV1、RV2、LCD1602 连接见例 8-20 硬件电路说明，中断方式的多通道 ADC 采集电压仿真如图 8-11 所示。

3. 软件设计

本实例利用 ADC1 中断方式进行 A/D 转换。软件包括主程序设计和中断服务程序。

（1）主函数 main()设计。首先对 LCD1602 和 ADC1 初始化，接着进入无限循环程序，在循环程序不做任何处理，等待中断发生。其中，ADC1 初始化程序设计步骤如下。

① 打开 GPIOA 的外设时钟和 ADC1 外设时钟。

② 配置模拟通道 ADC_IN1、ADC_IN2 的输入引脚 PA1 和 PA2 为模拟输入方式，并设置 ADC 分频因子为 6。

③ 配置 ADC_InitTypeDef 结构体成员信息，包括独立模式、单通道、单次转换模式、软件触发、数据右对齐、通道数 1 等，通过 ADC_Init()函数完成配置。

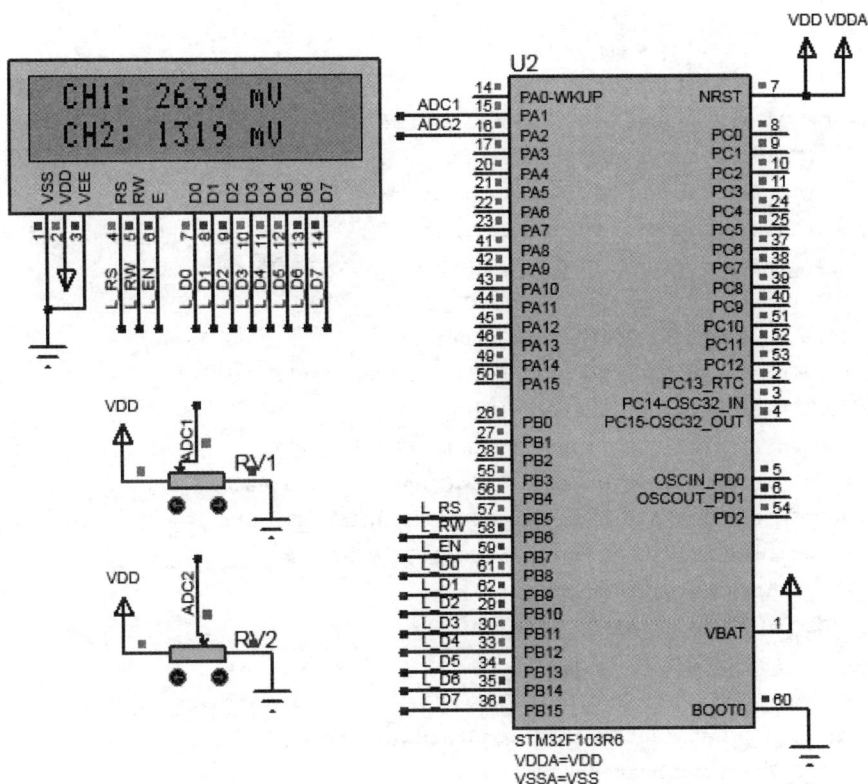

图 8-11　中断方式的多通道 ADC 采集电压仿真图

④ 使能 ADC1 工作,开启校准并等待校准结束。

⑤ 配置 NVIC 的 ADC1_2_IRQn 中断向量和中断优先级。

⑥ 使用 ADC_RegularChannelConfig()函数,指定 ADC_IN1 的转换顺序和采样时间。

⑦ 通过 ADC_ITConfig()函数开启 ADC1 转换结束中断请求。

⑧ 使用 ADC_SoftwareStartConvCmd()函数,通过软件启动 ADC_IN1 转换。

(2) 中断服务程序 void ADC1_2_IRQHandler(void)设计。首先利用 ADC_GetConversionValue()函数读取 ADC1 转换数字结果,并转变为 mV 级的电压值,接着将 2 个通道电压值分别送 LCD1602 第 1 行和第 2 行显示,并使用 ADC_RegularChannelConfig()函数和 ADC_SoftwareStartConvCmd()函数交替开启 2 个通道的转换。

新建和配置 STM32F103 工程,根据软件设计思路和库函数,设计 ADC1 初始化、中断服务程序 ADC1_2_IRQHandler(void)和主函数 main(),参考程序如下。

```
#include "stm32f10x.h"
#include "delay.h"
#include "lcd.h"
int ADCvalue,ADCvalue1;
```

```
int ch=0;
char ADC_LCDDisplay[]={"  "};
void ADC_NVIC_Init(void)
{    GPIO_InitTypeDef GPIO_InitStructure;
     ADC_InitTypeDef ADC_InitStruct;
     NVIC_InitTypeDef NVIC_InitStructure;
RCC_APB2PeriphClockCmd(RCC_APB2Periph_GPIOA|RCC_APB2Periph_ADC1,ENABLE);
   GPIO_InitStructure.GPIO_Pin=GPIO_Pin_1| GPIO_Pin_2;
   GPIO_InitStructure.GPIO_Mode=GPIO_Mode_AIN;
   GPIO_Init(GPIOA, &GPIO_InitStructure);
   ADC_InitStruct.ADC_Mode=ADC_Mode_Independent;
   ADC_InitStruct.ADC_ScanConvMode=DISABLE;
   ADC_InitStruct.ADC_ContinuousConvMode=DISABLE;
   ADC_InitStruct.ADC_ExternalTrigConv=ADC_ExternalTrigConv_None;
   ADC_InitStruct.ADC_DataAlign=ADC_DataAlign_Right;
     ADC_InitStruct.ADC_NbrOfChannel=1;
   ADC_Init(ADC1,&ADC_InitStruct);
     RCC_ADCCLKConfig(RCC_PCLK2_Div6);
        ADC_Cmd(ADC1,ENABLE);
      ADC_ResetCalibration(ADC1);
   while(ADC_GetResetCalibrationStatus(ADC1));
     ADC_StartCalibration(ADC1);
   while(ADC_GetCalibrationStatus(ADC1));
   NVIC_PriorityGroupConfig(NVIC_PriorityGroup_1);
 NVIC_InitStructure.NVIC_IRQChannel=ADC1_2_IRQn;
 NVIC_InitStructure.NVIC_IRQChannelPreemptionPriority=1;
 NVIC_InitStructure.NVIC_IRQChannelSubPriority=1;
 NVIC_InitStructure.NVIC_IRQChannelCmd=ENABLE;
 NVIC_Init(&NVIC_InitStructure);
ADC_RegularChannelConfig(ADC1, ADC_Channel_1, 1, ADC_SampleTime_239Cycles5);
ADC_ITConfig(ADC1, ADC_IT_EOC, ENABLE);
ADC_SoftwareStartConvCmd(ADC1, ENABLE); }
void ADC1_2_IRQHandler(void)
{   if (ADC_GetITStatus(ADC1,ADC_IT_EOC)==SET)
   { ADCvalue=ADC_GetConversionValue(ADC1);
   ADC_ClearITPendingBit(ADC1,ADC_IT_EOC);
   ADCvalue1=ADCvalue * 3300/4096;
   DataTreat(ADCvalue1,&ADC_LCDDisplay[0]);
         if(ch==1)
       { LCD1602_Show_Str(6,0,ADC_LCDDisplay);
       ch=2;
    ADC _ RegularChannelConfig ( ADC1, ADC _ Channel _ 2, 1, ADC _ SampleTime _
239Cycles5);}
       else{ LCD1602_Show_Str(6,1,ADC_LCDDisplay);
```

```
            ch=1;
        ADC _ RegularChannelConfig ( ADC1, ADC _ Channel _ 1, 1, ADC _ SampleTime _
239Cycles5); }
        ADC_SoftwareStartConvCmd(ADC1,ENABLE); }}
int main(void)
{   LCD1602_GPIO_Configuration();
    LCD1602_Init();
LCD1602_Show_Str(0, 0,"CH1: mV");
LCD1602_Show_Str(0, 1,"CH2: mV");
    ADC_NVIC_Init();
    while(1)
    {
    }
}
```

8.7.4　ADC 利用 MQ135 传感器采集有害气体设计

【例 8-22】　ADC 利用 MQ135 传感器采集有害气体设计。

1. 实例要求

利用 STM32F103C8T6 微控制器的 ADC1_IN6,采集 MQ135 传感器检测到的有害气体模拟信号量,转换后获得具体数字信号值,采用平均值滤波法获得 10 次转换的平均值。

2. 硬件电路

有害气体传感器 MQ135 引脚定义如表 8-32 所示。STM32F103C8T6 的 ADC 输入信号电压范围为 0~3.3V。MQ135 传感器输出最大模拟信号量小于 3.3V,可以直接将传感器输出引脚接到 ADC 模拟输入引脚。

表 8-32　MQ135 引脚定义

引　脚	名　称	说　明
1	VDD	＋5V 电源
2	DOUT	TTL 电平输出
3	AOUT	模拟信号输出
4	GND	

有害气体检测电路如图 8-12 所示。采用 STM32F103C8T6 的 ADC1_IN6,该通道映射 PA6 引脚,将 PA6 引脚连接 MQ135 传感器 AOUT 引脚,传感器与微控制器共地连接。

```
U1
                    1    VBAT              PB0    18    PB0
                    2    PC13/TAMPER/RTC   PB1    19    PB1
PC14    3                PC14/OSC32_IN     PB2/BOOT1  20  BOOT1
PC15    4                PC15/OSC32_OUT    PB3    39
OSCIN   5                PD0/OSC_IN        PB4    40
OSCOUT  6                PD1/OSC_OUT       PB5    41    PB5
RST     7                NRST              PB6    42
                                           PB7    43
                    10                            45    PB8
                    11   PA0/WKUP          PB8
RXD0    12               PA1               PB9    46
TXD0    13               PA2/USART2_TXD    PB10   21
        14               PA3/USART2_RXD    PB11   22
        15               PA4               PB12   25
PA6     16               PA5               PB13   26
        17               PA6               PB14   27
                         PA7               PB15   28

PA8     29               PA8
        30               PA9/USART1_TXD    VDD_3  48    3.3V
PA10    31               PA10/USART1_RXT   VDD_2  36
PA11    32               PA11              VDD_1  23
PA12    33               PA12
SWIO    34               PA13/SWIO         VSS_3  47    GND
SWCLK   37               PA14/SWCLK        VSS_2  35
        38               PA15              VSS_1  23

3.3V    9                VDDA              BOOT0  44    BOOT0
        8                VSSA

                         STM32F103C8T6
```

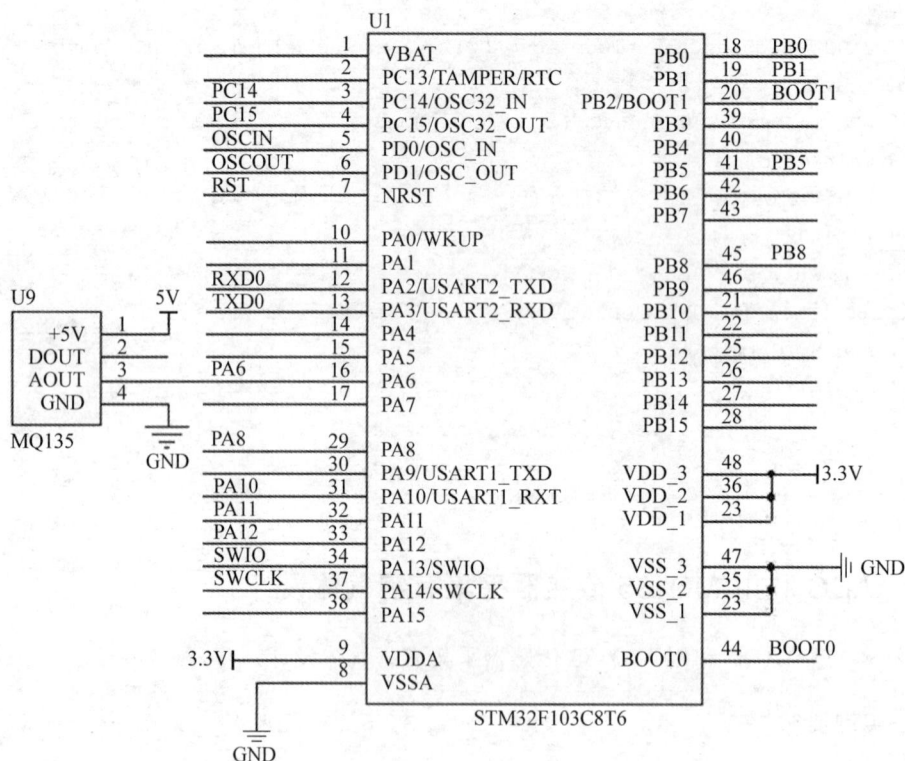

图 8-12　有害气体检测电路

3. 程序设计

　　主程序首先对 ADC1 初始化,包括使能 GPIOA 时钟和 ADC1 时钟、复位 ADC1、设置 ADC1 预分频器、设置 PA6 作为模拟通道输入引脚、初始化 ADC_InitTypeDef 变量和设置 ADC_Init 函数、使能 ADC1、复位和校准 ADC1;接着进入循环程序,在循环程序中,设置 ADC1 的规则组通道,设置规则采样顺序值为 1 和采样时间为 239.5 周期,使能 ADC1 的软件启动转换功能,等待转换结束,读取 ADC1 转换结果,在累积读取 10 次 ADC1_IN6 结果后,取平均值送给存储变量 ADC_value。main.c 参考程序如下。

```c
#include "stm32f10x.h"
u16 ADC_value;
void Adc_Init(void)
{ ADC_InitTypeDef ADC_InitStructure;
GPIO_InitTypeDef GPIO_InitStructure;
RCC_APB2PeriphClockCmd(RCC_APB2Periph_GPIOA|RCC_APB2Periph_ADC1, ENABLE);
RCC_APB2PeriphResetCmd(RCC_APB2Periph_ADC1,ENABLE);//ADC1 复位
RCC_APB2PeriphResetCmd(RCC_APB2Periph_ADC1,DISABLE);
RCC_ADCCLKConfig(RCC_PCLK2_Div6);                    //采用六分频
GPIO_InitStructure.GPIO_Pin=GPIO_Pin_6;
GPIO_InitStructure.GPIO_Mode=GPIO_Mode_AIN;          //模拟输入引脚
```

```
GPIO_Init(GPIOA, &GPIO_InitStructure);
ADC_DeInit(ADC1);                                          //ADC1 全部寄存器重设为默认值
ADC_InitStructure.ADC_Mode=ADC_Mode_Independent; //ADC1
ADC_InitStructure.ADC_ScanConvMode=DISABLE;         //单通道模式
ADC_InitStructure.ADC_ContinuousConvMode=DISABLE;    //单次转换
ADC_InitStructure.ADC_ExternalTrigConv=ADC_ExternalTrigConv_None;
                                                          //软件触发启动
ADC_InitStructure.ADC_DataAlign=ADC_DataAlign_Right;   //ADC 数据右对齐
ADC_InitStructure.ADC_NbrOfChannel=1;                  //单次转换
ADC_Init(ADC1, &ADC_InitStructure);                   //初始化 ADC 寄存器
ADC_Cmd(ADC1, ENABLE);                                 //使能指定的 ADC1
ADC_ResetCalibration(ADC1);                            //复位校准
while(ADC_GetResetCalibrationStatus(ADC1));           //等待复位校准结束
ADC_StartCalibration(ADC1);                            //开始指定 ADC1 的校准状态
while(ADC_GetCalibrationStatus(ADC1));                //等待 AD 校准结束
ADC_SoftwareStartConvCmd(ADC1, ENABLE);               //使能 ADC1 软件启动转换功能
}
u16 Get_Adc(u8 ch)
{ ADC_RegularChannelConfig(ADC1, ch, 1, ADC_SampleTime_239Cycles5);
ADC_SoftwareStartConvCmd(ADC1, ENABLE);               //软件启动转换功能
while(!ADC_GetFlagStatus(ADC1, ADC_FLAG_EOC));        //等待转换结束
return ADC_GetConversionValue(ADC1);                  //返回转换结果
}
u16 Get_Adc_Average(u8 ch,u8 times);                  //采用平均值滤波法
{u32 temp_val=0;
u8 t;
for(t=0;t<times;t++)
    {temp_val+=Get_Adc(ch);}
return temp_val/times;}
  int main(void)
  {   Adc_Init();
    while(1)
    {   ADC_value=Get_Adc_Average(ADC_Channel_6,10);
    }   }
```

习　题　8

1. 什么是 ADC?

2. 简述 STM32F103 ADC 的主要特征。

3. STM32F103 ADC 模拟输入信号 V_{IN} 范围是多少? ADC 输出数字量的范围是多少?

4. STM32F103 的 ADC1 有多少路模拟输入通道? 根据优先级,可分为几组? 每组

最多有多少路通道？

5. 什么是规则通道组？什么是注入通道组？

6. STM32F103 ADC1/ADC2 的规则通道和注入通道各有哪些类型的触发转换方式？

7. STM32F103 ADC 的单次转换模式和连续转换模式有什么不同？

8. STM32F103 ADC 的规则转换扫描模式有哪几种？

9. STM32F103 ADC1_CHIN10 工作在独立模式、单通道模式、单次转换模式、转换由软件启动、数据右对齐、ADC 通道的数目为 1、采样时间为 1.5 倍时钟周期。写出初始化编程。

10. 简述 STM32F103 ADC（以 ADC1_IN6 为例）的编程步骤。

11. STM32F103 ADC 的查询方式采集和中断方式采集有什么区别？

12. 利用 STM32F103 的 ADC1 对输入模拟电压采样，设 APB2 频率为 72MHz，ADC 预分频器分频系数设置为 6，ADC 采样时间为 28.5 时钟周期，计算 ADC1 转换时间。

13. STM32F103 ADC 的预分频器分频系数怎么设置？

14. 简述 STM32F103ZE 的 ADC 各路模拟输入通道对应的引脚名称。

15. 简述 STM32F103C6 的 ADC 各路模拟输入通道对应的引脚名称。

第 9 章

STM32F103 微控制器开发实例

本章介绍 STM32F103 微控制器典型的开发应用实例,包括 STM32F103 与常用传感器、通信模块和显示器等接口的软硬件设计,详细介绍了温湿度传感器 DHT11、激光数字式颗粒物浓度传感器 A4-CG、空气质量传感器 MQ135、Arduino 液位传感器、光强度传感器 BH1750、颜色传感器 TCS3472、加速度传感器 JY60、热成像传感器 MLX90640、闪电传感器 SEN0290、土壤湿度传感器 YL-69、超声波传感器 HC-SR04、压力传感器 HX711、红外传感器 YL-62、温度传感器 DS18B20 等接口设计,并讲述了微控制器与 Wi-Fi 模块、蓝牙模块和 DWM1000 模块等通信接口的应用。通过案例使读者深入掌握嵌入式系统开发设计。

9.1 基于 DHT11 的环境温湿度控制实例

1. 实例功能

(1) STM32F103R6 微控制器通过温湿度传感器 DHT11 采集环境温度和湿度数据。
(2) 微控制器在 UG-2864HSWEG01OLED 上显示温湿度报警和实际温度值。
(3) 当温度不足软件设定阈值时,控制开启加热器进行加热。
(4) 当湿度超过软件设定的阈值时,干燥电机开始工作。
(5) 加热过程和干燥过程,分别有不同 LED 指示。

2. 硬件电路

基于 DHT11 的环境温湿度控制仿真如图 9-1 所示。

STM32F103R6 微控制器的 PC15 连接 DHT11 的 DATA 数据输出端;PB6 控制 OLED 的 D/C 引脚,PB7 连接 OLED 的 RES 引脚,B8 连接 OLED 的 D1(SDA)引脚,PB9 连接 OLED 的 D0 引脚(SCL)。PA1 连接加热器工作指示灯 LED1 的阴极端;PA2 连接干燥电机工作指示灯 LED2 的阴极端;PA7 连接加热器电路中斯密特触发器 74HC14 的阳极端。PA8 连接干燥电机电路中斯密特触发器 74HC14 的阳极端。程序中设定报警温度和湿度分别是 15℃和 50%。图 9-1 中调整当前温度和湿度分别为 9℃和 55%,由于当前温度 9℃低于设定值(15℃),加热器开启工作,同时指示灯 LED1 亮;当前

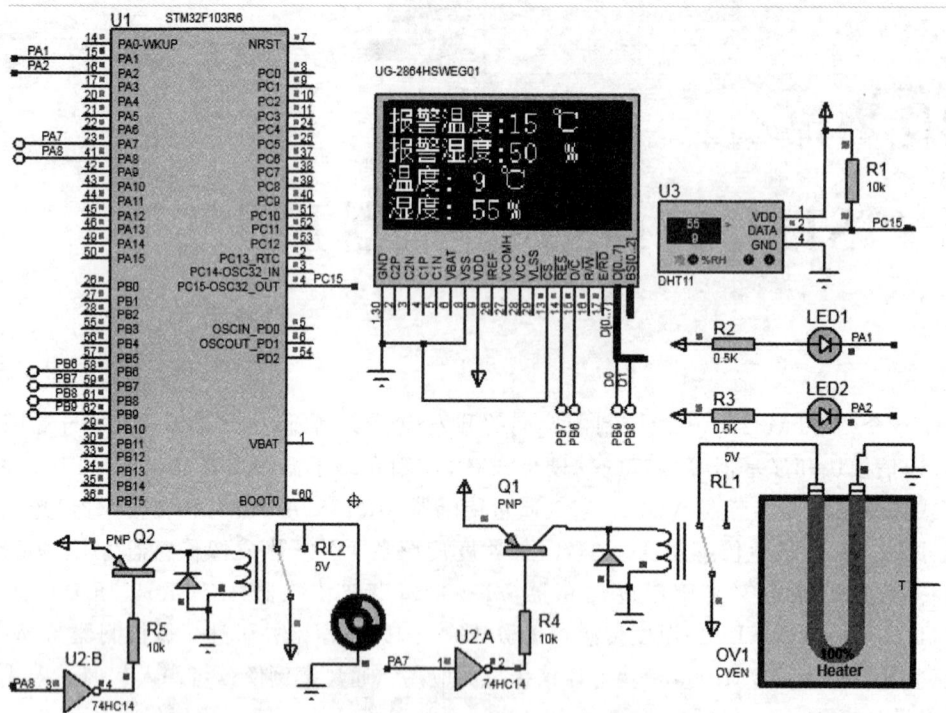

图 9-1　基于 DHT11 的环境温湿度控制仿真图

湿度 55% 高于设定值(50%),干燥电机正在工作且指示灯 LED2 闪亮。

3. 软件设计

根据实例要求,参考程序如下:

(1) main.c:

```c
#include "stm32f10x.h"
#include "stdio.h"
#define  Relay1 BIT_ADDR(GPIOA_ODR_Addr,7)
#define  Relay2 BIT_ADDR(GPIOA_ODR_Addr,8)
#define  LED1 BIT_ADDR(GPIOA_ODR_Addr,1)
#define  LED2 BIT_ADDR(GPIOA_ODR_Addr,2)
u8  wd=0;
u8  sd=0;
u8  set_temp_dat=15;
u8  set_hum_dat=50;
unsigned char display[180];                    //显示数组
void Relay_IO_Init(void);
void Display(void);
int main(void)
   {  int i=0;
```

```
        LCD_Init();
        DHT11_Init();                                    //温湿度传感器初始化
        Relay_IO_Init();
        while(1)
        {   i++;
            if(i==20)
            { i=0;
            DHT11_Read_Data(&wd,&sd); }
            Display();
    if(wd>=set_temp_dat)
            { Relay1=0;
                LED1=1; }
    else
            { Relay1=1;
                LED1=0; }
    if(sd>=set_hum_dat)
            { Relay2=1;
                LED2=0; }
        else
            { Relay2=0;
                LED2=1; } } }
void Display(void)
            { unsigned char xx[8]="%";
                sprintf((char *)display,"报警温度:%d℃",set_temp_dat);
                LCD_Print(0,0,display);
                sprintf((char *)display,"报警湿度:%d",set_hum_dat);
                LCD_Print(0,2,display);
                LCD_P8x16Str(95,2,xx);
                sprintf((char *)display,"温度:%d℃",wd);
                LCD_Print(0,4,display);
                sprintf((char *)display,"湿度:%d",sd);
                LCD_Print(0,6,display);
                LCD_P8x16Str(65,6,xx); }
void Relay_IO_Init(void)
{   GPIO_InitTypeDef GPIO_InitStructure;
    RCC_APB2PeriphClockCmd(RCC_APB2Periph_GPIOA, ENABLE);
    GPIO_InitStructure.GPIO_Pin=GPIO_Pin_8|GPIO_Pin_7|GPIO_Pin_2|GPIO_Pin_1;

    GPIO_InitStructure.GPIO_Mode=GPIO_Mode_Out_PP;
    GPIO_InitStructure.GPIO_Speed=GPIO_Speed_50MHz;
    GPIO_Init(GPIOA, &GPIO_InitStructure);
    GPIO_ResetBits(GPIOA,GPIO_Pin_7|GPIO_Pin_8);
    GPIO_SetBits(GPIOA,GPIO_Pin_2|GPIO_Pin_1); }
```

(2) DTH11.c：

```c
#include "DTH11.h"
  void delay(int32_t us)
{   while(us--)
    {      }}
void DHT11_IO_IN(void)
{GPIO_InitTypeDef GPIO_InitStructure;
GPIO_InitStructure.GPIO_Pin=IO_DHT11;
GPIO_InitStructure.GPIO_Mode=GPIO_Mode_IN_FLOATING;
GPIO_Init(GPIO_DHT11,&GPIO_InitStructure); }
void DHT11_IO_OUT(void)
{GPIO_InitTypeDef GPIO_InitStructure;
GPIO_InitStructure.GPIO_Pin=IO_DHT11;
GPIO_InitStructure.GPIO_Speed=GPIO_Speed_50MHz;
GPIO_InitStructure.GPIO_Mode=GPIO_Mode_Out_PP;
GPIO_Init(GPIO_DHT11,&GPIO_InitStructure); }
void DHT11_Rst(void)                              //复位 DHT11
{   DHT11_IO_OUT();
    DHT11_DQ_High;
    DHT11_DQ_Low;
    delay(25000);
    DHT11_DQ_High;
    delay(55); }
  u8 DHT11_Check(void)
  { u8 retry=0;
  DHT11_IO_IN();
    if(GPIO_ReadInputDataBit(GPIO_DHT11,IO_DHT11)==1)
      {   return 0;
      }else
    {   while(GPIO_ReadInputDataBit(GPIO_DHT11,IO_DHT11)==0 && (retry<200))
retry++;}
      delay(40);
      delay(40);
      return 1;}
  u8 DHT11_Read_Bit(void)
  {u8 retry=0;
  while((GPIO_ReadInputDataBit(GPIO_DHT11,IO_DHT11)==1)&&retry<100)
  {retry++;
  delay(2);}
  retry=0;
  while((GPIO_ReadInputDataBit(GPIO_DHT11,IO_DHT11)==0)&&retry<100)
  {retry++;
  delay(2);}
  delay(40);
  if(GPIO_ReadInputDataBit(GPIO_DHT11,IO_DHT11)==1)
```

```
return 1;
else
return 0; }
u8 DHT11_Read_Byte(void)
{   u8 i,dat;
     dat=0;
for (i=0;i<8;i++)
{   dat<<=1;
    dat|=DHT11_Read_Bit(); }
    return dat; }
u8 DHT11_Read_Data(u8 * temp,u8 * humi)
{   u8 buf[5];
    u8 i;
    DHT11_Rst();
        if(DHT11_Check()==0)
        {
        for(i=0;i<5;i++)
        {  buf[i]=DHT11_Read_Byte(); }
        if((buf[0]+buf[1]+buf[2]+buf[3])==buf[4])
        { * humi=buf[0];
         * temp=buf[2]; }
        }else return 1;
             return 0; }
void DHT11_Init(void)
{ RCC_APB2PeriphClockCmd(RCC_APB2Periph_GPIOC, ENABLE);
  DHT11_Rst();
  DHT11_Check(); }
uint8_t DHT_ByteRead(unsigned char * dat)
{   unsigned char temp=0;
    unsigned char x,y;
    unsigned char m=0;
    unsigned char n=0;
    unsigned char mask=0x01;
    unsigned char sum=0;
        DHT11_IO_IN();
    for(y=0;y<5;y++)
  {for(mask=0x80;mask!=0;mask>>=1)
    {   while(GPIO_ReadInputDataBit(GPIO_DHT11,IO_DHT11)==0&&m<200) m++;
        delay(30);
        if(GPIO_ReadInputDataBit(GPIO_DHT11,IO_DHT11)==1)
            temp|=mask;
        else
            temp&=(~mask);
```

```
        while(GPIO_ReadInputDataBit(GPIO_DHT11,IO_DHT11)==1&&n<200)n++;
    }
        *(dat+y)=temp;
        temp=0;}
for(x=0;x<4;x++)
        sum+=*(dat+x);
if((sum&=0xff)==*(dat+4))
        return 1;
else
        return 0;}
```

9.2　基于 Wi-Fi 和 Gizwits 的环境无线监测系统设计

1. 实例功能

基于 Wi-Fi 和 Gizwits 的环境无线监测系统结构如图 9-2 所示,采用 STM32F103C8T6 微控制器作为主控器,微控制器通过激光数字式颗粒物浓度传感器(粉尘传感器)A4-CG 获取 PM2.5 和 PM10 两种颗粒物浓度值,通过空气质量传感器 MQ135 获得有害气体值,通过温湿度传感器 DHT11 获取温度和湿度值,微控制器对获取的环境参数处理后,通过 Wi-Fi 模块 ESP8266-12F 发送给云服务器,用户通过手机上的机智云 App 可以实现实时监测环境参数。

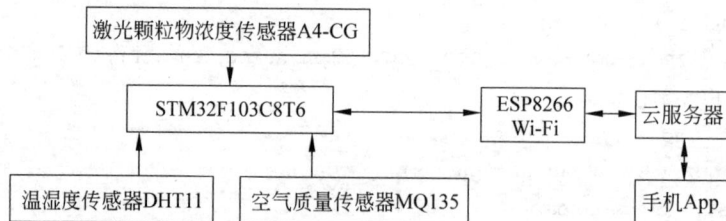

图 9-2　基于 Wi-Fi 和 Gizwits 的环境无线监测系统结构图

2. 硬件电路

基于 Wi-Fi 和 Gizwits 的环境无线监测系统电路原理如图 9-3 所示。

(1) 采集电路:STM32F103C8T6 微控制器的 USART1_RXD(PA10)连接 A4-CG 发送引脚 TXD;微控制器的 ADC1 第 6 通道 PA6 连接 MQ135 的 AOUT 引脚,采集传感器输出的模拟信号量并转换。PB8 连接 DHT11 传感器 DOUT 引脚。

(2) Wi-Fi 通信电路:微控制器的 USART2_RXD 连接 Wi-Fi 的发送引脚 TXD0,USART2_TXD 连接 Wi-Fi 的接收引脚 RXD0。

(3) 按键电路:①控制器 NRST 引脚连接微控制器复位按键 S1;②PA8 连接按键 S2,按下按键 S2,Wi-Fi 设备被配置为 Air-Link 模式连入互联网;③PA0 连接 Wi-Fi 复位按键 S3。

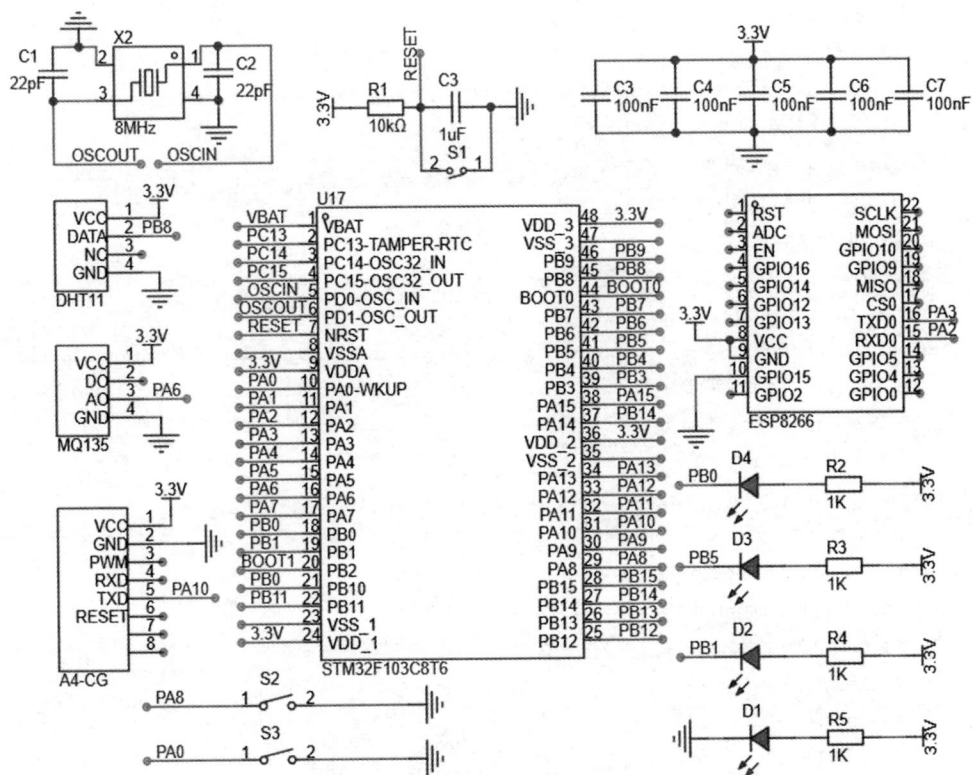

图 9-3　基于 Wi-Fi 和 Gizwits 的环境无线监测系统原理图

（4）LED 显示电路：①D1 指示灯连接电源 3.3V,为电源正常指示灯；②PB1 连接 D2 指示灯,当接收到远程控制命令使节点打开时,指示灯 D2 点亮；③PB5 连接 D3 指示灯,当按下 Wi-Fi 模式配置按键后,D3 点亮表示按键触发成功,否则触发失败；④PB0 连接 D4 指示灯,微控制器成功接收到一帧 PM2.5 数据就会触发 D4 闪烁。

3. 程序设计

系统主程序流程图如图 9-4 所示,首先对颗粒物浓度传感器、空气质量传感器、温湿度传感器、时钟、按键、机智云协议、LED 和中断等初始化,然后循环执行采集传感器数据、将采集数据上传给云服务器、按键扫描及配置 Wi-Fi 接入互联网模式等子程序。

参考程序如下。

（1）main.c:

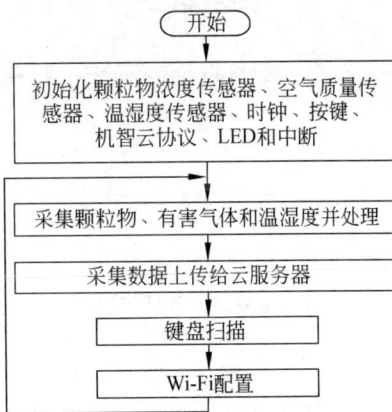

图 9-4　系统主程序流程图

```
#include "stm32f10x.h"
#include "led.h"
#include "delay.h"
```

```c
#include "key.h"
#include "sys.h"
#include "usart.h"
#include "timer.h"
#include "usart2.h"
#include "dht11.h"
#include "adc.h"
#include "gizwits_product.h"
dataPoint_t currentDataPoint;
u8 wifi_sta=0;                               //Wi-Fi 连接状态,wifi_sta 0: 断开,1: 已连接
void Gizwits_Init(void)
{   TIM3_Int_Init(9,7199);
    usart2_init(9600);
memset((uint8_t *)&currentDataPoint, 0, sizeof(dataPoint_t));
gizwitsInit();}
void userHandle(void)
{   static u8 temp,hum;
    static u16 adcx;
    u8 i=0;
    u16 sum=0;
    if(LED1==0)
    {currentDataPoint.valueSwitch=1;}
    else
    {currentDataPoint.valueSwitch=0;}
    if(USART_RX_STA&0x8000)
    {   for(i=0;i<30;i++)
        {sum+=USART_RX_BUF[i];}
        i=sum&0x00ff;
        if(i==USART_RX_BUF[31])
        {   currentDataPoint.valueDust_Air_Quality=USART_RX_BUF[7];
            currentDataPoint.valueDust_Air_Quality|=USART_RX_BUF[6]<<8;
            currentDataPoint.valuePeculiar_Air_Quality=USART_RX_BUF[9];
            currentDataPoint.valuePeculiar_Air_Quality|=USART_RX_BUF[8]<<8; }
        else
        { delay_ms(30);}
        sum=0;
        USART_RX_STA=0;}
    if(currentDataPoint.valueDust_Air_Quality<=100)
    {currentDataPoint.valueAir_Sensitivity=0;}
    if (100 < currentDataPoint  .valueDust_Air_Quality&&currentDataPoint
    .valueDust_Air_Quality<=240)
    {currentDataPoint.valueAir_Sensitivity=1;}
    if (240 < currentDataPoint. valueDust_Air_Quality&&currentDataPoint
```

```
        .valueDust_Air_Quality<=400)
     {currentDataPoint.valueAir_Sensitivity=2;}
      if ( 400 < currentDataPoint. valueDust _ Air _ Quality&&currentDataPoint
      .valueDust_Air_Quality<500)
     {currentDataPoint.valueAir_Sensitivity=3;}
      if(500<=currentDataPoint.valueDust_Air_Quality)
     {currentDataPoint.valueAir_Sensitivity=4;}
      DHT11_Read_Data(&temp,&hum);
      currentDataPoint.valueTemperature=temp;
      currentDataPoint.valueHumidity=hum;
      adcx=Get_Adc_Average(ADC_Channel_6,10);
      currentDataPoint.valueGas_Sensor=adcx;}
    int main(void)
    {   int key;
   uart_init(9600);
       Adc_Init();
   DHT11_Init();
   delay_init();
   KEY_Init();
   Gizwits_Init();
   LED_Init();
   NVIC_PriorityGroupConfig(NVIC_PriorityGroup_2);
  while(1)
   {userHandle();
       gizwitsHandle((dataPoint_t *)&currentDataPoint);
       key=KEY_Scan(0);
   if(GPIO_ReadInputDataBit(GPIOA,GPIO_Pin_8)==0
         {   LED1=0;
             printf("Wi-Fi 进入 AirLink 连接模式\r\n");
             gizwitsSetMode(WiFi_AIRLINK_MODE);      }
          if(key==WKUP_PRES)
         {   printf("Wi-Fi 复位,请重新配置连接\r\n");
             gizwitsSetMode(WIFI_RESET_MODE);
             wifi_sta=0; }
         delay_ms(100);   }   }
```

（2）usart.c：

```
#include "sys.h"
#include "usart.h"
#include "led.h"
#if SYSTEM_SUPPORT_OS
#include "includes.h"
#endif
```

```c
#if 1
#pragma import(__use_no_semihosting)
struct __FILE
{ int handle; };
FILE __stdout;
void _sys_exit(int x)
{ x =x; }
int fputc(int ch, FILE * f)
{   while((USART1->SR&0X40)==0);
    USART1->DR= (u8) ch;
return ch; }
#endif
u8 USART_RX_BUF[USART_REC_LEN];
u16 USART_RX_STA=0;
void uart_init(u32 bound){
    GPIO_InitTypeDef GPIO_InitStructure;
USART_InitTypeDef USART_InitStructure;
NVIC_InitTypeDef NVIC_InitStructure;
RCC_APB2PeriphClockCmd(RCC_APB2Periph_USART1|RCC_APB2Periph_GPIOA, ENABLE);

    GPIO_InitStructure.GPIO_Pin=GPIO_Pin_9;
    GPIO_InitStructure.GPIO_Speed=GPIO_Speed_50MHz;
    GPIO_InitStructure.GPIO_Mode=GPIO_Mode_AF_PP;
    GPIO_Init(GPIOA, &GPIO_InitStructure);
    GPIO_InitStructure.GPIO_Pin=GPIO_Pin_10;
    GPIO_InitStructure.GPIO_Mode=GPIO_Mode_IN_FLOATING;
    GPIO_Init(GPIOA, &GPIO_InitStructure);
    NVIC_InitStructure.NVIC_IRQChannel=USART1_IRQn;
    NVIC_InitStructure.NVIC_IRQChannelPreemptionPriority=3;
    NVIC_InitStructure.NVIC_IRQChannelSubPriority=3;
    NVIC_InitStructure.NVIC_IRQChannelCmd=ENABLE;
    NVIC_Init(&NVIC_InitStructure);
    USART_InitStructure.USART_BaudRate=bound;
    USART_InitStructure.USART_WordLength=USART_WordLength_8b;
    USART_InitStructure.USART_StopBits=USART_StopBits_1;
    USART_InitStructure.USART_Parity=USART_Parity_No;
    USART_InitStructure.USART_HardwareFlowControl=USART_
    HardwareFlowControl_None;
    USART_InitStructure.USART_Mode=USART_Mode_Rx | USART_Mode_Tx;
    USART_Init(USART1, &USART_InitStructure);
    USART_ITConfig(USART1, USART_IT_RXNE, ENABLE);
    USART_Cmd(USART1, ENABLE); }
void USART1_IRQHandler(void)
{   u8 Res,readdate=0;
    LED2=!LED2;
    if(USART_GetITStatus(USART1, USART_IT_RXNE)!=RESET)
```

```
{Res =USART_ReceiveData(USART1);
        if((USART_RX_STA)>=32)
        {USART_RX_STA|=0x8000;}
        else
        {   USART_RX_BUF[USART_RX_STA&0X3FFF]=Res;
            USART_RX_STA++;
            readdate=USART_RX_BUF[0]&0xff;
        if(readdate!=0x32)
            {USART_RX_STA=0;}}}}
```

(3) adc.c//MQ135 传感器有害气体检测程序:

```
#include "adc.h"
#include "delay.h"
void Adc_Init(void)
{   ADC_InitTypeDef ADC_InitStructure;
    GPIO_InitTypeDef GPIO_InitStructure;
    RCC_APB2PeriphClockCmd(RCC_APB2Periph_GPIOA | RCC_APB2Periph_ADC1,
    ENABLE);
    RCC_APB2PeriphResetCmd(RCC_APB2Periph_ADC1,ENABLE);
    RCC_APB2PeriphResetCmd(RCC_APB2Periph_ADC1,DISABLE);
    RCC_ADCCLKConfig(RCC_PCLK2_Div6);
    GPIO_InitStructure.GPIO_Pin=GPIO_Pin_6;
    GPIO_InitStructure.GPIO_Mode=GPIO_Mode_AIN;
    GPIO_Init(GPIOA, &GPIO_InitStructure);
    ADC_DeInit(ADC1);
    ADC_InitStructure.ADC_Mode=ADC_Mode_Independent;
    ADC_InitStructure.ADC_ScanConvMode=DISABLE;
    ADC_InitStructure.ADC_ContinuousConvMode=DISABLE;
    ADC_InitStructure.ADC_ExternalTrigConv=ADC_ExternalTrigConv_None;
    ADC_InitStructure.ADC_DataAlign=ADC_DataAlign_Right;
    ADC_InitStructure.ADC_NbrOfChannel=1;
    ADC_Init(ADC1, &ADC_InitStructure);
    ADC_Cmd(ADC1, ENABLE);
    ADC_ResetCalibration(ADC1);
    while(ADC_GetResetCalibrationStatus(ADC1));
    ADC_StartCalibration(ADC1);
    while(ADC_GetCalibrationStatus(ADC1));
    ADC_SoftwareStartConvCmd(ADC1, ENABLE);}
u16 Get_Adc(u8 ch)
  {ADC_RegularChannelConfig(ADC1, ch, 1, ADC_SampleTime_239Cycles5);
    ADC_SoftwareStartConvCmd(ADC1, ENABLE);
    while(!ADC_GetFlagStatus(ADC1, ADC_FLAG_EOC));
    return ADC_GetConversionValue(ADC1);}
```

```
u16 Get_Adc_Average(u8 ch, u8 times)
{   u32 temp_val=0;
    u8 t;
    for(t=0;t<times;t++)
    {   temp_val+=Get_Adc(ch);
        delay_ms(5);    }
    return temp_val/times;}
```

（4）Wi-Fi 协议：

系统向机智云 App 上传数据内容：①"开关"，包括关闭和开始两个状态；②空气质量设定；③环境温度；④环境湿度；⑤PM2.5；⑥PM10；⑦可燃/有害气体。

```
typedef struct {
  bool valueSwitch;
  uint32_t valueAir_Sensitivity;
  uint32_t valueTemperature;
  uint32_t valueHumidity;
  uint32_t valueDust_Air_Quality;
  uint32_t valuePeculiar_Air_Quality;
  uint32_t valueGas_Sensor;
} dataPoint_t;
```

4. 系统实现

系统界面显示当前环境数据，如图 9-5 所示。

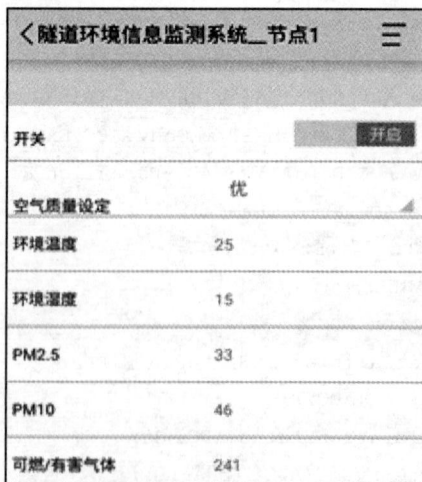

图 9-5　系统结果图

9.3　基于 Wi-Fi 和 MQTT 的水位监测报警系统设计

1. 实例功能

系统结构如图 9-6 所示,系统由 STM32F103C8T6 微控制器、Arduino 谐振式液位传感器、OLED 显示屏、SG90 舵机、ESP8266 Wi-Fi 模块、LED、蜂鸣器和独立按键等组成。系统功能如下:

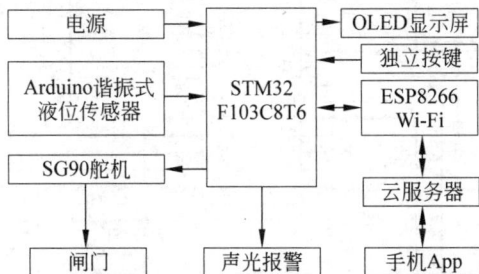

图 9-6　基于 Wi-Fi 和 MQTT 的水位监测报警系统结构图

(1) 微控制器通过串口接收 Arduino 液位传感器采集的当前水位值,如果水位值超过设定的水位阈值则蜂鸣器报警,LED 闪烁,SG90 舵机启动,闸门打开。如果没有超过设定的水位阈值则蜂鸣器不报警,LED 不亮,SG90 舵机不启动,闸门关闭。

(2) 微控制器通过 OLED 显示屏显示当前水位值、水位阈值、当前模式和闸门状态信息。

(3) 每隔 1s,微控制器通过 Wi-Fi 模块将当前水位值、水位阈值、当前模式和闸门状态上传到云平台。

(4) 微控制器通过 Wi-Fi 模块,采用 MQTT 协议接收手机 App 设置的水位阈值、手动或自动模式、闸门的打开或闭合等数据。

(5) 实现手机 App 和硬件系统的信息互传。通过手机 App,能够查看当前水位值、设定的水位阈值、水位的状态是否异常、闸门的状态是否打开。同时可以设置水位阈值、切换手动/自动模式和控制闸门的打开/关闭状态。

(6) 手机 App 和按键均可切换为手动模式,控制闸门打开和关闭。

2. 硬件电路

本实例的硬件电路原理图如图 9-7 所示。

(1) 采集电路:STM32F103C8T6 微控制器的 USART2_RXD(PA3)连接液位传感器发送引脚 TXD,USART2_TXD(PA2)连接液位传感器接收引脚 RXD。

(2) Wi-Fi 通信电路:微控制器的 USART3_RXD(PB11)连接 Wi-Fi 的发送引脚 TXD,微控制器的 USART3_TXD(PB10)连接 Wi-Fi 的接收引脚 RXD。

(3) 按键电路:PB15~PB12 分别连接按键 SW1~SW4 一端,按键另一端接地。

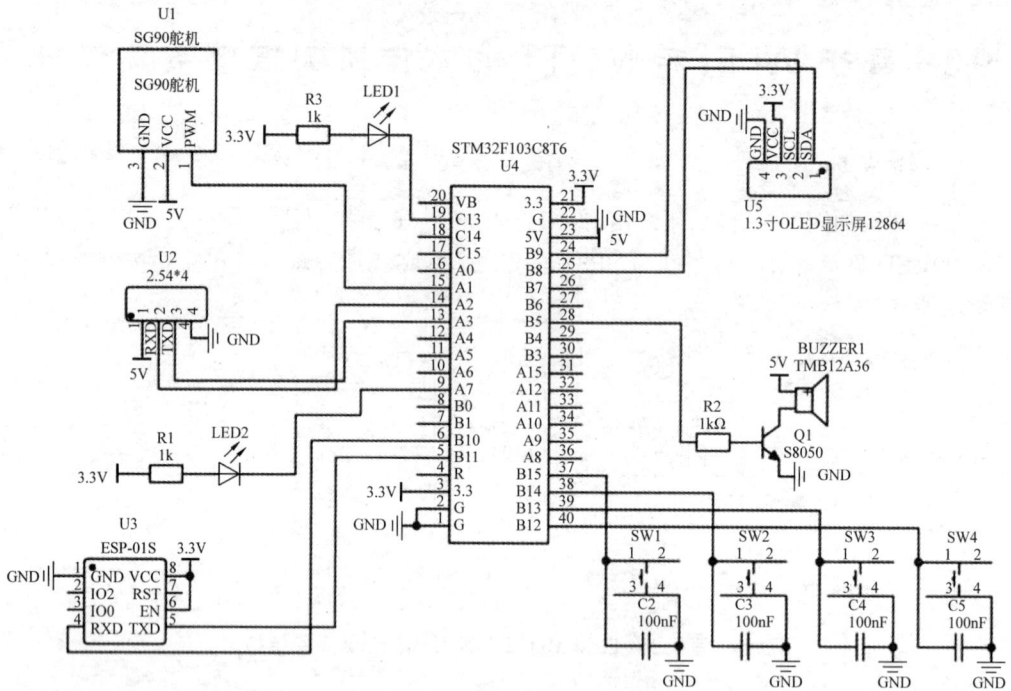

图 9-7　系统硬件电路原理图

（4）LED 显示电路：PC13 连接 LED1 的阴极端，PA7 连接 LED2 的阴极端。

（5）PA1 连接 SG90 舵机的 PWM 引脚。

（6）PB8 和 PB9 分别连接 I2C 通信 4 针 OLED 显示屏的 SDA 和 SCL 引脚。

（7）PB5 通过电阻连接蜂鸣器驱动电路 NPN 管的基极，当 PB5 输出高电平时，蜂鸣器响。

3. 程序设计

系统主程序流程图如图 9-8 所示，首先初始化系统、串口、LED、按键、蜂鸣器、OLED 显示屏、Wi-Fi 模块和定时器等，建立 MQTT 协议连接，订阅云平台，下发 TOPIC。然后进入无限循环，处理串口接收的手机 App 数据，采集水位数据，扫描按键，判断每到 200ms，执行 OLED 显示，且在水位超过阈值时，蜂鸣器响、LED 亮、在自动模式下舵机启动、闸门打开，接着判断每到 500ms 时，LED 亮，每到 1s 时，向云平台上传当前水位值（uint16_t wl）、水位阈值（uint16_t wl_thres）、闸门状态（bool gate）、水位状态（bool wl_status）、当前模式（bool mode）。

参考程序如下。

（1）main.c：

```
#include "stm32f10x.h"
#include "LED.h"
#include "usart.h"
#include "tim.h"
```

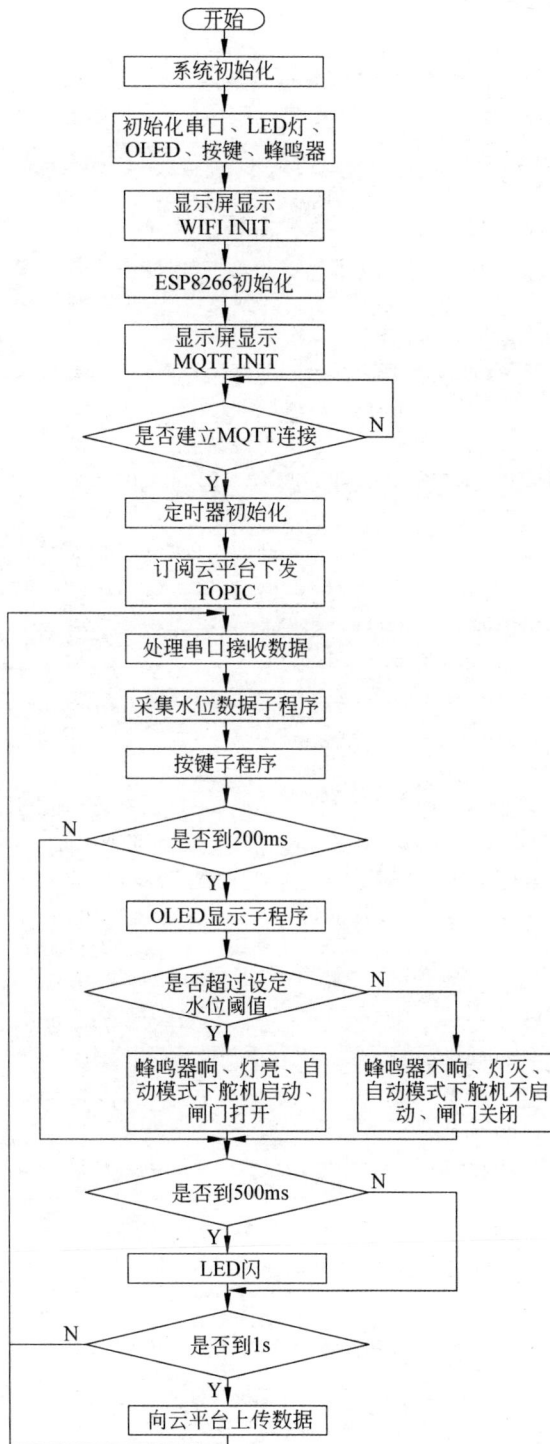

图 9-8　系统主程序流程图

```
# include "esp8266.h"
# include "oled.h"
```

```
#include "delay.h"
#include "key.h"
#include "mqtt.h"
#include "cJSON.h"
#include "wl.h"
#include "beep.h"
#include "serve.h"
char mqtt_buffer[500];
#define PRODUCT_ID "OY7HJZEP1H"
#define DEVICE_NAME "STM32_FP"
#define TOKEN "e98ae664c0852f2b3ac6583f4df2c41e935726840495c50f0aab921ab1e92acb;
hmacsha256"
#define CLIENTID DEVICE_NAME
#define USERNAME "OY7HJZEP1HSTM32_FP;12010126;LBH85;1742545106"
#define PASSWORD TOKEN
#define SET_TOPIC "$thing/down/property/"PRODUCT_ID"/"DEVICE_NAME
#define POST_TOPIC "$thing/up/property/"PRODUCT_ID"/"DEVICE_NAME
volatile bool time_10ms_flag=false;
volatile bool time_200ms_flag=false;
volatile bool time_500ms_flag=false;
volatile bool time_1s_flag=false;
volatile uint16_t time_1ms=0;
void TIM3_IRQHandler(void)
{   if(TIM_GetITStatus(BASICTIM_X,TIM_IT_Update))
{   TIM_ClearITPendingBit(BASICTIM_X,TIM_IT_Update);
    time_1ms++;
    if(time_1ms%10==0)                          //10ms
    {time_10ms_flag=true;}
    if(time_1ms%200==0)                         //200ms
    {time_200ms_flag=true;}
    if(time_1ms%500==0)                         //500ms
    {time_500ms_flag=true;}
    if(time_1ms%1000==0)                        //1000ms
    {time_1s_flag=true;}
    if(time_1ms>=10000)
    {time_1ms=0;}}}
void MQTT_Upload()
{sprintf(mqtt_buffer,"{\"method\":\"report\",\"clientToken\":\"123\",
\"params\":{\"wl_value\":%d,\"wl_thres\":%d,\"gate\":%d,\"wl_status\":%d,
\"mode\":%d}}",
device_param.wl,device_param.wl_thres,device_param.gate,device_param.wl_
status,device_param.mode);
MQTT_PublishData(POST_TOPIC,mqtt_buffer,0); }
void USART_Task()
```

```
{   char * json_start;
    cJSON * root;
    cJSON * params;
    cJSON * mode;
    cJSON * gate;
    cJSON * wl_thres;
    if( * esp8266_receive.receive_finsh_flag)
    {   * esp8266_receive.receive_finsh_flag=false;
        json_start=strstr((char * ) &esp8266_receive.receive_data[10], "{");
        if(json_start)
        {   root=cJSON_Parse(json_start);
            if(root)
            {params=cJSON_GetObjectItem(root, "params");
              if(params)
              {mode=cJSON_GetObjectItem(params, "mode");
                if(mode)
                {device_param.mode=mode->valueint; }
                gate=cJSON_GetObjectItem(params, "gate");
                if(gate)
                {   device_param.gate=gate->valueint;
                    if(device_param.gate)
                    {Serve_SetAngle(2, 90);
                    }else
                    {Serve_SetAngle(2, 0); }}
                wl_thres=cJSON_GetObjectItem(params, "wl_thres");
                if(wl_thres)
                {device_param.wl_thres=wl_thres->valueint; }
              }
            cJSON_Delete(root); }     }
    * esp8266_receive.receive_len=0;   }}
int main(void)
{   char dis_buff[128];
    delay_init();
    delay_ms(1000);
    SYS_Init();                                 //系统初始化
    USART_Config();                             //串口初始化
    LED_Init();                                 //LED初始化
    Key_GPIO_Init();                            //按键初始化
    BEEP_Init();
    OLED_Init();
    OLED_Clear();
    OLED_ShowCENStr(16, 24, "WIFI INIT...", OLED_FONT_16, true);
    OLED_Refresh();
    while(!ESP8266_Init(USART3));
```

```c
OLED_Clear();
OLED_ShowCENStr(16,24,"MQTT INIT...",OLED_FONT_16,true);
OLED_Refresh();
while(1)
{   MQTT_Init();
    if(MQTT_Connect(CLIENTID,USERNAME,PASSWORD)==0)
        break;
    delay_ms(500);}
Tim_Init();
Serve_Init();
Serve_SetAngle(2,0);
delay_ms(100);
MQTT_SubscribeTopic(SET_TOPIC,0,1);
device_param.wl_thres=100;
OLED_Clear();
while(1)
{   USART_Task();
    Water_Level_Task();
    if(time_10ms_flag)                          //10ms
    {   time_10ms_flag=false;
        switch(Key_Scan())
        {   case 0:
            if(device_param.wl_thres<1000)
            {device_param.wl_thres +=10;}
            break;
          case 1:
            if(device_param.wl_thres>0)
            {device_param.wl_thres-=10;}
            break;
          case 2:
            device_param.gate=!device_param.gate;
            if(device_param.gate)
            {Serve_SetAngle(2,90);
            }else
            {Serve_SetAngle(2,0);}
            break;
          case 3:
            device_param.mode=!device_param.mode;
            break;
          default:
            break;}}
    if(time_200ms_flag)
    {   time_200ms_flag=false;
        OLED_ShowCENStr(0,0," ",OLED_FONT_16,true);
        sprintf(dis_buff,"水位:%dmm",device_param.wl);
        OLED_ShowCENStr(0,0,dis_buff,OLED_FONT_16,true);
```

```
            OLED_ShowCENStr(0,16," ",OLED_FONT_16,true);
            sprintf(dis_buff,"水位阈值:%dmm",device_param.wl_thres);
            OLED_ShowCENStr(0,16,dis_buff,OLED_FONT_16,true);
            OLED_ShowCENStr(0,32," ",OLED_FONT_16,true);
            if(device_param.gate)
            {OLED_ShowCENStr(0,32,"闸门:开",OLED_FONT_16,true);
            }else
            {OLED_ShowCENStr(0,32,"闸门:关",OLED_FONT_16,true);}
            OLED_ShowCENStr(0,32," ",OLED_FONT_16,true);
            if(device_param.gate)
            {OLED_ShowCENStr(0,32,"闸门:开",OLED_FONT_16,true);
            }else
            {OLED_ShowCENStr(0,32,"闸门:关",OLED_FONT_16,true);}
            OLED_ShowCENStr(0,48," ",OLED_FONT_16,true);
            if(device_param.mode)
            {OLED_ShowCENStr(0,48,"模式:手动",OLED_FONT_16,true);
            }else
            {OLED_ShowCENStr(0,48,"模式:自动",OLED_FONT_16,true);}
            if(device_param.wl >device_param.wl_thres)
            {   BEEP_Tigger();
                Alarm_LED_Toggle();
                if(!device_param.mode)
                {   Serve_SetAngle(2,90);
                    device_param.gate=1;}
                device_param.wl_status=1;
                }else
                {BEEP_Close();
                    if(!device_param.mode)
                    {   Serve_SetAngle(2,0);
                        device_param.gate=0;}
                    Alarm_LED_OFF();
                    device_param.wl_status=0;}
            OLED_Refresh();}
        if(time_500ms_flag)
        {   time_500ms_flag=false;
            SYS_LED_Toggle();}
        if(time_1s_flag)
        {   time_1s_flag=false;
            MQTT_Upload();}}}
```

(2) 水位传感器检测程序 wl.c：

```
#include "wl.h"
#include<stdlib.h>
void Water_Level_Task()
{uint8_t * data=0;
```

```
int16_t temp;
char * wl_data;
if(usart2_struct.rx_finish_flag)
{   data=usart2_struct.rx_data;
    wl_data=strstr((char*)data,"#");
    if(wl_data)
    {   wl_data++;
if(wl_data[0]!='X' && wl_data[1]!='X' && wl_data[2]!='X' && wl_data[3]!='X')
    {temp=atoi((char*)wl_data);
        if(temp<0)
        {temp=0;}
        device_param.wl=temp;
    }else
    {device_param.wl=1000;}}
    usart2_struct.rx_finish_flag=false;
    usart2_struct.rx_len=0;}}
```

4. 系统实现

系统实物如图 9-9 所示，检测到水位为 170mm。

图 9-9　系统实物

9.4　基于光强度传感器 BH1750 和颜色传感器 TCS3472 的照明舒适度检测系统设计

1. 实例功能

系统硬件结构如图 9-10 所示，由 STM32F103C8T6 微控制器、数字光强度传感器 BH1750、颜色传感器 TCS3472、0.96 英寸（1in＝2.54cm）OLED 显示屏、ESP8266Wi-Fi 模块、按键、移动电源和手机 App 组成。系统功能如下：

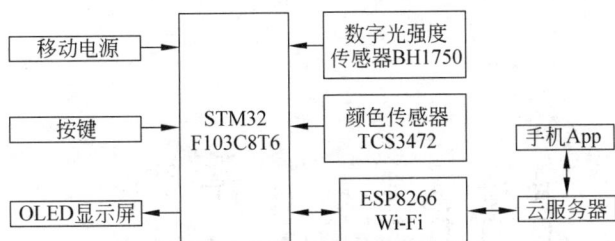

图 9-10　系统硬件结构图

（1）STM32F103C8T6 微控制器通过数字光强度传感器 BH1750 采集照度值，通过颜色传感器 TCS3472 采集色温值。

（2）设置 4 个按键，每个按键按下代表一个场景，模仿大客流站厅、小客流站厅、大客流站台、小客流站台 4 种场景。

（3）微控制器根据相应场景下的照度标准值和色温标准值，将采集到的色温值和照度值与标准值进行比较，得到此时车站照明舒适度等级，并在 0.96 英寸 OLED 显示屏上显示场景、舒适度等级、舒适性。

（4）微控制器通过 ESP8266Wi-Fi 模块将场景、舒适度等级、舒适性、照度值和色温值传输到阿里云服务器，手机 App 从阿里云服务器获取数据后实时显示，显示内容为场景、舒适性、舒适度等级、照度数值、色温数值。

2. 硬件电路

照明舒适度检测系统硬件电路原理图如图 9-11 所示。

（1）采集电路：STM32F103C8T6 微控制器的 PA4、PA5、PA6 分别与数字光强度传感器 BH1750 的 SCL、SDA 和 ADDR 连接；PB8、PB9 分别与颜色传感器 TCS3472 的 SCL、SDA 连接。

（2）Wi-Fi 通信电路：微控制器的 USART2_TX（PA2）连接 Wi-Fi 的接收引脚 RXD0。USART2_RX（PA3）连接 Wi-Fi 的发送引脚 TXD0。

（3）按键电路：PB12～PB15 分别连接按键 KEY1～KEY4 一端，按键另一端接地。

（4）OLED 显示电路：PB10、PB11 分别与 OLED 的 SCL 和 SDA 连接。

3. 程序设计

系统主程序流程图如图 9-12 所示，首先完成系统外设资源初始化，接着进入无限循环程序：调用按键扫描子程序确定当前场景，采集照度值，采集色温数据并计算出色温值后，根据场景对应的照度标准值和色温标准值评价当前照度舒适性和色温舒适性，通过照度和色温舒适性综合评价当前照明舒适度等级。调用 OLED 显示屏显示子程序评价结果，最后通过 Wi-Fi 模块将数据与评价结果发送到阿里云服务器，延时 200ms 后继续循环。

参考程序如下：

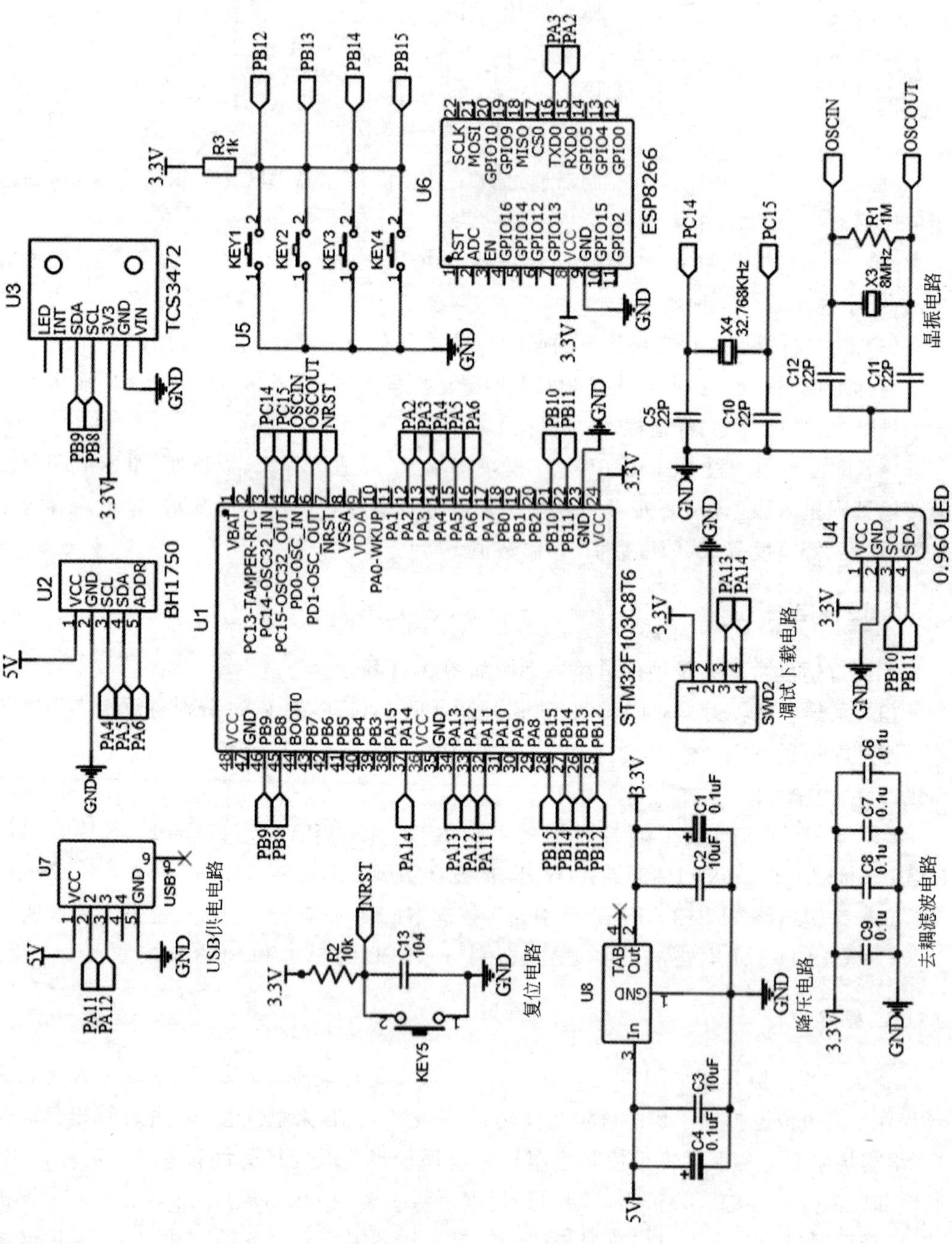

图 9-11 照明舒适度检测系统硬件电路原理图

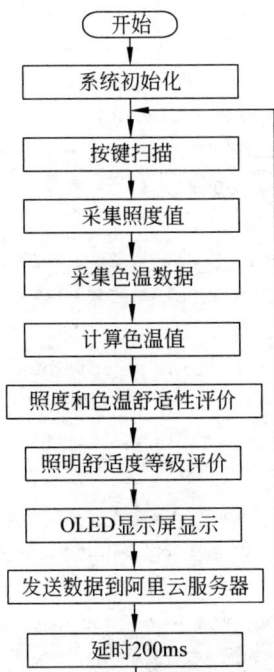

图 9-12 系统主程序流程图

(1) main.c:

```c
#include "Public.h"
u8 Light=0;
float Light_num=0;
u8 scene=0;
char dengji=0; char str[50];
u8 colour=0;
float colour_num=0;
float colour_u=0;
float colour_v=0;
float colour_x=0;
float colour_y=0;
float colour_z=0;
float colour_dayu=0;
u32 RGB888=0;
u32 RGB565=0;
RGB rgb;
u8 R_Dat=0,G_Dat=0,B_Dat=0;
int main(void)
{   System_Init();
    while(1)
    {   Key_Pro();
        ESP8266_send();
```

```
Light_num=LIght_Intensity();
rgb=TCS34725_Get_RGBData();
RGB888=TCS34725_GetRGB888(rgb);
RGB565=TCS34725_GetRGB565(rgb);
R_Dat=(RGB888>>16);
G_Dat=(RGB888>>8) & 0xff;
B_Dat=(RGB888) & 0xff;
colour_x=0.4124564*R_Dat+0.3575761*G_Dat+0.1804375*B_Dat;
colour_y=0.2126729*R_Dat+0.7151522*G_Dat+0.0721750*B_Dat;
colour_z=0.0193339*R_Dat+0.1191920*G_Dat+0.9503041*B_Dat;
colour_u=colour_x/(colour_x+colour_y+colour_z);
colour_v=colour_y/(colour_x+colour_y+colour_z);
colour_num=(colour_u-0.3320)/(0.1858-colour_v);
if(colour_num>0)
{colour_dayu=501.966*colour_num*colour_num*colour_num+
442.930*colour_num*colour_num+106.478*colour_num+55.30;    }
else
{colour_dayu=437*colour_num*colour_num*colour_num+3601*colour_num*
colour_num+6861*colour_num+5517;}
if(scene==0)
{if (!i2c_CheckDevice(BH1750_Addr))
    {if(LIght_Intensity()>100&&LIght_Intensity()<200)
        {Light=1;    }
    else
        {Light=0;    }    }
if(colour_dayu<5300 & colour_dayu>4000)
    {colour=1;}
    else
    {colour=0;}
OLED_ShowChinese(40,0,"站厅大");
OLED_ShowChinese(0,43,"舒适性");
OLED_ShowChinese(0,20,"等级");
sprintf(str,":");
OLED_ShowString(50,43,str,8);
sprintf(str,":");
OLED_ShowString(50,20,str,8);}
if(scene==1)
{   if (!i2c_CheckDevice(BH1750_Addr))
        {if(LIght_Intensity()>50&&LIght_Intensity()<150)
            {Light=1;
            }else
            {Light=0;}}
        if(colour_dayu<4000 & colour_dayu>3300)
        {colour=1;}
```

```
        else
        {colour=0;}
    OLED_ShowChinese(40,0,"站厅小");
    OLED_ShowChinese(0,43,"舒适性");
    OLED_ShowChinese(0,20,"等级");
    sprintf(str,":");
  OLED_ShowString(50,43,str,8);
    sprintf(str,":");
  OLED_ShowString(50,20,str,8);}
if(scene==2)
{if(!i2c_CheckDevice(BH1750_Addr))
        {if(LIght_Intensity()>150&&LIght_Intensity()<200)
            {Light=1;
            }else
            {Light=0;}}
        if(colour_dayu<5300 & colour_dayu>4000)
        {colour=1;}
        else
        {colour=0;}
    OLED_ShowChinese(40,0,"站台大");
    OLED_ShowChinese(0,43,"舒适性");
    OLED_ShowChinese(0,20,"等级");
    sprintf(str,":");
  OLED_ShowString(50,43,str,8);
    sprintf(str,":");
  OLED_ShowString(50,20,str,8);}
  if(scene==3)
  {   if(!i2c_CheckDevice(BH1750_Addr))
        {if(LIght_Intensity()>50&&LIght_Intensity()<150)
            {Light=1;
            }else
            {Light=0;}}
        if(colour_dayu<4000 & colour_dayu>3300)
        {colour=1;}
        else
        {colour=0;}
    OLED_ShowChinese(40,0,"站台小");
    OLED_ShowChinese(0,43,"舒适性");
    OLED_ShowChinese(0,20,"等级");
    sprintf(str,":");
  OLED_ShowString(50,43,str,8);
    sprintf(str,":");
  OLED_ShowString(50,20,str,8);}
  if(Light==1&&colour==1)
```

```
            {           OLED_ShowChinese(60,43,"舒适");
                        OLED_ShowChar(60,20,'A',OLED_8X16);
                        dengji=1;}
            if(Light==1&&colour==0)
            {           OLED_ShowChinese(60,43,"一般");
                        OLED_ShowChar(60,20,'B',OLED_8X16);
                        dengji=2;}
            if(Light==0&&colour==1)
            {           OLED_ShowChinese(60,43,"一般");
                        OLED_ShowChar(60,20,'B',OLED_8X16);
                        dengji=2; }
            if(Light==0&&colour==0)
            {           OLED_ShowChinese(60,43,"不舒适");
                        OLED_ShowChar(60,20,'C',OLED_8X16);
                        dengji=3;}
        delay_ms(250);
        OLED_Update();}}
```

(2) 数字光强度传感器 BH1750 检测程序 GY30.c：

```c
#include "Public.h"
#include "sys.h"
static void I2C_BH1750_GPIOConfig(void);
static void i2c_Delay(void)
{uint8_t i;
    for (i=0; i<10; i++);}
void i2c_Start(void)
{   BH1750_I2C_SDA_1();
    BH1750_I2C_SCL_1();
    i2c_Delay();
    BH1750_I2C_SDA_0();
    i2c_Delay();
    BH1750_I2C_SCL_0();
    i2c_Delay();}
void i2c_Stop(void)
{   BH1750_I2C_SDA_0();
    BH1750_I2C_SCL_1();
    i2c_Delay();
    BH1750_I2C_SDA_1();}
void i2c_SendByte(uint8_t _ucByte)
{uint8_t i;
    for (i=0; i<8; i++)
    {if (_ucByte & 0x80)
        {BH1750_I2C_SDA_1();}
        else
```

```
            {BH1750_I2C_SDA_0();}
        i2c_Delay();
        BH1750_I2C_SCL_1();
        i2c_Delay();
        BH1750_I2C_SCL_0();
        if (i==7)
        { BH1750_I2C_SDA_1();}
        _ucByte<<=1;
        i2c_Delay();}}
uint8_t i2c_ReadByte(void)
{uint8_t i;
    uint8_t value;
    value=0;
    for (i=0; i<8; i++)
    {   value<<=1;
        BH1750_I2C_SCL_1();
        i2c_Delay();
        if (BH1750_I2C_SDA_READ())
        {value++;}
        BH1750_I2C_SCL_0();
        i2c_Delay();}
    return value;}
uint8_t i2c_WaitAck(void)
{uint8_t re;
    BH1750_I2C_SDA_1();
    i2c_Delay();
    BH1750_I2C_SCL_1();
    i2c_Delay();
    if (BH1750_I2C_SDA_READ())
        re=1;
    else
        re=0;
    BH1750_I2C_SCL_0();
    i2c_Delay();
    return re;}
void i2c_Ack(void)
{BH1750_I2C_SDA_0();
    i2c_Delay();
    BH1750_I2C_SCL_1();
    i2c_Delay();
    BH1750_I2C_SCL_0();
    i2c_Delay();
    BH1750_I2C_SDA_1();}
void i2c_NAck(void)
```

```
{BH1750_I2C_SDA_1();
    i2c_Delay();
    BH1750_I2C_SCL_1();
    i2c_Delay();
    BH1750_I2C_SCL_0();
    i2c_Delay();}
static void I2C_BH1750_GPIOConfig(void)
{GPIO_InitTypeDef GPIO_InitStructure;
    RCC_APB2PeriphClockCmd(BH1750_RCC_I2C_PORT, ENABLE);
    GPIO_InitStructure.GPIO_Pin=BH1750_I2C_SCL_PIN | BH1750_I2C_SDA_PIN;
    GPIO_InitStructure.GPIO_Speed=GPIO_Speed_50MHz;
    GPIO_InitStructure.GPIO_Mode=GPIO_Mode_Out_OD;
    GPIO_Init(BH1750_GPIO_PORT_I2C, &GPIO_InitStructure);
    i2c_Stop();}
uint8_t i2c_CheckDevice(uint8_t _Address)
    {uint8_t ucAck;
    i2c_Start();
    i2c_SendByte(_Address | BH1750_I2C_WR);
    ucAck=i2c_WaitAck();
    i2c_Stop();
    return ucAck;}
uint8_t BH1750_Byte_Write(uint8_t data)
    {i2c_Start();
    i2c_SendByte(BH1750_Addr|0);
    if(i2c_WaitAck()==1)
        return 1;
    i2c_SendByte(data);
    if(i2c_WaitAck()==1)
        return 2;
    i2c_Stop();
    return 0;}
uint16_t BH1750_Read_Measure(void)
    {uint16_t receive_data=0;
    i2c_Start();
    i2c_SendByte(BH1750_Addr|1);
    if(i2c_WaitAck()==1)
        return 0;
    receive_data=i2c_ReadByte();
    i2c_Ack();
    receive_data=(receive_data<<8)+i2c_ReadByte();
    i2c_NAck();
    i2c_Stop();
    return receive_data;}
void BH1750_Power_ON(void)
```

```
{BH1750_Byte_Write(POWER_ON);}
void BH1750_Power_OFF(void)
{BH1750_Byte_Write(POWER_OFF);}
void BH1750_RESET(void)
{BH1750_Byte_Write(MODULE_RESET);}
void BH1750_Init(void)
{I2C_BH1750_GPIOConfig();
    BH1750_Power_ON();
    BH1750_Byte_Write(Measure_Mode);}
float LIght_Intensity(void)
{return (float)(BH1750_Read_Measure()/10.1f * Resolurtion);}
```

(3) 颜色传感器检测程序 TCS3472.c：

```
#include "TCS3472.h"
#include "delay.h"
float INTEGRATION_CYCLES_MIN=1.0f;
float INTEGRATION_CYCLES_MAX=256.0f;
float INTEGRATION_TIME_MS_MIN=2.4f;
float INTEGRATION_TIME_MS_MAX=2.4 * 256.0f;
uint8_t C_Dat[8]={0};
uint8_t TCS34725_ReadWord(uint8_t * pBuffer, uint8_t ReadAddr, uint16_t
NumByteToRead)
{   TCS34725_IIC_start();
    TCS34725_IIC_write_byte(TCS34725_ADDRESS);
    TCS34725_IIC_Get_ack();
    TCS34725_IIC_write_byte(TCS34725_CMD_BIT|ReadAddr);
    TCS34725_IIC_Get_ack();
    TCS34725_IIC_start();
    TCS34725_IIC_write_byte(TCS34725_ADDRESS+1);
    TCS34725_IIC_Get_ack();
    while(NumByteToRead)
    {   * pBuffer=TCS34725_IIC_read_byte();
        if(NumByteToRead==1)
        {   TCS34725_IIC_NACK();
        TCS34725_IIC_stop();    }
        else
        {TCS34725_IIC_ACK();}
        pBuffer++;
        NumByteToRead--; }
    return 0;}
    uint8_t TCS34725_WriteByte(uint8_t addr,uint8_t data)
    {   TCS34725_IIC_start();
        TCS34725_IIC_write_byte(TCS34725_ADDRESS);
        TCS34725_IIC_Get_ack();
```

```c
        TCS34725_IIC_write_byte(TCS34725_CMD_BIT|addr);
        TCS34725_IIC_Get_ack();
        TCS34725_IIC_write_byte(data);
        TCS34725_IIC_Get_ack();
        return 0;}
    uint8_t TCS34725_Init(void)
    {   uint8_t ID=0;
    TCS34725_ReadWord(&ID, TCS34725_ID, 1);
    if(ID!=0x44 && ID !=0x4D)
    {return 1;      }
    TCS34725_WriteByte(TCS34725_CMD_Read_Byte,TCS34725_ENABLE_AIEN|TCS34725_
ENABLE_AEN|TCS34725_ENABLE_PON);
        TCS34725_WriteByte(TCS34725_PERS,TCS34725_PERS_NONE);
        TCS34725_WriteByte(TCS34725_CONTROL,TCS34725_GAIN_60X);
        return 0;}
    void integrationTime(float ms)
    {   uint8_t data;
        if (ms<INTEGRATION_TIME_MS_MIN) ms=INTEGRATION_TIME_MS_MIN;
        if (ms>INTEGRATION_TIME_MS_MAX) ms=INTEGRATION_TIME_MS_MAX;
         data=(uint8_t)(256.f -ms / INTEGRATION_TIME_MS_MIN);
        TCS34725_WriteByte(TCS34725_ATIME,data);}
    RGB TCS34725_Get_RGBData(void)
    {    RGB temp;
        uint8_t STATUS_AINT=0;
        while(STATUS_AINT!=(TCS34725_STATUS_AINT|TCS34725_STATUS_AVALID))
        {TCS34725_ReadWord(&STATUS_AINT,TCS34725_STATUS,1);      }
        TCS34725_ReadWord(C_Dat,TCS34725_CDATAL | TCS34725_CMD_Read_Word,8);
        temp.C=(uint16_t)C_Dat[1]<<8|C_Dat[0];
        temp.R=(uint16_t)C_Dat[3]<<8|C_Dat[2];
        temp.G=(uint16_t)C_Dat[5]<<8|C_Dat[4];
        temp.B=(uint16_t)C_Dat[7]<<8|C_Dat[6];
        return temp;}
    function: Convert raw RGB values to RGB888 format
    parameter:
        rgb : RGBC Numerical value
uint32_t TCS34725_GetRGB888(RGB rgb)
{   float i=1;
    if(rgb.R>=rgb.G && rgb.R>=rgb.B){ i=rgb.R / 255 +1; }
    else if(rgb.G>=rgb.R && rgb.G>=rgb.B){ i=rgb.G / 255 +1; }
    else if(rgb.B>=rgb.G && rgb.B>=rgb.R){ i=rgb.B / 255 +1; }
    if(i!=0)
    {    rgb.R=(rgb.R) / i;
        rgb.G=(rgb.G) / i;
        rgb.B=(rgb.B) / i; }
```

```
    if(rgb.R>30)
        rgb.R=rgb.R-30;
    if(rgb.G>30)
        rgb.G=rgb.G-30;
    if(rgb.B>30)
    rgb.B=rgb.B-30;
    rgb.R=rgb.R * 255 / 225;
    rgb.G=rgb.G * 255 / 225;
    rgb.B=rgb.B * 255 / 225;
    if(rgb.R>255)
        rgb.R=255;
    if(rgb.G>255)
        rgb.G=255;
    if(rgb.B>255)
        rgb.B=255;
    return (rgb.R <<16) | (rgb.G <<8) | (rgb.B);}
uint16_t TCS34725_GetRGB565(RGB rgb)
{   float i=1;
    if(rgb.R>=rgb.G && rgb.R>=rgb.B){ i=rgb.R / 255 +1; }
    else if(rgb.G>=rgb.R && rgb.G>=rgb.B){
        i=rgb.G / 255 +1; }
    else if(rgb.B>=rgb.G && rgb.B>=rgb.R){
        i=rgb.B / 255 +1; }
    if(i!=0){ rgb.R=(rgb.R) / i;
        rgb.G=(rgb.G) / i;
        rgb.B=(rgb.B) / i; }
    if(rgb.R>30)
        rgb.R=rgb.R-30;
    if(rgb.G>30)
        rgb.G=rgb.G-30;
    if(rgb.B>30)
        rgb.B=rgb.B-30;
    rgb.R=rgb.R * 255 / 225;
    rgb.G=rgb.G * 255 / 225;
    rgb.B=rgb.B * 255 / 225;
    if(rgb.R>255)
        rgb.R=255;
    if(rgb.G>255)
        rgb.G=255;
    if(rgb.B>255)
        rgb.B=255;
    return (rgb.R <<11) | (rgb.G <<5) | (rgb.B);}
```

4. 系统实现

系统结果如图 9-13(a)所示,当系统检测站厅大客流场景时,测得照度值为 128.91lx,色温值为 5268.85K,均属于标准范围内,最终得出舒适度等级为 A,舒适性为舒适,图 9-13(b)为手机 App 显示。

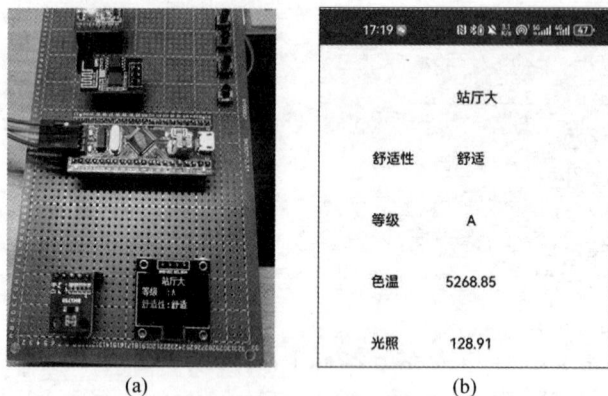

图 9-13　系统结果图

9.5　基于 Wi-Fi 和加速度传感器 JY60 的乘客舒适度检测系统设计

1. 实例功能

乘客舒适度检测系统结构如图 9-14 所示,主要由 STM32F103RCT6 微控制器、加速度传感器 JY60、ESP8266 Wi-Fi 模块、OLED 显示屏、云服务器及手机 App 组成。系统功能如下:

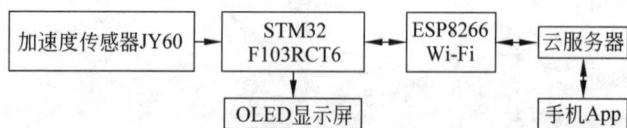

图 9-14　基于 Wi-Fi 和加速度传感器的乘客舒适度检测系统结构图

(1) 微控制器通过加速度传感器 JY60 采集列车加速度数据;

(2) 微控制器将加速度数据处理后得到相应的列车舒适度等级,并显示在 OLED 显示屏上;

(3) 微控制器通过 Wi-Fi 模块将舒适度等级数据传输到云端,最终实现在手机 App 上对列车车头、车中及车尾舒适度的远端监测功能。

2. 硬件电路

乘客舒适度检测系统硬件电路原理图如图 9-15 所示。

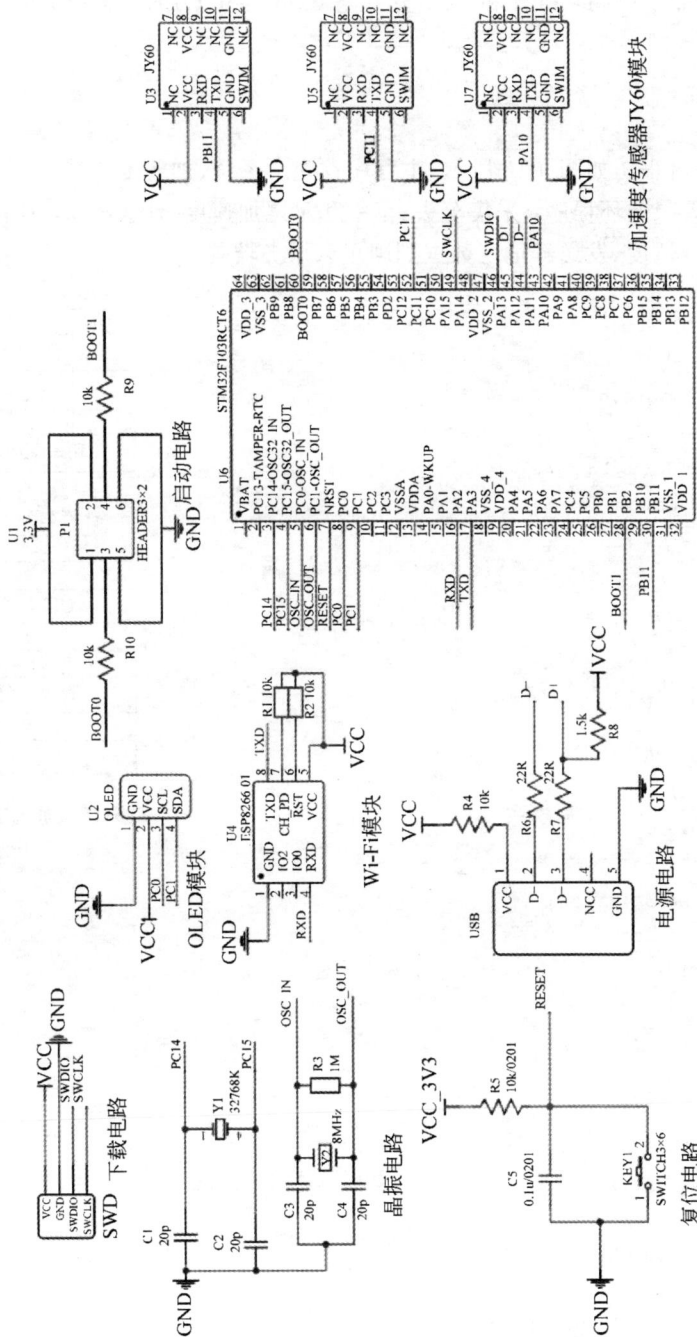

图 9-15　乘客舒适度检测系统硬件电路原理图

（1）采集电路：STM32F103RCT6 的 PA10、PB11 和 PC11 分别连接 3 个加速度传感器 JY60 的 TXD（发送）引脚；

（2）Wi-Fi 通信电路：PA2 连接 ESP8266 的 RXD，PA3 连接 ESP8266 的 TXD；

（3）OLED 显示电路：PC0 和 PC1 分别与 0.96 英寸 OLED 显示屏的 SCL 和 SDA 连接。

3. 程序设计

系统主程序流程图如图 9-16 所示，主程序首先对系统、加速度传感器、ESP8266 等初始化，接着进入无限循环程序：采集车头、车中和车尾加速度，计算车头、车中和车尾舒适度，OLED 显示舒适度，发送舒适度数据到阿里云服务器等。

参考程序如下：

（1）main.c：

```c
#include "Public.h"
#include<math.h>
float JY61P_Data[4][3];
float JY61P_Data_J[4][3];
u8 Out_Flag=0;
char str[500];
int shushi1=0;
int shushi2=0;
int shushi3=0;
u8 num=0;
extern double Av;
extern double Bv;
extern double Cv;
extern double Sa;
extern double Sb;
extern double Sc;
int main(void)
  {System_Init();
   OLED_Init();
   delay_init();
   UartInit(9600);
   Usart2_Init(115200);
   ESP8266_Init();
   while(1)
   {  check_num(num);
      Out_Flag=1;
      shushi1=shushia();
      shushi2=shushib();
      shushi3=shushic();
      OLED_shushi(shushi1,shushi2,shushi3);
```

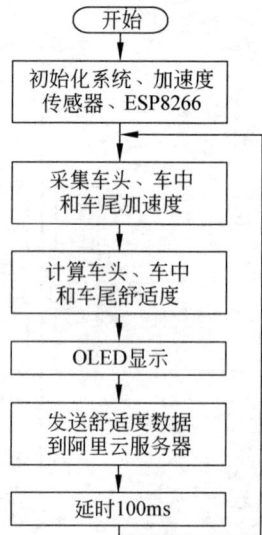

图 9-16　系统主程序流程图

（流程图文字：开始 → 初始化系统、加速度传感器、ESP8266 → 采集车头、车中和车尾加速度 → 计算车头、车中和车尾舒适度 → OLED显示 → 发送舒适度数据到阿里云服务器 → 延时100ms）

```
    Out_Flag=0;
    sprintf(str, ":%f", Sa);
    OLED_ShowString(80,0,str,OLED_8X16);
    sprintf(str, ":%f", Sb);
    OLED_ShowString(80,20,str,OLED_8X16);
    sprintf(str, ":%f", Sc);
    OLED_ShowString(80,40,str,OLED_8X16);
    OLED_Update();
    ESP8266_send();
    delay_ms(100);        }}
```

（2）加速度传感器 JY60 检测程序：

```
usart.c
#include "Public.h"
#include<math.h>
void UartInit(u32 bound)
{   GPIO_InitTypeDef GPIO_InitStructure;
    NVIC_InitTypeDef NVIC_InitStructure;
    USART_InitTypeDef USART_InitStructure;
    RCC_APB2PeriphClockCmd(RCC_APB2Periph_USART1, ENABLE);
    RCC_APB1PeriphClockCmd(RCC_APB1Periph_USART3, ENABLE);
    RCC_APB1PeriphClockCmd(RCC_APB1Periph_UART4, ENABLE);
    USART_DeInit(USART1);
    USART_DeInit(USART3);
    USART_DeInit(UART4);
    GPIO_InitStructure.GPIO_Pin=GPIO_Pin_10;
    GPIO_InitStructure.GPIO_Mode=GPIO_Mode_IPU;
    GPIO_Init(GPIOA, &GPIO_InitStructure);
    GPIO_InitStructure.GPIO_Pin=GPIO_Pin_11;
    GPIO_Init(GPIOB, &GPIO_InitStructure);
    GPIO_InitStructure.GPIO_Pin=GPIO_Pin_11;
    GPIO_Init(GPIOC, &GPIO_InitStructure);
    USART_InitStructure.USART_BaudRate=bound;
    USART_InitStructure.USART_WordLength=USART_WordLength_8b;
    USART_InitStructure.USART_StopBits=USART_StopBits_1;
    USART_InitStructure.USART_Parity=USART_Parity_No;
    USART_InitStructure.USART_HardwareFlowControl=USART_HardwareFlowControl
    _None;
    USART_InitStructure.USART_Mode=USART_Mode_Rx | USART_Mode_Tx;
    USART_Init(USART1, &USART_InitStructure);
    USART_Init(USART3, &USART_InitStructure);
    USART_Init(UART4, &USART_InitStructure);
    NVIC_InitStructure.NVIC_IRQChannel=USART1_IRQn;
    NVIC_InitStructure.NVIC_IRQChannelPreemptionPriority=3;
```

```
        NVIC_InitStructure.NVIC_IRQChannelSubPriority=1;
        NVIC_InitStructure.NVIC_IRQChannelCmd=ENABLE;
        NVIC_Init(&NVIC_InitStructure);
        NVIC_InitStructure.NVIC_IRQChannel=USART3_IRQn;
        NVIC_Init(&NVIC_InitStructure);
        NVIC_InitStructure.NVIC_IRQChannel=UART4_IRQn;
        NVIC_Init(&NVIC_InitStructure);
        USART_ITConfig(USART1, USART_IT_RXNE, ENABLE);
        USART_ITConfig(USART3, USART_IT_RXNE, ENABLE);
        USART_ITConfig(UART4, USART_IT_RXNE, ENABLE);
        USART_Cmd(USART1, ENABLE);
        USART_Cmd(USART3, ENABLE);
        USART_Cmd(UART4, ENABLE); }
u8 U1RxBuf[100];
u8 U1RxLen=0;
u8 U3RxBuf[100];
u8 U3RxLen=0;
u8 U4RxBuf[100];
u8 U4RxLen=0;
extern float JY61P_Data[4][3];
extern float JY61P_Data_J[4][3];
extern u8 Out_Flag;
void USART1_IRQHandler(void)
{  u8 Res;
   if(USART_GetITStatus(USART1, USART_IT_RXNE)!=RESET)
   {  Res=USART_ReceiveData(USART1);
      U1RxBuf[U1RxLen++]=Res;
      if((U1RxLen ==1) && (U1RxBuf[0]!=0x55))
      {U1RxLen=0;}
      if((U1RxLen==2) && (U1RxBuf[1]!=0x51))
      {   U1RxLen=0;
          if(Res==0x55)
          {U1RxBuf[U1RxLen ++]=Res;}}
      if((U1RxLen==12) && (U1RxBuf[11]!=0x55))
      {U1RxLen=0;}
      if((U1RxLen==13) && (U1RxBuf[12]!=0x52))
      {U1RxLen=0;}
      if((U1RxLen==23) && (U1RxBuf[22]!=0x55))
      {U1RxLen=0;}
      if((U1RxLen==24) && (U1RxBuf[23] !=0x53))
      {U1RxLen=0;}
      if(U1RxLen==33)
      {if(Out_Flag==0)
          {   u16 Temp;
```

```
                    Temp=U1RxBuf[14];
                    Temp<<=8;
                    Temp|=U1RxBuf[13];
                    JY61P_Data_J[0][0]=((short) Temp) / 32768.0 * 2000;
                    Temp=U1RxBuf[16];
                    Temp<<=8;
                    Temp|=U1RxBuf[15];
                    JY61P_Data_J[0][1]=((short) Temp) / 32768.0 * 2000;
                    Temp=U1RxBuf[18];
                    Temp<<=8;
                    Temp|=U1RxBuf[17];
                    JY61P_Data_J[0][2]=((short) Temp) / 32768.0 * 2000;
                    Temp=U1RxBuf[3];
                    Temp<<=8;
                    Temp|=U1RxBuf[2];
                    JY61P_Data[0][0]=((short) Temp) / 32768.0 * 16;
                    Temp=U1RxBuf[5];
                    Temp<<=8;
                    Temp|=U1RxBuf[4];
                    JY61P_Data[0][1]=((short) Temp) / 32768.0 * 16;
                    Temp=U1RxBuf[7];
                    Temp<<=8;
                    Temp|=U1RxBuf[6];
                    JY61P_Data[0][2]=((short) Temp) / 32768.0 * 16;   }
            U1RxLen=0;   }
        if(U1RxLen>=100)
            U1RxLen=0;   }}
void UART4_IRQHandler(void)
{   u8 Res;
    if(USART_GetITStatus(UART4, USART_IT_RXNE)!=RESET)
    {   Res=USART_ReceiveData(UART4);
        U4RxBuf[U4RxLen ++]=Res;
        if((U4RxLen==1) && (U4RxBuf[0]!=0x55))
        {U4RxLen=0;     }
        if((U4RxLen==2) && (U4RxBuf[1]!=0x51))
        {       U4RxLen=0;
                if(Res==0x55)
                {U4RxBuf[U4RxLen ++]=Res;}}
        if((U4RxLen==12) && (U4RxBuf[11]!=0x55))
        {   U4RxLen=0;     }
        if((U4RxLen==13) && (U4RxBuf[12]!=0x52))
        {U4RxLen=0;       }
        if((U4RxLen==23) && (U4RxBuf[22]!=0x55))
        {   U4RxLen=0;      }
```

```
        if((U4RxLen==24) && (U4RxBuf[23]!=0x53))
        {U4RxLen=0;      }
        if(U4RxLen==33)
        {       if(Out_Flag==0)
            {       u16 Temp;
                    Temp=U4RxBuf[14];
                    Temp<<=8;
                    Temp|=U4RxBuf[13];
                    JY61P_Data_J[1][0]=((short) Temp) / 32768.0 * 2000;
                    Temp=U4RxBuf[16];
                    Temp<<=8;
                    Temp|=U4RxBuf[15];
                    JY61P_Data_J[1][1]=((short) Temp) / 32768.0 * 2000;
                    Temp=U4RxBuf[18];
                    Temp<<=8;
                    Temp|=U4RxBuf[17];
                    JY61P_Data_J[1][2]=((short) Temp) / 32768.0 * 2000;
                    Temp=U4RxBuf[3];
                    Temp<<=8;
                    Temp|=U4RxBuf[2];
                    JY61P_Data[1][0]=((short) Temp) / 32768.0 * 16;
                    Temp=U4RxBuf[5];
                    Temp<<=8;
                    Temp|=U4RxBuf[4];
                    JY61P_Data[1][1]=((short) Temp) / 32768.0 * 16;
                    Temp=U4RxBuf[7];
                    Temp<<=8;
                    Temp|=U4RxBuf[6];
                    JY61P_Data[1][2]=((short) Temp) / 32768.0 * 16;}
                U4RxLen=0;       }
        if(U4RxLen>=100)
        U4RxLen=0;}}
void USART3_IRQHandler(void)
{   u8 Res;
if(USART_GetITStatus(USART3, USART_IT_RXNE)!=RESET)
    {   Res=USART_ReceiveData(USART3);
        U3RxBuf[U3RxLen ++]=Res;
        if((U3RxLen==1) && (U3RxBuf[0]!=0x55))
        {   U3RxLen=0;      }
        if((U3RxLen==2) && (U3RxBuf[1]!=0x51))
        {       U3RxLen=0;
                if(Res==0x55)
                {U3RxBuf[U3RxLen++]=Res;}}
        if((U3RxLen ==12) && (U3RxBuf[11]!=0x55))
```

```
   {U3RxLen=0; }
   if((U3RxLen==13) && (U3RxBuf[12]!=0x52))
   {U3RxLen=0; }
   if((U3RxLen==23) && (U3RxBuf[22]!=0x55))
   {U3RxLen=0; }
   if((U3RxLen==24) && (U3RxBuf[23]!=0x53))
   {U3RxLen=0; }
   if(U3RxLen==33)
   {if(Out_Flag==0)
      {   u16 Temp;
          Temp=U3RxBuf[14];
          Temp<<=8;
          Temp|=U3RxBuf[13];
          JY61P_Data_J[2][0]=((short) Temp) / 32768.0 * 2000;
          Temp=U3RxBuf[16];
          Temp<<=8;
          Temp|=U3RxBuf[15];
          JY61P_Data_J[2][1]=((short) Temp) / 32768.0 * 2000;
          Temp=U3RxBuf[18];
          Temp<<=8;
          Temp|=U3RxBuf[17];
          JY61P_Data_J[2][2]=((short) Temp) / 32768.0 * 2000;
          Temp=U3RxBuf[3];
          Temp<<=8;
          Temp|=U3RxBuf[2];
          JY61P_Data[2][0]=((short) Temp) / 32768.0 * 16;
          Temp=U3RxBuf[5];
          Temp<<=8;
          Temp|=U3RxBuf[4];
          JY61P_Data[2][1]=((short) Temp) / 32768.0 * 16;
          Temp=U3RxBuf[7];
          Temp<<=8;
          Temp|=U3RxBuf[6];
          JY61P_Data[2][2]=((short) Temp) / 32768.0 * 16; }
      U3RxLen=0; }
   if(U3RxLen>=100)
      U3RxLen=0; }}
int shushi4=0;
int shushi5=0;
int shushi6=0;
float Chetou_Zhongli_X[5];
float Chetou_Zhongli_Y[5];
float Chetou_Zhongli_Z[5];
float Chetou_Jiaosudu_X[5];
```

```
float Chetou_Jiaosudu_Y[5];
float Chetou_Jiaosudu_Z[5];
 double Avx=0.0;
 double Avy=0.0;
 double Avz=0.0;
 double Ava=0.0;
 double Avb=0.0;
 double Avc=0.0;
 double Av1=0.0;
 double Av2=0.0;
 double Av=0.0;
 double Sa=0.0;
 double Sb=0.0;
 double Sc=0.0;
 uint8_t shushia(void)
{Avx= sqrt((pow(Chetou_Zhongli_X[0],2)+pow(Chetou_Zhongli_X[1],2)+
pow(Chetou_Zhongli_X[2],2)+pow(Chetou_Zhongli_X[3],2)+pow(Chetou_
Zhongli_X[4],2))/5);
Avy= sqrt((pow(Chetou_Zhongli_Y[0],2)+pow(Chetou_Zhongli_Y[1],2)+
pow(Chetou_Zhongli_Y[2],2)+pow(Chetou_Zhongli_Y[3],2)+pow(Chetou_
Zhongli_Y[4],2))/5);
Avz= sqrt((pow(Chetou_Zhongli_Z[0],2)+pow(Chetou_Zhongli_Z[1],2)+
pow(Chetou_Zhongli_Z[2],2)+pow(Chetou_Zhongli_Z[3],2)+pow(Chetou_
Zhongli_Z[4],2))/5);
Ava= sqrt((pow(Chetou_Jiaosudu_X[0],2)+pow(Chetou_Jiaosudu_X[1],2)+
pow(Chetou_Jiaosudu_X[2],2)+pow(Chetou_Jiaosudu_X[3],2)+pow(Chetou_
Jiaosudu_X[4],2))/5);
Avb= sqrt((pow(Chetou_Jiaosudu_Y[0],2)+pow(Chetou_Jiaosudu_Y[1],2)+
pow(Chetou_Jiaosudu_Y[2],2)+pow(Chetou_Jiaosudu_Y[3],2)+pow(Chetou_
Jiaosudu_Y[4],2))/5);
Avc= sqrt((pow(Chetou_Jiaosudu_Z[0],2)+pow(Chetou_Jiaosudu_Z[1],2)+
pow(Chetou_Jiaosudu_Z[2],2)+pow(Chetou_Jiaosudu_Z[3],2)+pow(Chetou_
Jiaosudu_Z[4],2))/5);
Av1= sqrt(pow(Avx,2)+pow(Avy,2)+pow(Avz,2)+pow(0.63 * Ava,2)+pow(0.4 *
Avb,2)+pow(0.2 * Avc,2));
Av2= sqrt(pow(0.8 * Avx,2)+pow(0.5 * Avy,2)+pow(0.4 * Avz,2));
Av=Av1+Av2;
    Sa= (Av * 3)/50;
    if(Sa<0.315)
    {shushi4=1;}
    else if(Sa<0.63)
    {shushi4=2;}
    else if(Sa<1)
    {shushi4=3;}
```

```c
    else if(Sa<1.6)
    {shushi4=4;}
    else if(Sa<2)
    {shushi4=5;}
    else if(Sa>2)
    {shushi4=6;}
    return shushi4;}
float Chezhong_Zhongli_X[5];
float Chezhong_Zhongli_Y[5];
float Chezhong_Zhongli_Z[5];
float Chezhong_Jiaosudu_X[5];
float Chezhong_Jiaosudu_Y[5];
float Chezhong_Jiaosudu_Z[5];
  double Bvx=0.0;
  double Bvy=0.0;
  double Bvz=0.0;
  double Bva=0.0;
  double Bvb=0.0;
  double Bvc=0.0;
  double Bv1=0.0;
  double Bv2=0.0;
  double Bv=0.0;
  uint8_t shushib(void)
  {Bvx=sqrt((pow(Chezhong_Zhongli_X[0],2)+pow(Chezhong_Zhongli_X[1],2)+
pow(Chezhong_Zhongli_X[2],2)+pow(Chezhong_Zhongli_X[3],2)+ pow(Chezhong
_Zhongli_X[4],2))/5);
    Bvy=sqrt((pow(Chezhong_Zhongli_Y[0],2)+pow(Chezhong_Zhongli_Y[1],2)
    +pow(Chezhong_Zhongli_Y[2],2)+pow(Chezhong_Zhongli_Y[3],2)+
    pow(Chezhong_Zhongli_Y[4],2))/5);
    Bvz=sqrt((pow(Chezhong_Zhongli_Z[0],2)+pow(Chezhong_Zhongli_Z[1],2)
    +pow(Chezhong_Zhongli_Z[2],2)+pow(Chezhong_Zhongli_Z[3],2)+
    pow(Chezhong_Zhongli_Z[4],2))/5);
    Bva=sqrt((pow(Chezhong_Jiaosudu_X[0],2)+pow(Chezhong_Jiaosudu_X[1],
    2)+pow(Chezhong_Jiaosudu_X[2],2)+pow(Chezhong_Jiaosudu_X[3],2)+
    pow(Chezhong_Jiaosudu_X[4],2))/5);
    Bvb=sqrt((pow(Chezhong_Jiaosudu_Y[0],2)+pow(Chezhong_Jiaosudu_Y[1],
    2)+pow(Chezhong_Jiaosudu_Y[2],2)+pow(Chezhong_Jiaosudu_Y[3],2)+
    pow(Chezhong_Jiaosudu_Y[4],2))/5);
        Bvc = sqrt ((pow (Chezhong_Jiaosudu_Z[0],2)+pow(Chezhong_
Jiaosudu_Z[1],2)+pow(Chezhong_Jiaosudu_Z[2],2)+pow(Chezhong_Jiaosudu
_Z[3],2)+pow(Chezhong_Jiaosudu_Z[4],2))/5);
    Bv1=sqrt(pow(Bvx,2)+pow(Bvy,2)+pow(Bvz,2)+pow(0.63*Bva,2)+pow(0.4
    *Bvb,2)+pow(0.2*Bvc,2));
    Bv2=sqrt(pow(0.8*Bvx,2)+pow(0.5*Bvy,2)+pow(0.4*Bvz,2));
```

```
      Bv=Bv1+Bv2;
        Sb= (Bv * 3) /50;
      if(Sb< 0.315)
      {shushi5=1; }
      else if(Sb< 0.63)
      {shushi5=2; }
      else if(Sb< 1)
      {shushi5=3; }
      else if(Sb< 1.6)
      {shushi5=4; }
      else if(Sb< 2)
      {shushi5=5; }
      else if(Sb> 2)
      {shushi5=6; }
      return shushi5; }
float Chewei_Zhongli_X[5];
float Chewei_Zhongli_Y[5];
float Chewei_Zhongli_Z[5];
float Chewei_Jiaosudu_X[5];
float Chewei_Jiaosudu_Y[5];
float Chewei_Jiaosudu_Z[5];
double Cvx=0.0;
double Cvy=0.0;
double Cvz=0.0;
double Cva=0.0;
double Cvb=0.0;
double Cvc=0.0;
double Cv1=0.0;
double Cv2=0.0;
double Cv=0.0;
uint8_t shushic(void)
{Cvx= sqrt ((pow(Chewei_Zhongli_X[0], 2) + pow(Chewei_Zhongli_X[1], 2) +
pow(Chewei_Zhongli_X[2], 2) + pow(Chewei_Zhongli_X[3], 2) + pow(Chewei_
Zhongli_X[4],2))/5);
    Cvy= sqrt ((pow(Chewei_Zhongli_Y[0], 2) + pow(Chewei_Zhongli_Y[1], 2) +
    pow(Chewei_Zhongli_Y[2], 2) + pow(Chewei_Zhongli_Y[3], 2) + pow(Chewei_
    Zhongli_Y[4],2))/5);
    Cvz= sqrt ((pow(Chewei_Zhongli_Z[0], 2) + pow(Chewei_Zhongli_Z[1], 2) +
    pow(Chewei_Zhongli_Z[2], 2) + pow(Chewei_Zhongli_Z[3], 2) + pow(Chewei_
    Zhongli_Z[4],2))/5);
    Cva= sqrt((pow(Chewei_Jiaosudu_X[0], 2) + pow(Chewei_Jiaosudu_X[1], 2) +
    pow(Chewei_Jiaosudu_X[2], 2) + pow(Chewei_Jiaosudu_X[3], 2) + pow(Chewei_
    Jiaosudu_X[4],2))/5);
    Cvb= sqrt((pow(Chewei_Jiaosudu_Y[0], 2) + pow(Chewei_Jiaosudu_Y[1], 2) +
```

```
  pow(Chewei_Jiaosudu_Y[2],2)+pow(Chewei_Jiaosudu_Y[3],2)+pow(Chewei_
  Jiaosudu_Y[4],2))/5);
   Cvc=sqrt((pow(Chewei_Jiaosudu_Z[0],2)+pow(Chewei_Jiaosudu_Z[1],2)+
  pow(Chewei_Jiaosudu_Z[2],2)+pow(Chewei_Jiaosudu_Z[3],2)+pow(Chewei_
  Jiaosudu_Z[4],2))/5);
   Cv1=sqrt(pow(Cvx,2)+pow(Cvy,2)+pow(Cvz,2)+pow(0.63*Cva,2)+pow(0.4
  *Cvb,2)+pow(0.2*Cvc,2));
   Cv2=sqrt(pow(0.8*Cvx,2)+pow(0.5*Cvy,2)+pow(0.4*Cvz,2));
   Cv=Cv1+Cv2;
     Sc=(Cv*3)/50;
   if(Sc<0.315)
   {shushi6=1;}
   else if(Sc<0.63)
   {shushi6=2;}
   else if(Sc<1)
   {shushi6=3;}
   else if(Sc<1.6)
   {shushi6=4;}
   else if(Sc<2)
   {shushi6=5;}
   else if(Sc>2)
   {shushi6=6;}
   return shushi6;}
extern u8 num;
void check_num(u8 num)
{          if(num>4)
   {num=0;}
   else
   {  Chetou_Zhongli_X[num]=JY61P_Data[0][0];
       Chetou_Zhongli_Y[num]=JY61P_Data[0][1];
       Chetou_Zhongli_Z[num]=JY61P_Data[0][2];
       Chetou_Jiaosudu_X[num]=JY61P_Data_J[0][0];
       Chetou_Jiaosudu_Y[num]=JY61P_Data_J[0][1];
       Chetou_Jiaosudu_Z[num]=JY61P_Data_J[0][2];
       Chezhong_Zhongli_X[num]=JY61P_Data[2][0];
       Chezhong_Zhongli_X[num]=JY61P_Data[2][1];
       Chezhong_Zhongli_X[num]=JY61P_Data[2][2];
       Chezhong_Jiaosudu_X[num]=JY61P_Data_J[2][0];
       Chezhong_Jiaosudu_X[num]=JY61P_Data_J[2][1];
       Chezhong_Jiaosudu_X[num]=JY61P_Data_J[2][2];
       Chewei_Zhongli_X[num]=JY61P_Data[1][0];
       Chewei_Zhongli_X[num]=JY61P_Data[1][1];
       Chewei_Zhongli_X[num]=JY61P_Data[1][2];
       Chewei_Jiaosudu_X[num]=JY61P_Data_J[1][0];
```

```
Chewei_Jiaosudu_X[num]=JY61P_Data_J[1][1];
Chewei_Jiaosudu_X[num]=JY61P_Data_J[1][2];
num++;}}
```

4. 系统实现

系统结果如图 9-17(a)所示，显示列车车头、车中、车尾舒适度等级均为 1，舒适度指数分别为 0.040、0.046、0.049，手机 App 结果如图 9-17(b)所示。

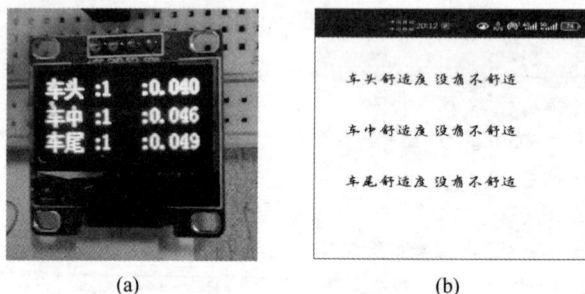

(a)　　　　　　　　　　　　(b)

图 9-17　系统结果图

9.6　基于热成像传感器 MLX90640 的热成像测温系统设计

1. 实例功能

热成像测温系统结构如图 9-18 所示，系统由 STM32F103RCT6 微控制器、热成像传感器 MLX90640、电源转换电路、OLCD 显示屏、LED 报警电路等组成。系统功能如下：

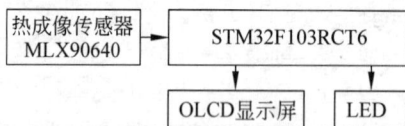

图 9-18　基于热成像传感器 MLX90640 的热成像测温系统结构图

(1) 微控制器在 USART2 中断服务程序中接收 MLX90640 传送的温度数据；

(2) 微控制器的定时器每隔 10ms 产生中断，判断是否接收到 1544 个温度数据；若达到则表示完整接收到一组面阵温度数值，置位标志位；

(3) 微控制器处理温度数据，在 1.44 英寸 OLCD 显示屏上显示出 48×64 的热成像图和最大温度值；

(4) 微控制器判断当前温度超过设定的阈值时，LED 亮。

2. 硬件电路

热成像测温系统硬件电路原理图如图 9-19 所示。

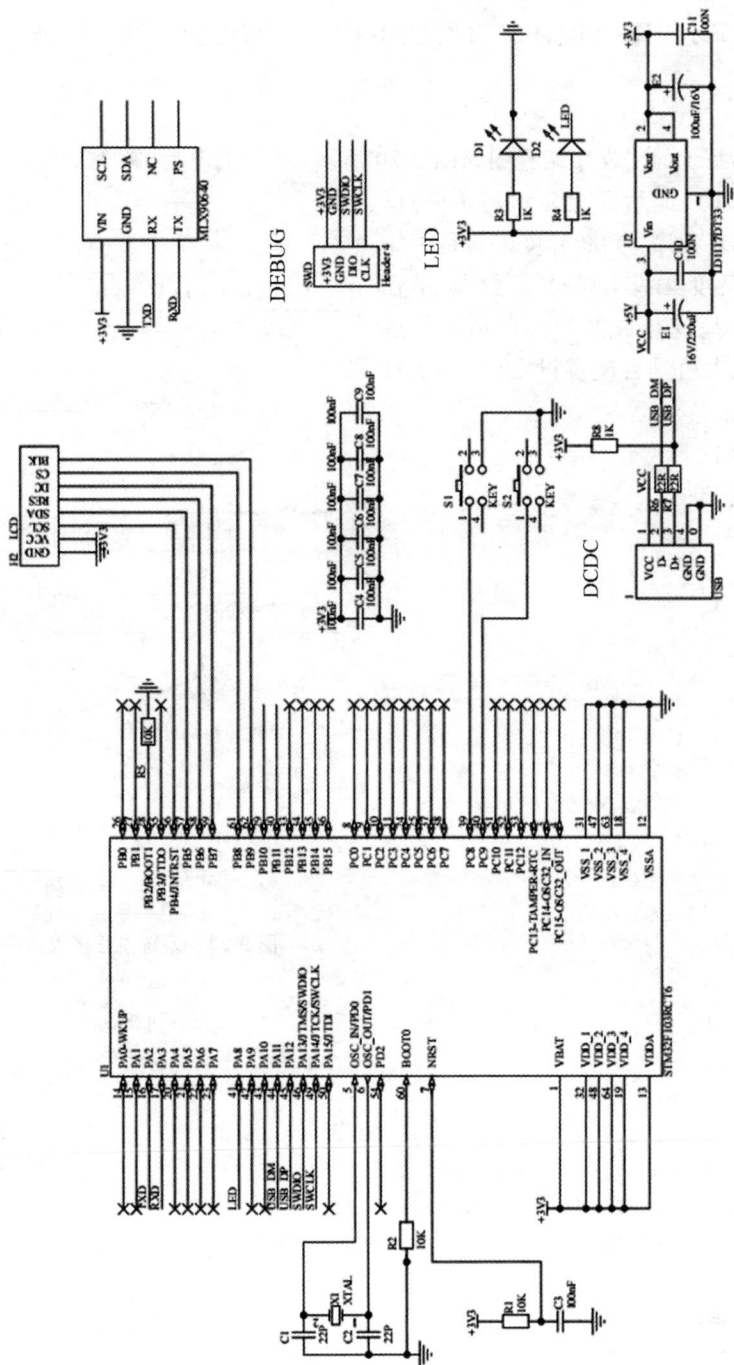

图 9-19　热成像测温系统硬件电路原理图

（1）采集电路：STM32F103RCT6 微控制器的 PA2 和 PA3 分别连接 MLX90640 的 RX 和 TX；

（2）报警电路：PA8 连接 LED 阴极端；

（3）OLCD 显示电路：PB4、PB5 分别与 OLCD 显示屏的 SCL 和 SDA 连接。

3. 程序设计

热成像测温系统的主程序流程图如图 9-20 所示，系统上电后，首先对各功能模块初始化，然后在 OLCD 显示屏上显示初始信息。接着进入无限循环程序：判断温度采集是否完成，如果完成温度采集，则处理数据并在 OLCD 显示屏上呈现热成像和温度值。最后判断当前温度最大值是否超过设定阈值，超过则亮灯报警。

参考程序如下。

（1）main.c：

```c
#include "delay.h"
#include "sys.h"
#include "led.h"
#include "lcd_init.h"
#include "lcd.h"
#include "mlx90640.h"
#define LIMIT_HOT 320
u16 frame_buf[48][64];
int main(void)
{   float tem_max=26.37;
    u16 data, data_max=0;
    u16 i, j, posi, temp;
delay_init();
    LED_Init();                                    //LED 初始化
    LCD_Init();                                    //LCD 初始化
    LCD_Fill(0,0,128,128,BLACK);
    LCD_ShowString(24,0,"MLX90640",WHITE,BLACK,16,0);
    LCD_ShowString(0,112,"MAX:",WHITE,BLACK,16,0);
    LCD_DrawRectangle(31, 31, 97, 81, WHITE);
    uart2_init(115200);
    while(1)
    { if(USART2_RX_STA!=0)
      {   data_max=0;
          for(j=0;j<24;j++)
          { for(i=0;i<32;i++)
            {   posi=j*32+i;
```

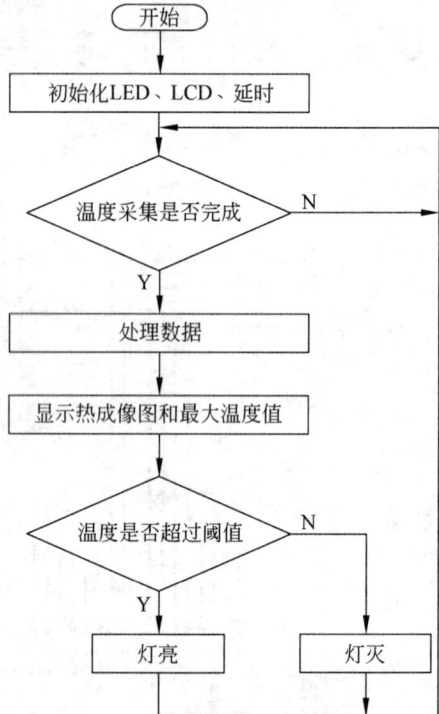

图 9-20　系统主程序流程图

```
                data=USART2_RX_BUF[posi * 2+5];
                data<<=8;
                data+=USART2_RX_BUF[posi * 2+4];
                data/=10;
                if(data_max<data) data_max=data;
                if(data>428) data=428;
                if(data<172) data=172;
                data-=172;
                data/=8;
                temp=data<<11;
                data=32-data;
                temp+=data;
                frame_buf[j * 2][i * 2]=temp;
                frame_buf[j * 2][i * 2+1]=temp;
                frame_buf[j * 2+1][i * 2]=temp;
                frame_buf[j * 2+1][i * 2+1]=temp; } }
        LCD_ShowPicture(32, 32, 64, 48, (const u8 * ) frame_buf);
        tem_max=data_max / 10.0;
        LCD_ShowFloatNum1(32,112,tem_max,4,WHITE,BLACK,16);
        if(data_max>LIMIT_HOT)
        { LED=0; }
        else
        { LED=1; }
        USART2_RX_STA=0; }}}
```

（2）热成像传感器检测程序 MLX90640mlx90640.c：

```
#include "sys.h"
#include "mlx90640.h"
u8 USART2_RX_BUF[USART2_REC_LEN];
u16 USART2_RX_CNT=0;
u8 USART2_RX_STA=0;
void uart2_init(u32 bound) {
    GPIO_InitTypeDef GPIO_InitStructure;
    USART_InitTypeDef USART_InitStructure;
    NVIC_InitTypeDef NVIC_InitStructure;
    TIM_TimeBaseInitTypeDef TIM_TimeBaseStructure;
    RCC_APB1PeriphClockCmd(RCC_APB1Periph_USART2, ENABLE);
    GPIO_InitStructure.GPIO_Pin=GPIO_Pin_2;
    GPIO_InitStructure.GPIO_Speed=GPIO_Speed_50MHz;
    GPIO_InitStructure.GPIO_Mode=GPIO_Mode_AF_PP;
    GPIO_Init(GPIOA, &GPIO_InitStructure);
    GPIO_InitStructure.GPIO_Pin=GPIO_Pin_3;
    GPIO_InitStructure.GPIO_Mode=GPIO_Mode_IN_FLOATING;
    GPIO_Init(GPIOA, &GPIO_InitStructure);
    NVIC_InitStructure.NVIC_IRQChannel=USART2_IRQn;
```

```
        NVIC_InitStructure.NVIC_IRQChannelPreemptionPriority=2;
        NVIC_InitStructure.NVIC_IRQChannelSubPriority=3;
        NVIC_InitStructure.NVIC_IRQChannelCmd=ENABLE;
        NVIC_Init(&NVIC_InitStructure);
        USART_InitStructure.USART_BaudRate=bound;
        USART_InitStructure.USART_WordLength=USART_WordLength_8b;
        USART_InitStructure.USART_StopBits=USART_StopBits_1;
        USART_InitStructure.USART_Parity=USART_Parity_No;
        USART_InitStructure.USART_HardwareFlowControl=USART_HardwareFlowControl_None;
        USART_InitStructure.USART_Mode=USART_Mode_Rx | USART_Mode_Tx;
        USART_Init(USART2, &USART_InitStructure);
        USART_ITConfig(USART2, USART_IT_RXNE, ENABLE);
        USART_ITConfig(USART2, USART_IT_IDLE, ENABLE);
        USART_Cmd(USART2, ENABLE);
    RCC_APB1PeriphClockCmd(RCC_APB1Periph_TIM3, ENABLE);
    TIM_TimeBaseStructure.TIM_Period=9999;
    TIM_TimeBaseStructure.TIM_Prescaler=71;
    TIM_TimeBaseStructure.TIM_ClockDivision=0;
    TIM_TimeBaseStructure.TIM_CounterMode=TIM_CounterMode_Up;
    TIM_TimeBaseInit(TIM3, &TIM_TimeBaseStructure);
    TIM_ClearITPendingBit(TIM3, TIM_IT_Update);
    TIM_ITConfig(TIM3, TIM_IT_Update, ENABLE);
    NVIC_InitStructure.NVIC_IRQChannel=TIM3_IRQn;
    NVIC_InitStructure.NVIC_IRQChannelPreemptionPriority=1;
    NVIC_InitStructure.NVIC_IRQChannelSubPriority=3;
    NVIC_InitStructure.NVIC_IRQChannelCmd=ENABLE;
    NVIC_Init(&NVIC_InitStructure);
    TIM_UpdateRequestConfig(TIM3, TIM_UpdateSource_Global);
    TIM_ITConfig(TIM3, TIM_IT_Update, ENABLE);
    TIM_Cmd(TIM3, ENABLE); }
void USART2_IRQHandler(void)
{   if(USART_GetITStatus(USART2, USART_IT_RXNE)!=RESET))
    {   USART2_RX_BUF[USART2_RX_CNT++]=USART_ReceiveData(USART2);
        if(USART2_RX_CNT>=USART2_REC_LEN)
        { USART2_RX_CNT=0; }
        TIM_SetCounter(TIM3, 0U); }}
void TIM3_IRQHandler(void)
{ if(TIM_GetITStatus(TIM3, TIM_IT_Update)!=RESET)
    {   TIM_ClearITPendingBit(TIM3, TIM_IT_Update);
        if(USART2_RX_CNT==USART2_FRAME_LEN)
        {   USART2_RX_STA=1; }
        USART2_RX_CNT=0; }}
```

4. 系统实现

将手掌放于热成像红外传感器下,系统会将热辐射提取转为温度数据并处理,将数据和代码发送给 OLCD 显示屏,结果如图 9-21 所示。

图 9-21　系统结果图

9.7　基于蓝牙模块 JDY-31 和闪电传感器 SEN0290 的静电检测系统设计

1. 实例要求

静电检测系统硬件结构如图 9-22 所示,系统由 STM32F103C8T6 微控制器、闪电传感器 SEN0290、蓝牙模块 JDY-31、0.96 英寸 4 线 OLED 显示屏、按键和手机 App 组成。具体功能如下:

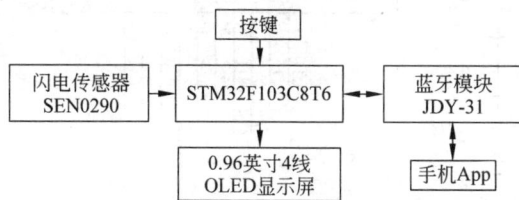

图 9-22　基于闪电传感器 SEN0290 的静电检测系统结构图

(1) 微控制器通过闪电传感器 SEN0290 检测设备表面产生的火花,检测到短暂的火花表示设备表面有静电产生,检测到连续一小段时间有火花表示有漏电情况。

(2) 在 OLED 显示屏实时显示设备表面监测情况。

(3) 通过蓝牙模块实现无线传输数据。

(4) 按键按下一次,模拟产生一次电火花。

2. 硬件电路

静电检测系统硬件电路原理图如图 9-23 所示。

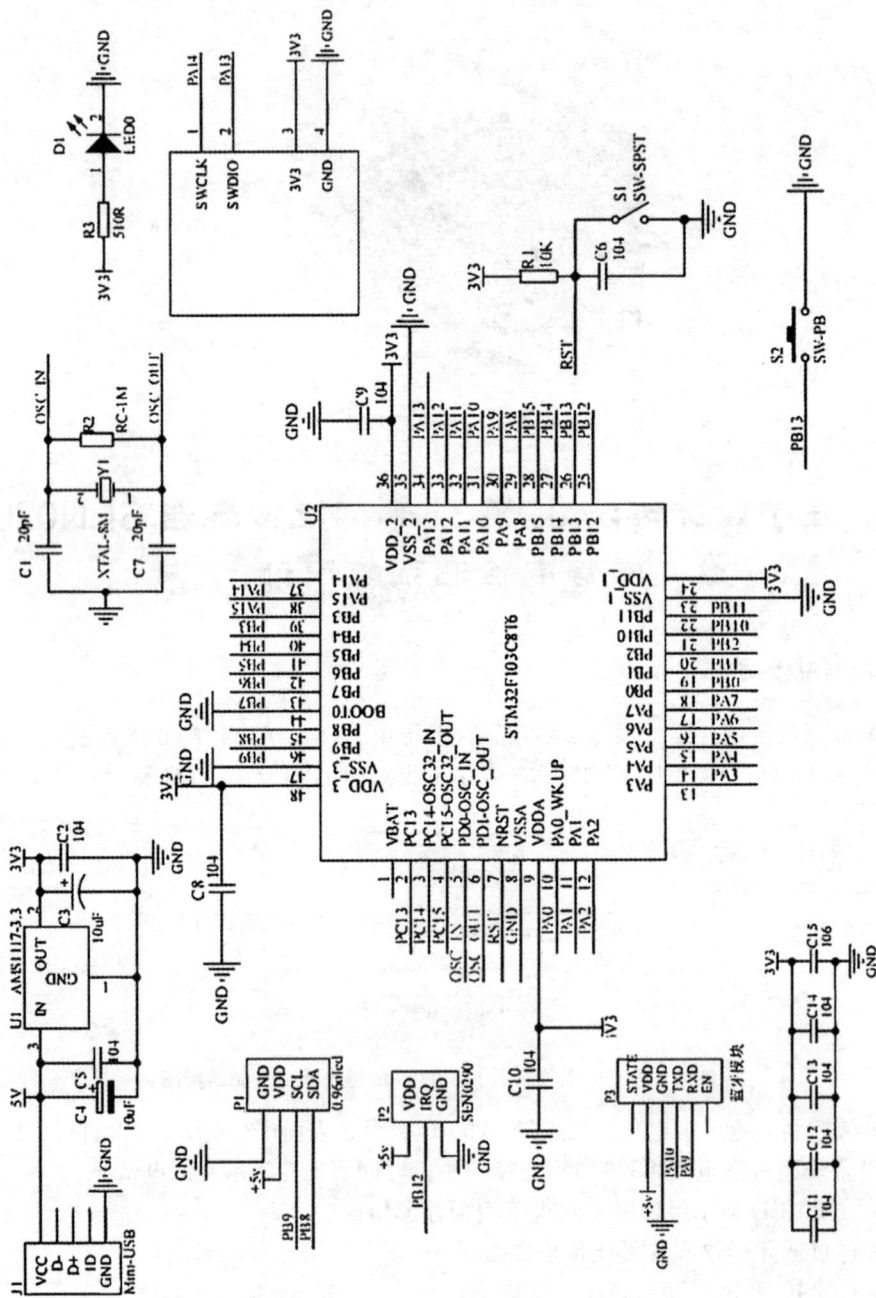

图 9-23　静电检测系统硬件电路原理图

（1）采集电路：STM32F103C8T6 的 PB12 连接 SEN0290 的中断引脚 IRQ。

（2）蓝牙收发电路：PA10 连接蓝牙模块 JDY-31 的 TXD，PA9 连接 JDY-31 的 RXD。

（3）OLED 显示电路：PB8 和 PB9 分别连接 OLED 显示屏的 SDA 和 SCL。

（4）按键电路：PB13 连接按键 S2。

3. 程序设计

主程序流程图如图 9-24 所示，首先对各模块初始化，包括延时函数、GPIO 接口、OLED、外部中断、串口和定时器等，设置 TIM2 每 1ms 中断触发一次；接着进入无限循环程序：判断蓝牙发送缓冲区是否有数据，如果有则蓝牙发送数据，最后调用 OLED 显示子程序。

参考程序如下。

（1）main.c：

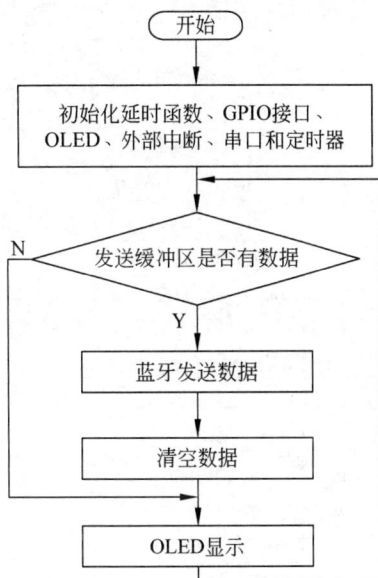

图 9-24　系统主程序流程图

```c
#include<stdio.h>
#include<stdlib.h>
#include "sys.h"
#include "tim.h"
#include "exti.h"
#include "usart.h"
#include "delay.h"
#include "led.h"
#include "IIC_OLED.h"
uint32_t detection=0;
uint16_t detection_timer=0;
uint16_t displayTime=0;
uint16_t state=0;
char outBuf[64];
void oled_display(u8g2_t * u8g2)
{   if(detection==0 && displayTime ==0)
    {u8g2_DrawStr(u8g2,0,20,"free"); }
    else
    {if(displayTime)
        {switch(state)
            {   case 0:
                  u8g2_DrawStr(u8g2,0,20,"staticElectricity");
                  break;
                case 1:
                  u8g2_DrawStr(u8g2,0,20,"leakage");
                  break;     }     }
        else
        {u8g2_DrawStr(u8g2,0,20,"measureing");
```

```
                } }}
        void tim2_IRQ(void)
        {   if(detection==0) detection_timer=2000;
            if(displayTime) --displayTime;
            if(detection_timer) --detection_timer;
            if(detection_timer==0)
            {state=detection >5;
                switch(state)
                {case 0:
                    sprintf(outBuf,"staticElectricity\r\n");
                    break;
                  case 1:
                    sprintf(outBuf,"leakage\r\n");
                    break;}
                detection=0;
                detection_timer=2000;
                displayTime=2000;}}
        void exti_12_IRQ(void)
        {    ++detection;}
        void exti_13_IRQ(void)
        {    ++detection;}
        int main(void)
        {   u8g2_t u8g2;
        delay_init();
            LED_Init();
            oled_u8g2_init(&u8g2);
            u8g2_SetFont(&u8g2,u8g2_font_8x13_mf);
            EXTIx_Init(GPIOB,GPIO_Pin_12);
            EXTIx_Init(GPIOB,GPIO_Pin_13);
            uart1_init(9600);
            tim2_init(1000-1,72-1);
            while(1)
            {if(outBuf[0])
                {
                    printf("%s",outBuf);
                    outBuf[0]=0;}
                u8g2_ClearBuffer(&u8g2);
                oled_display(&u8g2);
                u8g2_SendBuffer(&u8g2);}}
```

注意：①在实例中，蓝牙发送采用 printf("%s",outBuf)函数，需要采用 fputc()函数，重定向到 USART1，通过调用 printf()函数发送一字节到 USART1，然后等待发送完成。fputc()函数定义如下。

```
int fputc(int ch, FILE * f)
```

```
{   while((USART1->SR&0X40)==0){}
    USART1->DR=(uint8_t)ch;
    return ch;}
```

② 蓝牙发送也可直接采用 Usart1_SendString((u8 *) outBuf, strlen(outBuf)) 完成。

(2) 闪电传感器 SEN0290 检测程序 EXTI.c：

```
#include "EXTI.h"
#include<stdlib.h>
void exti_12_IRQ(void)
  {}
void exti_13_IRQ(void)
  {}
#if ServiceEXTI
ServiceExti_t * SExti=NULL;
void registerExti(GPIO_TypeDef * GPIO,uint16_t PIN,extiCallback_t extiCallback)
{   ServiceExti_t ** p=&SExti;
if(!extiCallback) return;
while(* p) p=&(* p)->next;
(* p)=(ServiceExti_t * )malloc(sizeof(ServiceExti_t));
(* p)->PIN=PIN;
(* p)->extiCallback=extiCallback;
(* p)->next=NULL;
EXTIx_Init(GPIO,PIN);
}
void EXTI_Events(uint16_t PIN)
{ServiceExti_t ** p=&SExti;
    while(* p)
    {   if((* p)->PIN==PIN)
        {if((* p)->extiCallback) (* p)->extiCallback((* p));}
        p=&(* p)->next;}}
    #endif
    void EXTIx_Init(GPIO_TypeDef * GPIO, uint16_t PIN)
    {   GPIO_InitTypeDef GPIO_InitStructure;
    EXTI_InitTypeDef EXIT_InitStrue;
    NVIC_InitTypeDef NVIC_InitStrue;
    uint8_t GPIO_PortSource=0;
    uint8_t GPIO_PinSource=0;
    uint32_t EXTI_Line=0;
    IRQn_Type IRQn;
    if(GPIO==GPIOA)
    {   RCC_APB2PeriphClockCmd(RCC_APB2Periph_GPIOA,ENABLE);
        GPIO_PortSource=GPIO_PortSourceGPIOA;}
    if(GPIO==GPIOB)
```

```
    {   RCC_APB2PeriphClockCmd(RCC_APB2Periph_GPIOB,ENABLE);
        GPIO_PortSource=GPIO_PortSourceGPIOB;}
    if(GPIO==GPIOC)
    {   RCC_APB2PeriphClockCmd(RCC_APB2Periph_GPIOC,ENABLE);
        GPIO_PortSource=GPIO_PortSourceGPIOC;}
    if(PIN==GPIO_Pin_0)
    {   GPIO_PinSource=GPIO_PinSource0;
        EXTI_Line=EXTI_Line0;
        IRQn=EXTI0_IRQn;}
    if(PIN==GPIO_Pin_1)
    {   GPIO_PinSource=GPIO_PinSource1;
        EXTI_Line=EXTI_Line1;
        IRQn=EXTI1_IRQn;}
    if(PIN==GPIO_Pin_2)
    {   GPIO_PinSource=GPIO_PinSource2;
        EXTI_Line=EXTI_Line2;
        IRQn=EXTI2_IRQn;}
    if(PIN==GPIO_Pin_3)
    {   GPIO_PinSource=GPIO_PinSource3;
        EXTI_Line=EXTI_Line3;
        IRQn=EXTI3_IRQn;}
    if(PIN==GPIO_Pin_4)
    {   GPIO_PinSource=GPIO_PinSource4;
        EXTI_Line=EXTI_Line4;
        IRQn=EXTI4_IRQn;}
    if(PIN==GPIO_Pin_5)
    {   GPIO_PinSource=GPIO_PinSource5;
        EXTI_Line=EXTI_Line5;
        IRQn=EXTI9_5_IRQn;}
    if(PIN==GPIO_Pin_6)
    {   GPIO_PinSource=GPIO_PinSource6;
        EXTI_Line=EXTI_Line6;
        IRQn=EXTI9_5_IRQn;}
    if(PIN==GPIO_Pin_7)
    {   GPIO_PinSource=GPIO_PinSource7;
        EXTI_Line=EXTI_Line7;
        IRQn=EXTI9_5_IRQn;}
    if(PIN==GPIO_Pin_8)
    {   GPIO_PinSource=GPIO_PinSource8;
        EXTI_Line=EXTI_Line8;
        IRQn=EXTI9_5_TRQn;}
    if(PIN==GPIO_Pin_9)
    {   GPIO_PinSource=GPIO_PinSource9;
        EXTI_Line=EXTI_Line9;
```

```
         IRQn=EXTI9_5_IRQn;}
if(PIN==GPIO_Pin_10)
{   GPIO_PinSource=GPIO_PinSource10;
    EXTI_Line=EXTI_Line10;
    IRQn=EXTI15_10_IRQn;}
if(PIN==GPIO_Pin_11)
{   GPIO_PinSource=GPIO_PinSource11;
    EXTI_Line=EXTI_Line11;
    IRQn=EXTI15_10_IRQn;}
if(PIN==GPIO_Pin_12)
{   GPIO_PinSource=GPIO_PinSource12;
    EXTI_Line=EXTI_Line12;
    IRQn=EXTI15_10_IRQn;}
if(PIN==GPIO_Pin_13)
{   GPIO_PinSource=GPIO_PinSource13;
    EXTI_Line=EXTI_Line13;
    IRQn=EXTI15_10_IRQn;}
if(PIN==GPIO_Pin_14)
{   GPIO_PinSource=GPIO_PinSource14;
    EXTI_Line=EXTI_Line14;
    IRQn=EXTI15_10_IRQn;}
if(PIN==GPIO_Pin_15)
{   GPIO_PinSource=GPIO_PinSource15;
    EXTI_Line=EXTI_Line15;
    IRQn=EXTI15_10_IRQn;}
RCC_APB2PeriphClockCmd(RCC_APB2Periph_AFIO, ENABLE);
GPIO_StructInit(&GPIO_InitStructure);
GPIO_InitStructure.GPIO_Pin=PIN;
GPIO_InitStructure.GPIO_Mode=GPIO_Mode_IPU;
GPIO_Init(GPIO, &GPIO_InitStructure);
GPIO_EXTILineConfig(GPIO_PortSource, GPIO_PinSource);
EXIT_InitStrue.EXTI_Line=EXTI_Line;
EXIT_InitStrue.EXTI_LineCmd=ENABLE;
EXIT_InitStrue.EXTI_Mode=EXTI_Mode_Interrupt;
EXIT_InitStrue.EXTI_Trigger=EXTI_Trigger_Rising_Falling;
EXTI_Init(&EXIT_InitStrue);
NVIC_InitStrue.NVIC_IRQChannel=IRQn;
NVIC_InitStrue.NVIC_IRQChannelCmd=ENABLE;
NVIC_InitStrue.NVIC_IRQChannelPreemptionPriority=0;
NVIC_InitStrue.NVIC_IRQChannelSubPriority=0;
NVIC_Init(&NVIC_InitStrue);}
void EXTI15_10_IRQHandler(void)
{   if(EXTI_GetITStatus(EXTI_Line10))
{exti_10_IRQ();
```

```
#if ServiceEXTI
        EXTI_Events(GPIO_Pin_10);
#endif
        EXTI_ClearITPendingBit(EXTI_Line10);}
    if(EXTI_GetITStatus(EXTI_Line11))
    {exti_11_IRQ();
#if ServiceEXTI
        EXTI_Events(GPIO_Pin_11);
#endif
        EXTI_ClearITPendingBit(EXTI_Line11);}
    if(EXTI_GetITStatus(EXTI_Line12))
    {exti_12_IRQ();
#if ServiceEXTI
        EXTI_Events(GPIO_Pin_12);
#endif
        EXTI_ClearITPendingBit(EXTI_Line12);}
    if(EXTI_GetITStatus(EXTI_Line13))
    {exti_13_IRQ();
#if ServiceEXTI
        EXTI_Events(GPIO_Pin_13);
#endif
        EXTI_ClearITPendingBit(EXTI_Line13);}
    if(EXTI_GetITStatus(EXTI_Line14))
    {exti_14_IRQ();
#if ServiceEXTI
        EXTI_Events(GPIO_Pin_14);
#endif
        EXTI_ClearITPendingBit(EXTI_Line14);}
    if(EXTI_GetITStatus(EXTI_Line15))
    {exti_15_IRQ();
#if ServiceEXTI
        EXTI_Events(GPIO_Pin_15);
#endif
        EXTI_ClearITPendingBit(EXTI_Line15);}}
```

4. 系统实现

当闪电传感器检测到静电或按下按键一次，OLED 显示屏显示 staticElectricity 字样，如图 9-25(a)所示。手机 App 界面实时接收 staticElectricity 字符或 leakage 字符以及检测日期和时间，结果如图 9-25(b)所示。

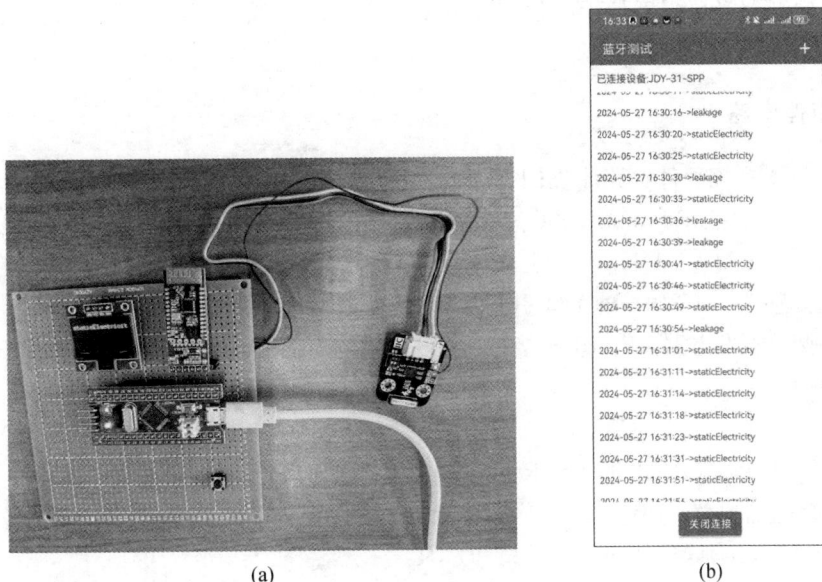

(a)　　　　　　　　　　　　　　(b)

图 9-25　系统结果图

9.8　基于蓝牙模块 HC-05 和土壤湿度传感器 YL-69 的盆栽灌溉系统设计

1. 实例功能

硬件结构如图 9-26 所示，系统由 STM32F103C8T6 微控制器、蓝牙模块 HC-05、温度传感器 DS18B20、光敏电阻 5528、土壤湿度传感器 YL-69、显示器 LCD1602、按键、继电器和蜂鸣器组成。具体功能如下：

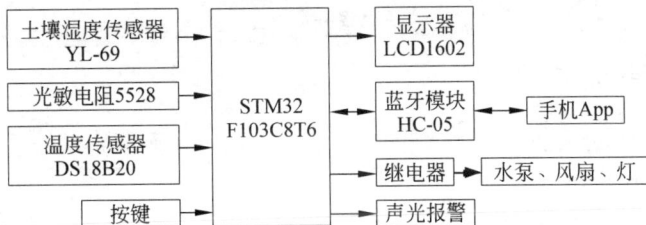

图 9-26　基于 HC-05 蓝牙模块的盆栽灌溉系统结构图

（1）STM32F103C8T6 微控制器通过温度传感器 DS18B20 采集温度，通过光敏电阻 5528 采集光照强度，利用土壤湿度传感器 YL-69 采集土壤湿度水平。

（2）LCD1602 显示监测数据和系统状态。

（3）蓝牙模块实现无线传输光照强度、环境温度和土壤湿度等。

（4）用户通过手机 App 查看当前光照强度、环境温度和土壤湿度，通过 App 设置光照强度、环境温度和土壤湿度等阈值，App 切换手动/自动模式、控制灯光、风扇和水泵。

（5）检测到光照强度低于阈值或环境温度高于阈值或土壤湿度低于阈值时，蜂鸣器报警，通过按键可以手动触发报警。

2. 硬件电路

盆栽灌溉系统硬件电路原理图如图 9-27 所示。

（1）采集电路：STM32F103C8T6 微控制器的 PB0（ADC1-IN8）连接光敏电阻，采集光强信息；PB1（ADC1-IN9）连接土壤湿度传感器 YL-69 输出引脚，采集湿度信息；PB5 连接温度传感器 DS18B20 的 DQ 引脚，采集温度值。

（2）蓝牙收发电路：PA10 连接蓝牙模块 HC-05 的 TXD 引脚，PA9 连接 HC-05 的 RXD 引脚。

（3）LCD1602 显示电路：PA7～PA0 分别与 LCD1602 的 D0～D7 连接，PC13、PC14 和 PC15 分别与 LCD1602 的 RS、R/W 和 EN 连接。

（4）继电器电路：PB6～PB8 分别连接到 3 个 NPN 管的基极，通过三极管发射极控制继电器动作，分别控制照明灯、风扇和水泵。

（5）按键电路：PB12～PB15 分别连接按键 K1～K4。

（6）蜂鸣器电路：PB9 通过 1kΩ 电阻连接 NPN 管 S8050 的基极，控制蜂鸣器报警。

3. 程序设计

主程序流程图如图 9-28 所示。首先对延时函数、中断、DS18B20、光照传感器、土壤湿度传感器、按键、LCD1602、蓝牙等初始化，LCD 显示湿度、光照和温度初值，对 TIM3 初始化。接着进入无限循环：执行按键扫描子程序；判断时间是否到 300ms，如果到则分别进入光照、湿度和温度的采集、处理、显示子程序；判断是否自动模式，如果是，则当光照暗时开启灯光，温度高时开启风扇，湿度低时开启水泵；判断在光照强度低于阈值或温度高于阈值或湿度低于阈值时，蜂鸣器报警；执行蓝牙接收发送子程序，最后延时 20ms。

根据实例要求，参考程序如下。

```
#include "sys.h"
#include "delay.h"
#include "lcd1602.h"
#include "ds18b20.h"
#include "timer.h"
#include "gpio.h"
#include "usart1.h"
#include<stdio.h>
#include<stdlib.h>
#include<string.h>
#include<stdbool.h>
#define STM32_RX1_BUF Usart1RecBuf
#define STM32_Rx1Counter RxCounter
#define STM32_RX1BUFF_SIZE USART1_RXBUFF_SIZE
```

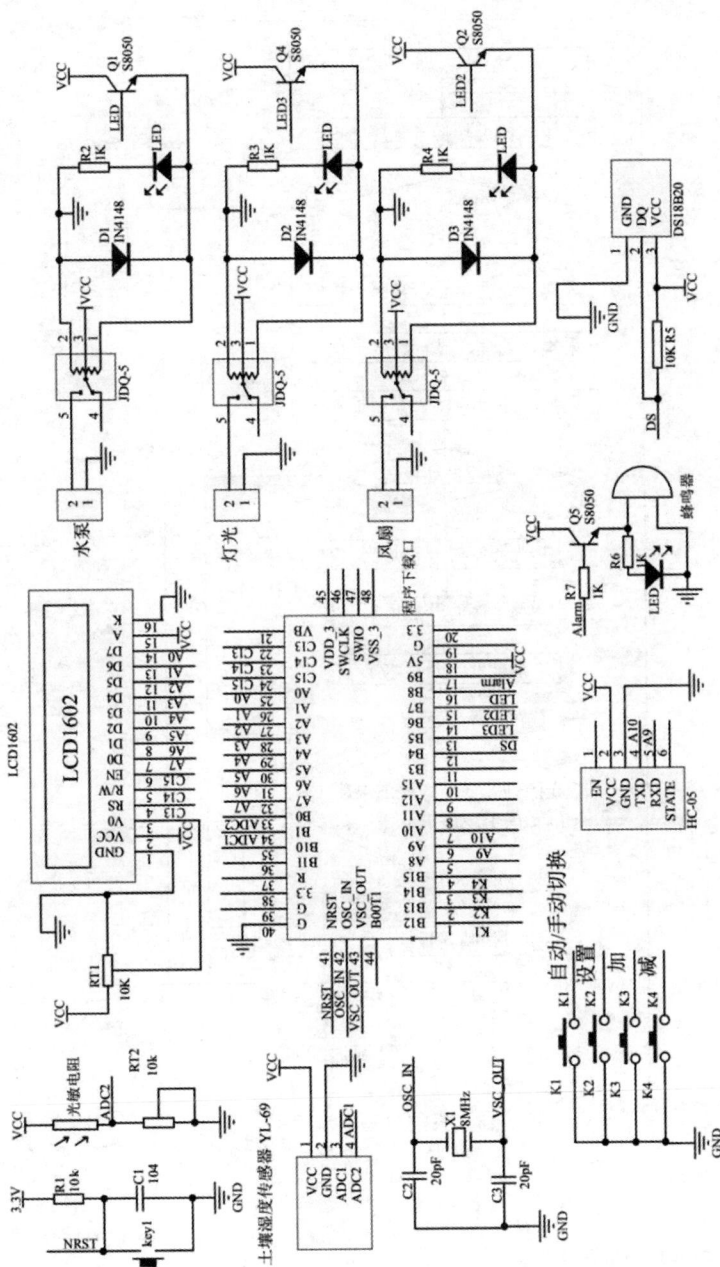

图 9-27　基于蓝牙模块和土壤湿度传感器的盆栽灌溉系统电路原理图

```
              ┌────────┐
              │  开始  │
              └────────┘
                  │
     ┌────────────────────────────────┐
     │ 初始化延时函数、中断、DS18B20、  │
     │ 光照传感器、土壤湿度传感器、     │
     │ 按键、LCD1602、蓝牙             │
     └────────────────────────────────┘
                  │
     ┌────────────────────────────────┐
     │ LCD显示湿度、光照和温度初值     │
     └────────────────────────────────┘
                  │
     ┌────────────────────────────────┐
     │        按键扫描子程序           │
     └────────────────────────────────┘
                  │
            ◇ 是否到300ms ◇────N────┐
                  │Y                 │
     ┌──────────────────────────┐   │
     │ 采集、处理、显示光照子程序 │   │
     └──────────────────────────┘   │
     ┌──────────────────────────┐   │
     │ 采集、处理、显示温度子程序 │   │
     └──────────────────────────┘   │
     ┌──────────────────────────┐   │
     │ 采集、处理、显示湿度子程序 │   │
     └──────────────────────────┘   │
                  │                  │
            ◇ 是否自动模式 ◇──N──┐  │
                  │Y             │  │
     ┌──────────────────────┐   │  │
     │   光照暗时开启灯光     │   │  │
     └──────────────────────┘   │  │
     ┌──────────────────────┐   │  │
     │   温度高时开启风扇     │   │  │
     └──────────────────────┘   │  │
     ┌──────────────────────┐   │  │
     │   湿度低时开启水泵     │   │  │
     └──────────────────────┘   │  │
                  │             │  │
      ◇ 光照强度低于阈值或温度 ◇─N┐│  │
      ◇ 高于阈值或湿度低于阈值  ◇ ││  │
                  │Y            ││  │
     ┌──────────┐        ┌──────────┐
     │ 蜂鸣器报警 │        │ 蜂鸣器关闭 │
     └──────────┘        └──────────┘
                  │
     ┌────────────────────────────────┐
     │     蓝牙接收发送子程序          │
     └────────────────────────────────┘
                  │
     ┌────────────────────────────────┐
     │          延时20ms               │
     └────────────────────────────────┘
```

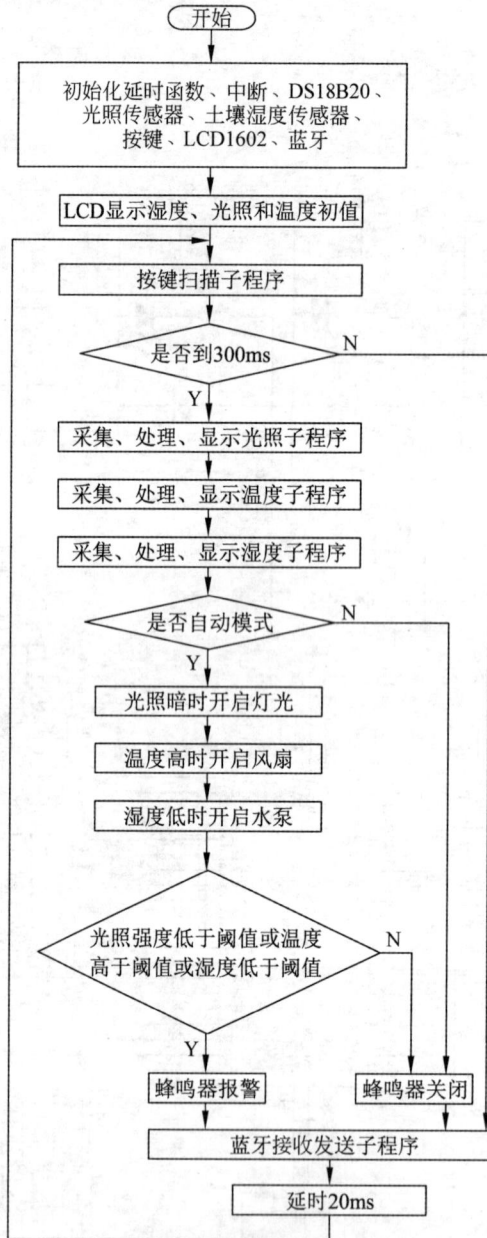

图 9-28　系统主程序流程图

```c
unsigned int light=0;
unsigned char temperature=0;
unsigned char setTempValue=35;
unsigned int setSoilMoisture=10;
unsigned char setLightValue=20;
unsigned int soilMoisture;
bool usart_send_flag=0;
```

```
bool mode=0;
bool shuaxin=0;
bool shanshuo=0;
bool sendFlag=1;
unsigned char setn=0;
void displayLight(void)
  {u16 test_adc=0;
  test_adc=Get_Adc_Average(ADC_Channel_8,10);
      light=test_adc*99/4096;
      light=light>=99? 99:light;
  if(light<=setLightValue && shanshuo)
      {    LCD_Write_Char(3,1,' ');
          LCD_Write_Char(4,1,' ');   }
        else
        {  LCD_Write_Char(3,1,light/10+'0');
          LCD_Write_Char(4,1,light%10+'0');   }}
void displaySoilMoisture(void)                    //显示土壤湿度
{    soilMoisture=100-(Get_Adc_Average(ADC_Channel_9,10)*100/4096);
    if(soilMoisture>99) soilMoisture=99;
    if(soilMoisture<=setSoilMoisture && shanshuo)
        {  LCD_Write_Char(9,0,' ');
          LCD_Write_Char(10,0,' ');        }
        else
        {  LCD_Write_Char(9,0,soilMoisture/10+'0');
          LCD_Write_Char(10,0,soilMoisture%10+'0');}}
void displayTemperature(void)
{      temperature=ReadTemperature();
      if(temperature>=setTempValue && shanshuo)
        {  LCD_Write_Char(12,1,' ');
          LCD_Write_Char(13,1,' ');       }
        else
        {  LCD_Write_Char(12,1,temperature/10+'0');
          LCD_Write_Char(13,1,temperature%10+'0');}}
void displaySetValue(void)
{if(setn==1)
        {  LCD_Write_Char(7,1,setSoilMoisture/10+'0');
          LCD_Write_Char(8,1,setSoilMoisture%10+'0'); }
        if(setn==2)
        {  LCD_Write_Char(7,1,setTempValue/10+'0');
          LCD_Write_Char(8,1,setTempValue%10+'0'); }
        if(setn==3)
        {  LCD_Write_Char(7,1,setLightValue/10+'0');
```

```
                        LCD_Write_Char(8,1,setLightValue%10+'0'); }}
        void keyscan(void)
        {   if(KEY1==0)
            {     delay_ms(10);
                if(KEY1==0)
                {   while(KEY1==0);
                    BEEP=0;
                    setn++;
                    if(setn==1)
                    {   LCD_Write_String(0,0,"set the Moisture");
                        LCD_Write_String(0,1,"  00%   "); }
                    if(setn==2)
                    {   LCD_Write_String(0,0," set the Temp ");
                        LCD_Write_String(0,1,"  00 C  ");
                        LCD_Write_Char(9,1,0xdf);   }
                    if(setn==3)
                    {   LCD_Write_String(0,0," set the Light ");
                        LCD_Write_String(0,1," 00%"); }
                    if(setn==4)
                    {   LCD_Write_String(0,0," set the mode ");
                        LCD_Write_String(0,1,"  ZD  ");
                    if(mode==0)LCD_Write_String(7,1,"ZD");else LCD_Write_String(7,1,"SD");
                }
                    displaySetValue();
                    if(setn>=5)
                    {   setn=0;
                        LCD_Write_String(0,0,"Moisture: %");
                        LCD_Write_String(0,1,"Gx: %Temp: C");
                        LCD_Write_Char(14,1,0xdf);
                    if(mode==0)LCD_Write_String(13,0,"ZD");else LCD_Write_String(13,
                    0,"SD"); }}
        }
            if(KEY2==0)
            {   delay_ms(10);
                if(KEY2==0)
                { while(KEY2==0);
                    if(setn==0 && mode==1)
                    {RELAY1=~RELAY1; }
                if(setn==1)
                    {if(setSoilMoisture<99)setSoilMoisture++; }
                    if(setn==2)
                    {if(setTempValue<99)setTempValue++; }
```

```
        if(setn==3)
        { if(setLightValue<99) setLightValue++; }
        if(setn==4)
        {   mode=0;
            LCD_Write_String(0,1," ZD"); }
        displaySetValue();}}
    if(KEY3==0)                                      //按下"加"键
    {   delay_ms(10);
        if(KEY3==0)
        {   while(KEY3==0);
            if(setn==0 && mode==1)
            {RELAY2=~RELAY2; }
        if(setn==1)
        {   if(setSoilMoisture>0) setSoilMoisture--;}
            if(setn==2)
            {if(setTempValue>0) setTempValue--;}
            if(setn==3)
            { if(setLightValue>0) setLightValue--;}
            if(setn==4)
            {   mode=1;
                LCD_Write_String(0,1," SD "); }
            displaySetValue();}}
    if(KEY4==0)                                      //按下"减"键
    {delay_ms(10);
        if(KEY4==0)
        {while(KEY4==0);
        if(setn==0 && mode==1)
            {RELAY3=~RELAY3;
            }  }  }}
void UsartSendReceiveData(void)
{       char * str1=0,i;
        int setValue=0;
        char setvalue[5]={0};
        if(strlen(STM32_RX1_BUF)>0)
        {   delay_ms(5);
            if(strstr(STM32_RX1_BUF,"light:")!=NULL)
            {   BEEP=1;
            delay_ms(80);
                BEEP=0;
                str1=strstr(STM32_RX1_BUF,"light:");
                while(* str1<'0' || * str1>'9')
                    {str1=str1 +1;}
```

```
        i=0;
        while(* str1 >='0' && * str1 <='9')
        {   setvalue[i] = * str1;
            i ++; str1++; }
            setValue=atoi(setvalue);
            setLightValue=setValue;
            displaySetValue(); }
    if(strstr(STM32_RX1_BUF,"temp:")!=NULL)
    {   str1=strstr(STM32_RX1_BUF,"temp:");
        while(* str1 <'0' || * str1 >'9')
            {str1=str1 +1;}
            i=0;
            while(* str1 >='0' && * str1 <='9')
            {setvalue[i]= * str1;
            i++; str1++;}
            setValue=atoi(setvalue);
            setTempValue=setValue;
            displaySetValue();}
    if(strstr(STM32_RX1_BUF,"soil_hmd:")!=NULL)
    {   str1=strstr(STM32_RX1_BUF,"soil_hmd:");
        while(* str1 <'0' || * str1 >'9')
            {str1=str1 +1;}
            i=0;
            while(* str1 >='0' && * str1 <='9')
            {setvalue[i]= * str1;
            i++; str1++;}
            setValue=atoi(setvalue);
            setSoilMoisture=setValue;
            displaySetValue();}
    if(strstr(STM32_RX1_BUF,"mode")!=NULL)
    {   BEEP=1;
        delay_ms(80);
        BEEP=0;
        mode=!mode;
    if(mode==0)LCD_Write_String(13,0,"ZD");else LCD_Write_String(13,
0,"SD");   }
    if(mode==1)
    {   if(strstr(STM32_RX1_BUF,"led")!=NULL)
        {   BEEP=1;
            delay_ms(80);
            BEEP=0;
            RELAY1=~RELAY1; }
```

```
            if(strstr(STM32_RX1_BUF,"fan")!=NULL)
            { BEEP=1;
                delay_ms(80);
                BEEP=0;
                RELAY2=～RELAY2;}
            if(strstr(STM32_RX1_BUF,"pump")!=NULL)
            {   BEEP=1;
                delay_ms(80);
                BEEP=0;
                RELAY3=～RELAY3;}}}
    if(sendFlag==1)
    {   sendFlag=0;
        printf("$temp:%d#,$light:%d#,$soil_hmd:%d#",temperature,light,
soilMoisture);}}
int main(void)
{delay_init();
NVIC_Configuration();
delay_ms(500);
DS18B20_GPIO_Init();
Adc_Init();
KEY_GPIO_Init();
LCD_Init();
DS18B20_Init();
uart1_Init(9600);
LCD_Write_String(0,0,"Moisture:00%ZD ");
  LCD_Write_String(0,1,"Gx:00%Temp:00 C");
  LCD_Write_Char(14,1,0xdf);
    TIM3_Init(99,719);
    while(1)
    { keyscan();
        if(setn==0)
        { if(shuaxin==1)
            { shuaxin=0;
            displayLight();
            displaySoilMoisture();
            displayTemperature();
            if(mode==0)
            { if(light<=setLightValue) RELAY1=1;
            else RELAY1=0;
            if(temperature>=setTempValue) RELAY2=1;
            else RELAY2=0;
            if(soilMoisture<=setSoilMoisture) RELAY3=1;
```

```
            else RELAY3=0;
            if( light < = setLightValue || temperature > = setTempValue ||
            soilMoisture<=setSoilMoisture) BEEP=1;
        else BEEP=0; }
        else
        {   BEEP=0;  } } }
        UsartSendReceiveData();
        delay_ms(20);     }   }
void TIM3_IRQHandler(void)
{   static u16 timeCount1=0;
    static u16 timeCount2=0;
        if(TIM_GetITStatus(TIM3, TIM_IT_Update)!=RESET){
        TIM_ClearITPendingBit(TIM3, TIM_IT_Update);
         timeCount1++;
        timeCount2++;
        if(timeCount1>=300)
            {   timeCount1=0;
                shanshuo=!shanshuo;
                shuaxin=1;}
        if(timeCount2 >=800)                          //800ms
            {   timeCount2=0;
            sendFlag=1;   }      }}
```

4. 系统实现

系统结果如图 9-29(a)所示,手机 App 结果如图 9-29(b)所示。

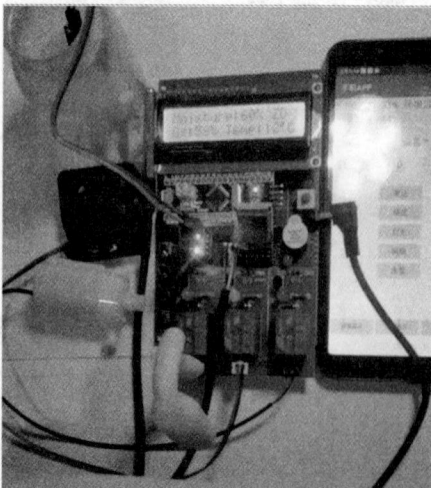

(a)

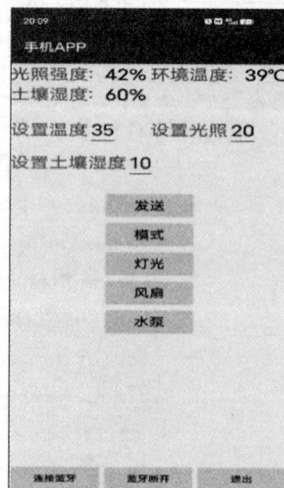

(b)

图 9-29　系统结果图

9.9　基于 UWB 和 DWM1000 的定位系统设计

1. 实例功能

基于 UWB 和 DWM1000 的定位系统结构图如图 9-30 所示,包含下位机和上位机 PC 两部分,下位机由基站 0、基站 1、基站 2 和定位标签组成。3 个基站与定位标签的硬件电路相同,均由 STM32F103C8T6 最小系统、DWM1000 模块和 OLED 显示电路等组成。三个基站位于同高度但不共线的平面上,构成一个二维平面三角形。定位标签在此三角形内移动,基站 0 通过串口与 PC 连接,将测得的标签与各个基站间的距离信息上传至 PC。具体功能如下:

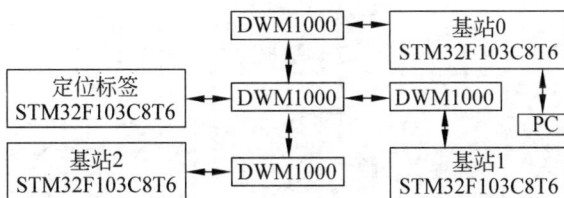

图 9-30　基于 UWB 和 DWM1000 的定位系统结构图

(1) 基站 0 通过 DWM1000 接收定位标签的 POLL 数据包,延时后通过 DWM1000 向定位标签发送 RESPONSE 数据包,在接收定位标签的 FINAL 数据包后,基站 0 将依据双边双向测距法(DS-TWR)计算与定位标签之间的距离。对距离值采用卡尔曼滤波算法处理,将距离值通过 USART1 串口传输至上位机。

(2) 基站微控制器与标签微控制器之间采用 DWM1000 通信。

(3) 定位标签完成发送 POLL、接收 RESPONSE 和发送 FINAL 数据包。

(4) 0.96 英寸 OLED 显示屏显示测得的标签与各个基站的距离信息。

2. 硬件电路

基于 UWB 和 DWM1000 的定位系统硬件电路原理图如图 9-31 所示。

(1) STM32F103C8T6 微控制器与 DWM1000 电路:PA4、PA5、PA6、PA7、PB3、PB0、PA15、PB4 分别连接 UWB 无线收发模块 DWM1000 的 SPICSn、SPICLK、SPIMISO、SPIMOSI、WAKEUP、IRQ/GPIO8、EXTON、RSTn。

(2) 基站与上位机 PC 电路:微控制器通过 USART1 串口与 PC 通信,PA9 用于发送距离数据,PA10 用于接收 PC 传来的信息。

(3) OLED 显示电路:PB10、PB12、PB13、PB14、PB15 分别与 OLED 显示屏的 DC、CS、SCK、RES、SDA 等引脚连接。

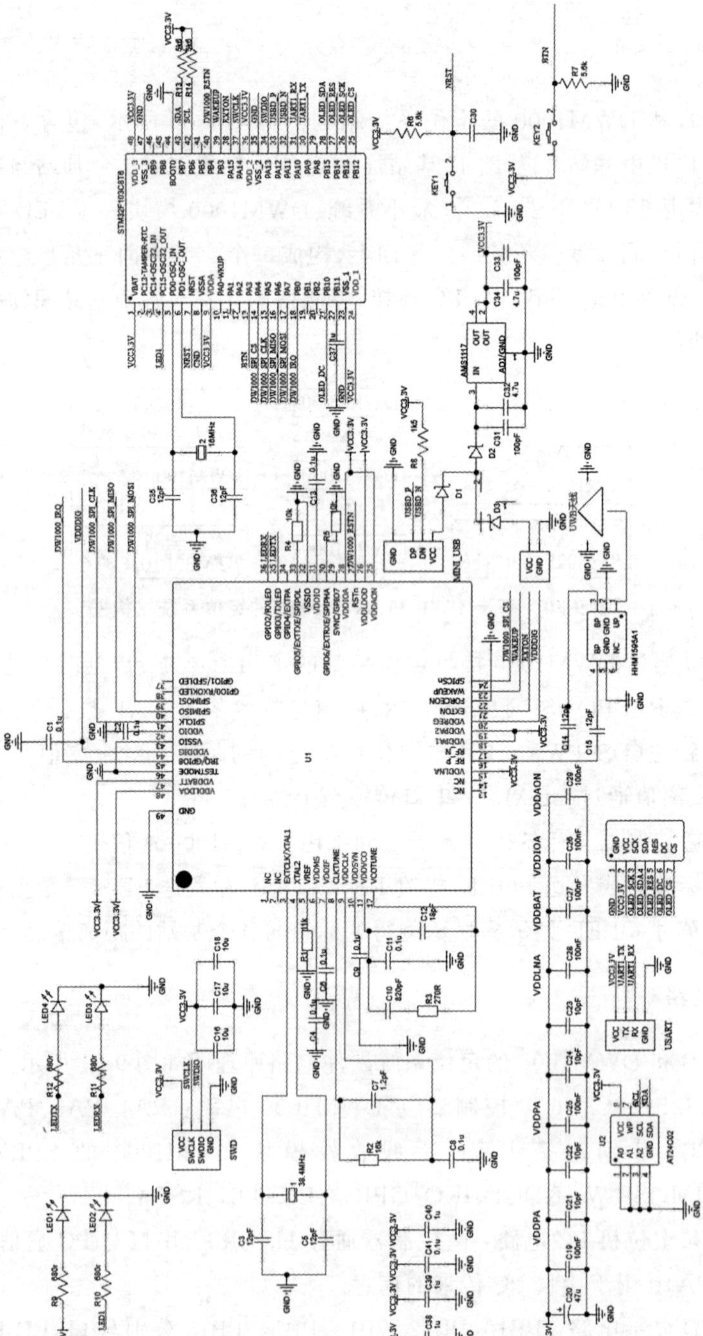

图 9-31 基于 UWB 和 DWM1000 的定位系统硬件电路原理图

3. 程序设计

1）定位基站 0 主程序

定位基站 0 主程序流程如图 9-32 所示。基站 0 完成初始化后，配置 DWM1000 寄存器为接收状态，接收来自定位标签的 POLL 数据包，经过延时后将 DWM1000 转变为发送状态，向定位标签发送 RESPONSE 数据包，并重新配置为接收状态，接收定位标签的 FINAL 数据包。基站 0 采用双边双向测距（DS-TWR）方法计算与定位标签之间的距离，并对距离采用卡尔曼滤波算法处理。将处理后的距离数据通过 USART1 串口传输至 PC。

2）标签软件

定位标签主程序如图 9-33 所示。初始化后，执行循环程序：发送 POLL 信息，接收 RESPONSE 信息、发送 FINAL 数据包和 OLED 显示定位数据。

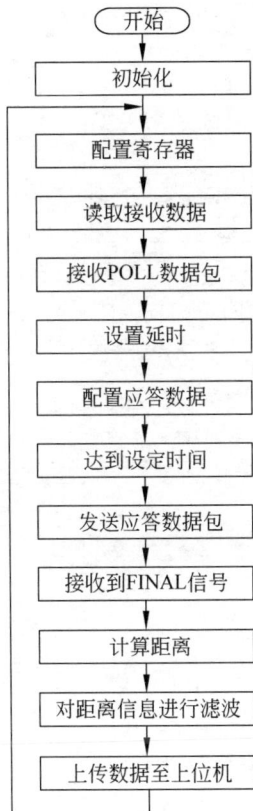

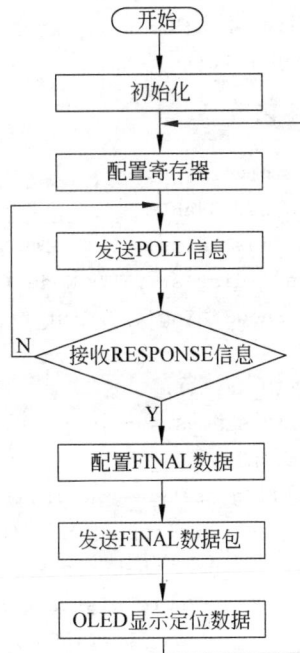

图 9-32　定位基站 0 主程序流程图　　　图 9-33　定位标签主程序流程图

根据实例要求，参考程序如下：

3）定位基站 0 主函数

```
int main(void)
{   HAL_Init();
```

```
    SystemClock_Config();
    MX_GPIO_Init();
    MX_SPI1_Init();
    MX_TIM1_Init();
    MX_USART1_UART_Init();
    __HAL_AFIO_REMAP_SWJ_ENABLE();
    dwt_dumpregisters();
    BPhero_UWB_Message_Init();
    BPhero_UWB_Init();
#ifdef LCD_ENABLE
    OLED_Init();
#endif
    while (1)
    { #ifdef LCD_ENABLE
    OLED_ShowString(0,0,"51UWB Node");
    OLED_ShowString(0,4,"Rx Node");
#endif
    dwt_setrxtimeout(0);
    dwt_enableframefilter(DWT_FF_DATA_EN);
    dwt_setrxtimeout(0);
    dwt_rxenable(0);
    KalMan_Init();      }}
```

4) 标签主函数

```
int tx_main(void)
  {#ifdef LCD_ENABLE
    OLED_ShowString(0,0,"51UWB Node");
    sprintf(dist_str, "Tx Node");
    OLED_ShowString(0,2,dist_str);
#endif
    UWB_TIM_Init();
    HAL_TIM_Base_Start_IT(&UWB_htim);
    while(1)
    {   if(Tag_State ==TAG_INIT)
          {   dwt_forcetrxoff();
              dwt_enable_pa();
              BPhero_Distance_Measure_Specail_ANTHOR();
              deca_sleep(500);
              HAL_GPIO_TogglePin(GPIOA, GPIO_PIN_0|GPIO_PIN_1|GPIO_PIN_2|
              GPIO_PIN_3|GPIO_PIN_4);  }  }}
```

4. 系统实现

系统实现如图 9-34(a)所示,上图为定位测试场景,下图为定位标签上显示的距三个基站的距离信息。PC 界面中显示出标签的定位效果如图 9-34(b)所示。

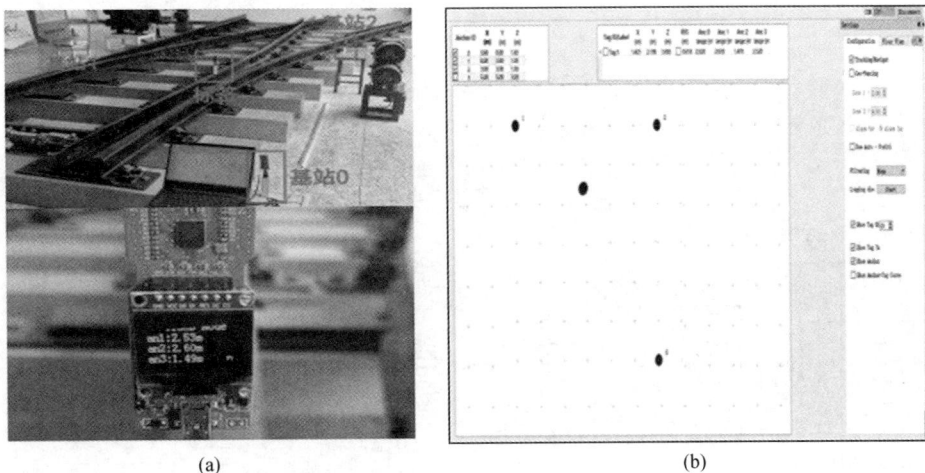

(a)　　　　　　　　　　　　　　　　(b)

图 9-34　系统结果图

9.10 基于蓝牙模块 JDY-31 和超声波传感器 HC-SR04 的站台门监测系统设计

1. 实例功能

系统硬件结构如图 9-35 所示,系统由 STM32F103C8T6 微控制器、超声波传感器 HC-SR04、压力传感器 HX711、红外测速传感器 YL-62、蓝牙模块 JDY-31、OLED 显示屏、按键、蜂鸣器和手机 App 组成。具体功能如下:

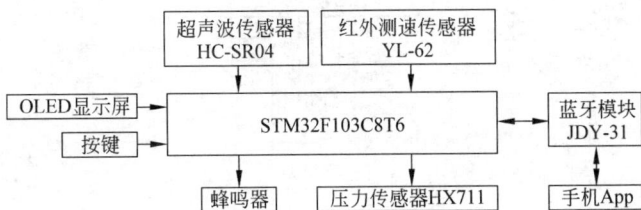

图 9-35　基于蓝牙模块 JDY-31 和超声波传感器 HC-SR04 的站台门监测系统结构图

(1) 每 100ms 通过 2 个红外传感器 YL-62 分别采集门移动开始和移动结束时间,并扫描键盘;每 1s 通过 HC-SR04 采集位移数据,且通过 HX711 采集力量数据,将采集信息处理为位移、速度、力量值。

(2) OLED 显示处理后的数据。

(3) 通过 JDY-31 无线传输数据。

(4) 数据异常时,蜂鸣器报警。

2. 硬件电路

站台门监测系统硬件电路原理图如图 9-36 所示。

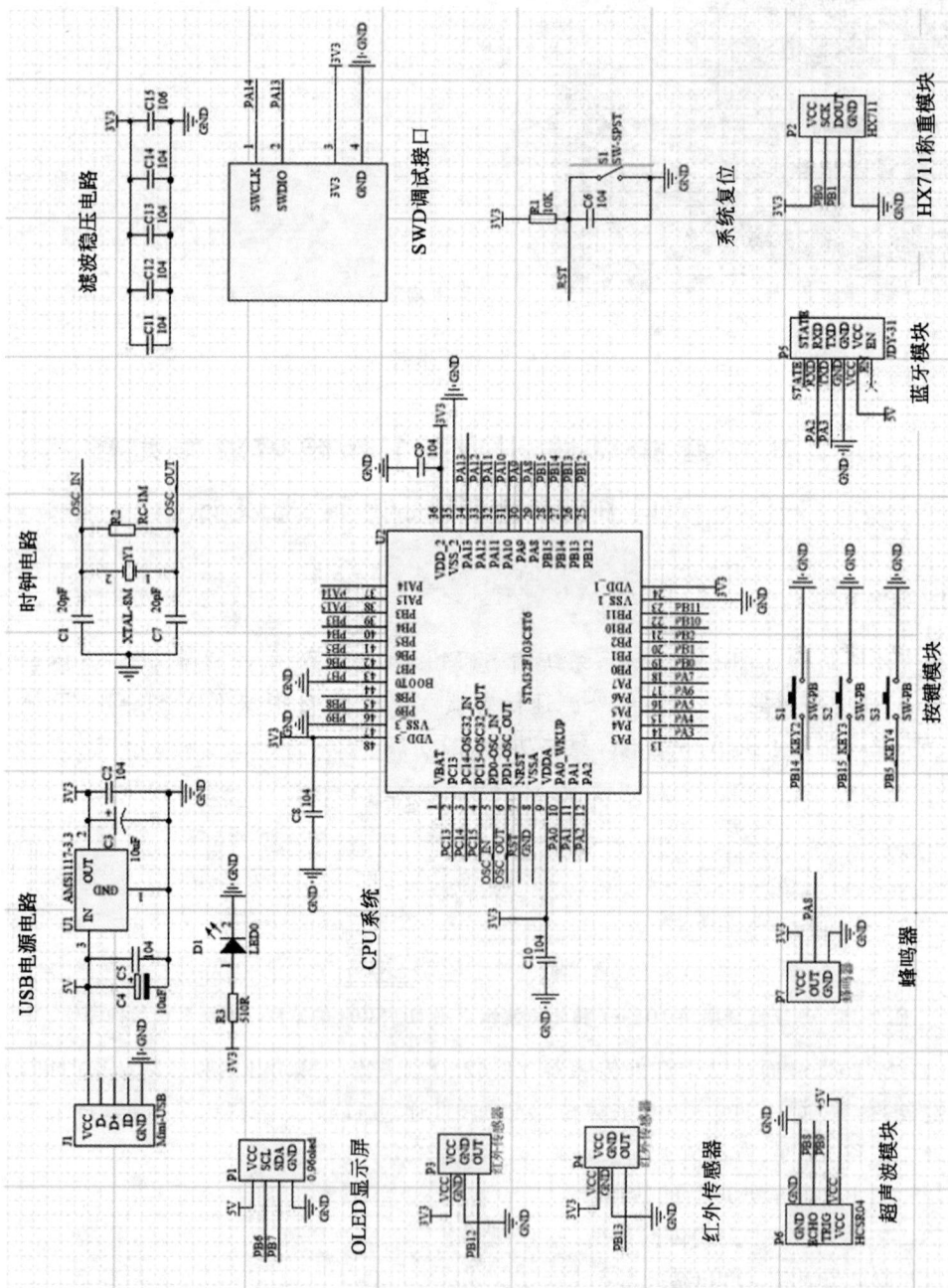

图 9-36 站台门监测系统硬件电路原理图

（1）采集电路：STM32F103C8T6 的 PB9 连接超声波传感器 HC-SR04 触发控制引脚 TRIG；PB8 连接 HC-SR04 回声信号 ECHO；PB0 连接 HX711 的 SCK，PB1 连接 HX711 的 DOUT；PB12、PB13 分别连接 2 个红外传感器 YL-62 的输出口 OUT。

（2）蓝牙收发电路：PA2 连接蓝牙模块 JDY-31 的 RXD，PA3 连接 JDY-31 的 TXD。

（3）OLED 显示电路：PB6、PB7 分别连接 OLED 显示屏的时钟引脚 SCL 和数据引脚 SDA。

（4）按键电路：PB14 连接 S1 按键，控制 OLED 内容切换，PB15 连接 S2 按键以增大阈值，PB5 连接 S3 按键以减小阈值。

（5）报警电路：PA8 连接蜂鸣器 OUT。

3. 程序设计

主程序流程图如图 9-37 所示，首先对各模块初始化，包括中断、延时函数、LED、蜂鸣器、按键、OLED、压力传感器、超声波传感器、红外传感器、蓝牙等。在无限循环程序中每 100ms 采集 2 个红外传感器信息和扫描键盘；每 1s 采集力量和位移信息，并处理后通过蓝牙模块发送信息，最后通过 OLED 显示信息。

参考程序如下。

（1）main.c：

```c
#include<stdio.h>
#include<string.h>
#include "sys.h"
#include "delay.h"
#include "usart.h"
#include "led.h"
#include "key.h"
#include "beep.h"
#include "oled.h"
#include "hcsr04.h"
#include "HX711.h"
void Hardware_Init(void)
{   NVIC_PriorityGroupConfig(NVIC_PriorityGroup_2);
delay_init();
LED_Init();
BEEP_Init();
KEY_Init();
OLED_Init();
```

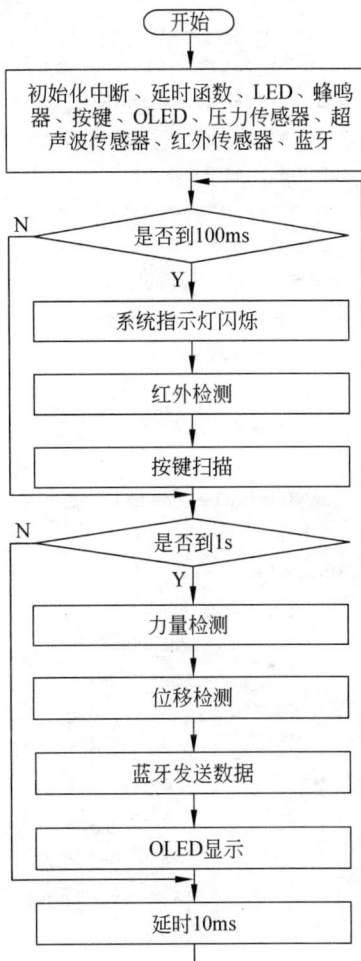

图 9-37 系统主程序流程图

```c
Init_HX711pin();
Get_Maopi();
Hcsr04Init();
USART2_init(9600); }
extern  s32 Weight_Shiwu;
u16 Pressure_Value=0,Pressure_Thre=100,Speed_Value=0,Speed_Thre=5;
u8 startFlag=0,endFlag=0,time_1s=0;
float Distance_Value=0,Distance_Thre=50;
u8 NumPos=0;
void Key_Changed(void);
void OLED_Show(void);
void ShowView1(void);
void ShowView2(void);
void ShowView3(void);
void Monitor(void);
u16 ShowViewFlag=0;
int main(void)
{   Hardware_Init();
u8 time_10ms=0,time_100ms=0;
while(1)
    {   time_10ms++;
        if(time_10ms>=8)
        {   time_100ms++;
            time_10ms=0;
            LED0=!LED0;
            Key_Changed(); }
        if(time_100ms>=8)
        {   time_100ms=0;
            if( startFlag==1&&endFlag==0)
            {time_1s++;}
            else if(startFlag==0&&endFlag==1)
            {   endFlag=0;
                Speed_Value=20/time_1s; }
            Monitor();
            OLED_Show();
            OLED_Refresh_Gram(); }
        delay_ms(10); }}
void Key_Changed(void)
{u8 key=0;
key=KEY_Scan(0);
if(KEY2==0)
    {   while(KEY2==0);
        key=3; }
    else if(KEY3==0)
```

```
{   while(KEY3==0);
    key=4;}
else if(KEY4==0)
{   while(KEY4==0);
    key=5;}
if(key)
{switch (key)
    {   case 1:
                    startFlag=1;
                    endFlag=0;
                    time_1s=0;
            break;
            case 2:
                    endFlag=1;
                    startFlag=0;
            break;
            case 3:
                    NumPos=0;
                    ShowViewFlag++;
                    OLED_Clear();
                    OLED_Show();
                    OLED_Refresh_Gram();
            break;
            case 4:
                    if(ShowViewFlag%3==0)
                    {Distance_Thre++;}
                    else if(ShowViewFlag%3==1)
                    {Pressure_Thre++;}
                    else if(ShowViewFlag%3==2)
                    {Speed_Thre++;}
                OLED_Show();
                OLED_Refresh_Gram();
            break;
            case 5:
            if(ShowViewFlag%3==0)
                    {Distance_Thre--;}
                    else if(ShowViewFlag%3==1)
                    {Pressure_Thre--;}
                    else if(ShowViewFlag%3==2)
                    {Speed_Thre--;}
                OLED_Show();
                OLED_Refresh_Gram();
                break;
            default:
```

```
                break;}}
        key=0;}
        void OLED_Show(void)
        {   switch (ShowViewFlag%3)
            {   case 0:
                    ShowView1();
                break;
                case 1:
                    ShowView2();
                break;
                case 2:
                    ShowView3();
                break;
                default:
                    break;}}
        void ShowView1(void)
        {   OLED_ShowChinese(0,0,0,16);
            OLED_ShowChinese(18,0,1,16);
            OLED_ShowChinese(0,16,8,16);
            OLED_ShowChinese(18,16,9,16);
            OLED_ShowNum(52,16,Distance_Thre,4,16,1);}
        void ShowView2(void)
        {   OLED_ShowChinese(0,0,2,16);
            OLED_ShowChinese(18,0,3,16);
            OLED_ShowNum(52,0,Pressure_Value,4,16,1);
            OLED_ShowChinese(0,16,8,16);
            OLED_ShowChinese(18,16,9,16);
            OLED_ShowNum(52,16,Pressure_Thre,4,16,1);}
        void ShowView3(void)
        {   OLED_ShowChinese(0,0,6,16);
            OLED_ShowChinese(18,0,7,16);
            OLED_ShowNum(52,0,time_1s,4,16,1);
            OLED_ShowChinese(0,16,4,16);
            OLED_ShowChinese(18,16,5,16);
            OLED_ShowNum(52,16,Speed_Value,4,16,1);
            OLED_ShowChinese(0,32,8,16);
            OLED_ShowChinese(18,32,9,16);
            OLED_ShowNum(52,32,Speed_Thre,4,16,1);}
        void Monitor(void)
        {char buf[40];
        float temp=0;
        Get_Weight();
        Pressure_Value=Weight_Shiwu;
        Distance_Value=Hcsr04GetLength();
```

```
if(Pressure_Value>Pressure_Thre||Distance_Value>Distance_Thre||Speed_Value
>Speed_Thre)
    {   BEEP=0;}
    else
    {BEEP=1;}
    sprintf(buf,"位移:%0.2f,开关门力量：%d,开关门速度:%d",Distance_Value,
    Pressure_Value,Speed_Value);
    Usart2_SendString((u8 *)buf,strlen(buf));}
```

(2) hcsr04.c：

```
#include "hcsr04.h"
#include "delay.h"
u16 msHcCount=0;
void hcsr04_NVIC()
{   NVIC_InitTypeDef NVIC_InitStructure;
    NVIC_PriorityGroupConfig(NVIC_PriorityGroup_2);
    NVIC_InitStructure.NVIC_IRQChannel=TIM2_IRQn;
    NVIC_InitStructure.NVIC_IRQChannelPreemptionPriority=2;
    NVIC_InitStructure.NVIC_IRQChannelSubPriority=0;
    NVIC_InitStructure.NVIC_IRQChannelCmd=ENABLE;
    NVIC_Init(&NVIC_InitStructure);}
void Hcsr04Init()
{   TIM_TimeBaseInitTypeDef TIM_TimeBaseStructure;
    GPIO_InitTypeDef GPIO_InitStructure;
    RCC_APB2PeriphClockCmd(HCSR04_CLK, ENABLE);
    GPIO_InitStructure.GPIO_Pin=HCSR04_TRIG;
    GPIO_InitStructure.GPIO_Speed=GPIO_Speed_50MHz;
    GPIO_InitStructure.GPIO_Mode=GPIO_Mode_Out_PP;
    GPIO_Init(HCSR04_PORT, &GPIO_InitStructure);
    GPIO_ResetBits(HCSR04_PORT,HCSR04_TRIG);
    GPIO_InitStructure.GPIO_Pin=HCSR04_ECHO;
    GPIO_InitStructure.GPIO_Mode=GPIO_Mode_IN_FLOATING;
    GPIO_Init(HCSR04_PORT, &GPIO_InitStructure);
    GPIO_ResetBits(HCSR04_PORT,HCSR04_ECHO);
    RCC_APB1PeriphClockCmd(RCC_APB1Periph_TIM2, ENABLE);
    TIM_DeInit(TIM2);
    TIM_TimeBaseStructure.TIM_Period=(1000-1);
    TIM_TimeBaseStructure.TIM_Prescaler=(72-1);
    TIM_TimeBaseStructure.TIM_ClockDivision=TIM_CKD_DIV1;
    TIM_TimeBaseStructure.TIM_CounterMode=TIM_CounterMode_Up;
    TIM_TimeBaseInit(TIM2, &TIM_TimeBaseStructure);
    TIM_ClearFlag(TIM2, TIM_FLAG_Update);
    TIM_ITConfig(TIM2,TIM_IT_Update,ENABLE);
    hcsr04_NVIC();
```

```
        TIM_Cmd(TIM2,DISABLE);    }
static void OpenTimerForHc()
{   TIM_SetCounter(TIM2,0);
    msHcCount=0;
    TIM_Cmd(TIM2, ENABLE); }
static void CloseTimerForHc()
{   TIM_Cmd(TIM2, DISABLE); }
void TIM2_IRQHandler(void)
{   if (TIM_GetITStatus(TIM2, TIM_IT_Update)!=RESET)
    {   TIM_ClearITPendingBit(TIM2, TIM_IT_Update );
        msHcCount++; }}
u32 GetEchoTimer(void)
{   u32 t=0;
    t=msHcCount * 1000;
    t+=TIM_GetCounter(TIM2);
    TIM2->CNT =0;
    delay_ms(50);
    return t;}
float Hcsr04GetLength(void)
{   u32 t=0;
    int i=0;
    float lengthTemp=0;
    float sum=0;
    while(i!=5)
    {   TRIG_Send=1;
        delay_us(15);
        TRIG_Send=0;
        while(ECHO_Reci==0);
        OpenTimerForHc();
        i=i +1;
        while(ECHO_Reci==1);
        CloseTimerForHc();
        t=GetEchoTimer();
        lengthTemp=((float)t/58.0);
        sum=lengthTemp +sum ; }
    lengthTemp=sum/5.0;
    return lengthTemp;}
```

(3) HX711.c：

```
#include "HX711.h"
#include "delay.h"
u32 HX711_Buffer=0;
u32 Weight_Maopi=0;
s32 Weight_Shiwu=0;
```

```
u8 Flag_Error=0;
#define GapValue 106.5
void Init_HX711pin(void)
{   GPIO_InitTypeDef GPIO_InitStructure;
    RCC_APB2PeriphClockCmd(RCC_APB2Periph_GPIOB, ENABLE);
    GPIO_InitStructure.GPIO_Pin=GPIO_Pin_0;
    GPIO_InitStructure.GPIO_Mode=GPIO_Mode_Out_PP;
    GPIO_InitStructure.GPIO_Speed=GPIO_Speed_50MHz;
    GPIO_Init(GPIOB, &GPIO_InitStructure);
    GPIO_InitStructure.GPIO_Pin=GPIO_Pin_1;
    GPIO_InitStructure.GPIO_Mode=GPIO_Mode_IPU;
    GPIO_Init(GPIOB, &GPIO_InitStructure);
    GPIO_SetBits(GPIOB,GPIO_Pin_0); }
u32 HX711_Read(void)
{   unsigned long count;
unsigned char i;
    HX711_DOUT=1;
delay_us(1);
    HX711_SCK=0;
    count=0;
    while(HX711_DOUT);
    for(i=0;i<24;i++)
    {   HX711_SCK=1;
        count=count<<1;
        delay_us(1);
        HX711_SCK=0;
        if(HX711_DOUT)
        count++;
        delay_us(1);   }
        HX711_SCK=1;
    count=count^0x800000;
    delay_us(1);
    HX711_SCK=0;
    return(count); }
void Get_Maopi(void)
{Weight_Maopi=HX711_Read();   }
void Get_Weight(void)
{   HX711_Buffer=HX711_Read();
if(HX711_Buffer>Weight_Maopi)
    {   Weight_Shiwu=HX711_Buffer;
        Weight_Shiwu=Weight_Shiwu-Weight_Maopi;
        Weight_Shiwu=(s32)((float)Weight_Shiwu/GapValue);   }
    else
    {   Weight_Shiwu=0;   }}
```

4. 系统实现

当系统检测到位移为 4cm,OLED 显示屏结果如图 9-38(a)所示。手机 App 实时接收蓝牙模块传输的实时时间、开关门位移、开关门力量和开关速度,结果如图 9-38(b)所示。

(a)

(b)

图 9-38　系统结果图

9.11　基于 DS18B20 和 PWM 的温度控制系统设计

系统由 STM32F103R6 微控制器、数字温度传感器 DS18B20、直流电机、LCD1602 和按键组成,实现温度控制。

1. 实例功能

(1) 微控制器通过温度传感器 DS18B20 采集环境温度。

(2) LCD1602 显示当前温度和温度阈值。

(3) 通过 2 个按键设置温度阈值。

(4) 根据温度小于阈值和大于或等于阈值 2 种状态,微控制器采用 2 种不同的 PWM 输出控制直流电机。

（5）温度的 2 种状态，分别通过红灯和绿灯 2 个 LED 指示。

2. 硬件电路

基于 DS18B20 和 PWM 的温度控制系统仿真电路如图 9-39 所示。

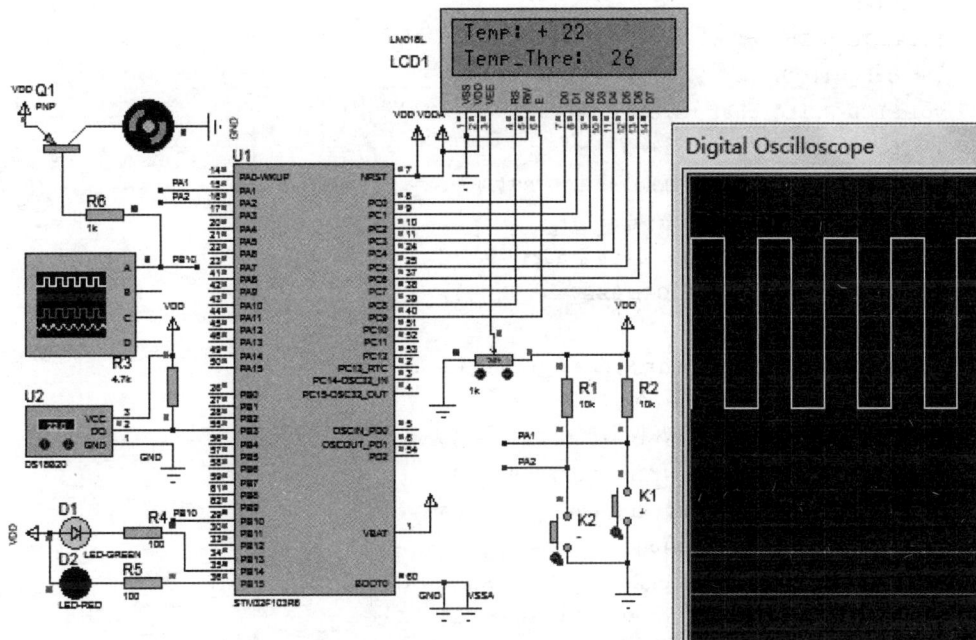

图 9-39　基于 DS18B20 和 PWM 的温度控制系统仿真

（1）采集电路：PB3 连接到 DS18B20 的 DQ 引脚，采集温度值。

（2）PWM 输出控制电机电路：PB10（TIM2_CH3）输出 PWM 信号，经过电阻 R6 和 PNP 管基极控制直流电机，同时 PB10 连接示波器显示 PWM 信号。

（3）LCD 显示电路：PC0～PC9 分别连接到 LCD1602 显示器的 D0～D7、RS、E。

（4）按键电路：PA1 和 PA2 分别连接按键 K1 和 K2，K1 设置温度阈值加 1，K2 设置温度阈值减 1。

（5）LED 显示电路：PB14 和 PB15 分别连接绿色 LED 和红色 LED。

3. 软件设计

根据实例要求，参考程序如下。

```
#include "stm32f10x.h"
#include "string.h"
#include<stdio.h>
#define LCD_RS(x) x?GPIO_SetBits(GPIOC,GPIO_Pin_8): GPIO_ResetBits(GPIOC,
GPIO_Pin_8)
#define LCD_EN(x) x?GPIO_SetBits(GPIOC,GPIO_Pin_9): GPIO_ResetBits(GPIOC,
GPIO_Pin_9)
```

```c
#define K1 GPIO_ReadInputDataBit(GPIOA,GPIO_Pin_1)//读取按键 K1
#define K2 GPIO_ReadInputDataBit(GPIOA,GPIO_Pin_2)//读取按键 K2
#define   COM 0
#define   DAT 1
char TempBuffer[4];
char TempH[4];
float Temp_Thre=26;
int dangwei=0;
void LCD_Write(char rs,char dat)
{   for(int i=0;i<600;i++);
    if(0==rs) LCD_RS(0);else LCD_RS(1);
    LCD_EN(1);
    GPIO_SetBits(GPIOC, 0xff & dat);
    GPIO_ResetBits(GPIOC, 0xff &(~dat));
    LCD_EN(0);}
void LCD_Write_Char(char x,char y,char Data)
{   if(0==x) LCD_Write(COM, 0x80 +y);
    else if(1==x) LCD_Write(COM,0xC0 +y);
    else if(2==x) LCD_Write(COM, 0x90 +y);
    else LCD_Write(COM, 0xD0 +y);
    LCD_Write(DAT, Data);}
void LCD_Write_String(char x,char y,char * s)
{   if(0==x) LCD_Write(COM, 0x80 +y);
    else if(1==x) LCD_Write(COM,0xC0 +y);
    else if(2==x) LCD_Write(COM, 0x90 +y);
    else LCD_Write(COM, 0xD0 +y);
    while(* s) LCD_Write(DAT, * s++); }
void LCD_Clear(void)
{   LCD_Write(COM, 0x01);
    for(int i=0;i<60000;i++);}
void LCD_Init(void)
{   LCD_Write(COM, 0x38);
    LCD_Write(COM, 0x08);
    LCD_Write(COM, 0x06);
    LCD_Write(COM, 0x0C);
    LCD_Clear();}
void GPIOC_Init(void)
{   GPIO_InitTypeDef MyGPIO;                        //定义 GPIO 结构体变量
    RCC_APB2PeriphClockCmd(RCC_APB2Periph_GPIOC,ENABLE);
    MyGPIO.GPIO_Pin=GPIO_Pin_0 | GPIO_Pin_1 | GPIO_Pin_2 | GPIO_Pin_3 |
                    GPIO_Pin_4 | GPIO_Pin_5 | GPIO_Pin_6 | GPIO_Pin_7 |
                    GPIO_Pin_8 | GPIO_Pin_9;
    MyGPIO.GPIO_Speed=GPIO_Speed_50MHz;
    MyGPIO.GPIO_Mode=GPIO_Mode_Out_PP;
```

```
      GPIO_Init(GPIOC,&MyGPIO); }
void DS18b20GPIO_Init(void)
{   RCC_APB2PeriphClockCmd(RCC_APB2Periph_GPIOB,ENABLE);
    GPIOB->CRL &=~0x0000F000;
    GPIOB->CRL |=0x00004000; }
#define DQ_DIR_IN   {GPIOB->CRL&=~0x0000F000;GPIOB->CRL|=0x00004000; }
#define DQ_DIR_OUT {GPIOB->CRL&=~0x0000F000;GPIOB->CRL|=0x00001000; }
#define DQ(x)      (x)?GPIO_SetBits(GPIOB,GPIO_Pin_3):GPIO_ResetBits(GPIOB,
GPIO_Pin_3)
#define DQ_PIN GPIO_ReadInputDataBit(GPIOB,GPIO_Pin_3)
void Delay_us(int t)
{   while(t--); }
char DS18b20_Init(void)
{   char flag;
    DQ_DIR_IN;
    Delay_us(10);
    DQ_DIR_OUT;
    DQ(0);
    Delay_us(1000);
    DQ_DIR_IN;
    Delay_us(60);
    flag=DQ_PIN;
    Delay_us(600);
    return(flag); }
unsigned char Read_Char(void)
{   unsigned char dat=0;
    for(int i=0;i<8;i++)
    {   DQ_DIR_OUT;
        DQ(0);
        Delay_us(10);
        DQ_DIR_IN;
        Delay_us(50);
        dat >>=1;
        if(DQ_PIN)dat|=0x80;
        else dat|=0x00;
        Delay_us(60);    }
  return(dat); }
void Write_Char(unsigned char dat)
{   for(int i=0;i<8;i++)
    {   DQ_DIR_OUT;
        DQ(0);
        Delay_us(10);
        if(dat & 0x01) DQ(1);
        else DQ(0);
```

```
              Delay_us(110);
              DQ_DIR_IN;
              dat>>=1; }}
void DS18b20_StartConv(void)
{   while(0!=DS18b20_Init());
    Write_Char(0xCC);
    Write_Char(0x44);}
float DS18b20_ReadTemp(void)
{   static unsigned char th,tl;
    static unsigned short temp;
    float f;
    while(0!=DS18b20_Init());
    Write_Char(0xCC);
    Write_Char(0xBE);
    tl=Read_Char();
    th=Read_Char();
    temp=(th<<8)|tl;
    if(temp & 0x8000)
    { temp=~temp;
      temp++;
      f=(float)temp;
      f*=-1; }
    else f=(float)temp;
    f/=16;
    return f;}
void LEDGPIO_Init(void)
{   GPIO_InitTypeDef MyGPIO;
    RCC_APB2PeriphClockCmd(RCC_APB2Periph_GPIOB,ENABLE);
    MyGPIO.GPIO_Pin=GPIO_Pin_14 | GPIO_Pin_15;
    MyGPIO.GPIO_Speed=GPIO_Speed_50MHz;
    MyGPIO.GPIO_Mode=GPIO_Mode_Out_PP;
    GPIO_Init(GPIOB,&MyGPIO); }
void KeyGPIO_Init(void)
{   GPIO_InitTypeDef MyGPIO;
    RCC_APB2PeriphClockCmd(RCC_APB2Periph_GPIOA,ENABLE);
    MyGPIO.GPIO_Pin=GPIO_Pin_1 | GPIO_Pin_2;
    MyGPIO.GPIO_Mode=GPIO_Mode_IN_FLOATING;
    GPIO_Init(GPIOA,&MyGPIO); }
void TIM2PWM_Init(void)
{   GPIO_InitTypeDef MyGPIO;
    RCC_APB2PeriphClockCmd(RCC_APB2Periph_AFIO, ENABLE);
    RCC_APB2PeriphClockCmd(RCC_APB2Periph_GPIOB,ENABLE);
    GPIO_PinRemapConfig(GPIO_FullRemap_TIM2,ENABLE);
    MyGPIO.GPIO_Pin=GPIO_Pin_10;
```

```
    MyGPIO.GPIO_Speed=GPIO_Speed_50MHz;
    MyGPIO.GPIO_Mode=GPIO_Mode_AF_PP;
    GPIO_Init(GPIOB,&MyGPIO);
    TIM_TimeBaseInitTypeDef MyTIM;
    RCC_APB1PeriphClockCmd(RCC_APB1Periph_TIM2,ENABLE);
    MyTIM.TIM_Prescaler=8-1;
    MyTIM.TIM_Period=1000;
    MyTIM.TIM_ClockDivision=TIM_CKD_DIV1;
    MyTIM.TIM_CounterMode=TIM_CounterMode_Up;
    MyTIM.TIM_RepetitionCounter=0;
    TIM_TimeBaseInit(TIM2,&MyTIM);
    TIM_ARRPreloadConfig(TIM2,ENABLE);
    TIM_Cmd(TIM2,ENABLE);
    TIM_OCInitTypeDef MyPWM;
    MyPWM.TIM_OCMode=TIM_OCMode_PWM1;
    MyPWM.TIM_OutputState=TIM_OutputState_Enable;
    MyPWM.TIM_OutputNState=TIM_OutputNState_Enable;
    MyPWM.TIM_Pulse=500;
    MyPWM.TIM_OCPolarity=TIM_OCPolarity_Low;
    MyPWM.TIM_OCNPolarity=TIM_OCNPolarity_Low;
    MyPWM.TIM_OCIdleState=TIM_OCIdleState_Reset;
    MyPWM.TIM_OCNIdleState=TIM_OCNIdleState_Reset;
    TIM_OC3Init(TIM2,&MyPWM);
    TIM_OC3PreloadConfig(TIM2,TIM_OCPreload_Enable);
    TIM_CtrlPWMOutputs(TIM2,ENABLE);
    TIM_ITConfig(TIM2,TIM_IT_Update,ENABLE); }
void TIM2NVIC_Init(void)
{   NVIC_InitTypeDef MyNVIC;
    NVIC_PriorityGroupConfig(NVIC_PriorityGroup_2);
    MyNVIC.NVIC_IRQChannel=TIM2_IRQn;
    MyNVIC.NVIC_IRQChannelPreemptionPriority=2;
    MyNVIC.NVIC_IRQChannelSubPriority=2;
    MyNVIC.NVIC_IRQChannelCmd=ENABLE;
    NVIC_Init(&MyNVIC); }
int count;
static float f;
void TIM2_IRQHandler(void)                      //TIM2 的中断函数
{   if(RESET!=TIM_GetITStatus(TIM2,TIM_IT_Update))
    {   TIM_ClearITPendingBit(TIM2,TIM_IT_Update);
        count++;
        if(50==count)
        {DS18b20_StartConv(); }
        else if(500==count)
        {count=0;
```

```
                    f=DS18b20_ReadTemp();   }}}
void lcd_display(void)
{    char buf1[20], buf2[20];
     float a;
          a=f;
          if(a<0) a=0-a;
          if(f<0){
             sprintf(buf1,"Temp: -%3.0f",a);
          sprintf(buf2,"Temp_Thre: %3.0f",Temp_Thre);
                LCD_Write_String(0,0,buf1);
                LCD_Write_String(1,0,buf2); }
        else{
             sprintf(buf1,"Temp: +%3.0f",a);
          sprintf(buf2,"Temp_Thre: %3.0f",Temp_Thre);
                LCD_Write_String(0,0,buf1);
                LCD_Write_String(1,0,buf2); } }
int count;
void Motorfan(void)
{if(0==dangwei) TIM_SetCompare3(TIM2,500);
  else TIM_SetCompare3(TIM2,750); }
u8 KEY_Scan(void)
{static u8 key_up=1;
    if(key_up&&(K1==0||K2==0))
    {   Delay_us(2000);                          //去抖动
        key_up=0;
        if(K1==0) return 1;
        else if(K2==0) return 2;
    }else if(K1==1) key_up=1;
    return 0; }
#define GLED(x) x?GPIO_SetBits(GPIOB,GPIO_Pin_14): GPIO_ResetBits(GPIOB,GPIO
_Pin_14)
#define RLED(x) x?GPIO_SetBits(GPIOB,GPIO_Pin_15): GPIO_ResetBits(GPIOB,GPIO
_Pin_15)
int main(void)
{  GPIOC_Init();
   LCD_Init();
   LEDGPIO_Init();
   KeyGPIO_Init();
   DS18b20GPIO_Init();
   DQ_DIR_OUT;
   DQ(1);
   TIM2PWM_Init();
   TIM2NVIC_Init();
   while(1)
```

```
{ u8 key=0;
    key=KEY_Scan();
      if(key)
      { switch(key)
          { case 1:
            Temp_Thre++;
      if(Temp_Thre>60)Temp_Thre=60;
              break;
          case 2:
              Temp_Thre--;
      if(Temp_Thre<10)Temp_Thre=10;
          break;
      default:
          break; } }
lcd_display();
      if(f<Temp_Thre)
      {dangwei=0;
      RLED(1);
      GLED(0);}
      else
      {   dangwei=1;
          RLED(0);
          GLED(1);
      }
      Motorfan(); }}
```

习　题　9

1. STM32F103 微控制器开发实例中,常用的温度检测传感器有哪些?

2. STM32F103 微控制器开发实例中,常用的显示芯片有哪些?

3. STM32F103 微控制器开发实例中,常用的无线通信芯片有哪些?

4. 嵌入式系统的硬件电路原理图可以用哪些软件工具绘制?

5. STM32F103 微控制器使用蓝牙模块 JDY-31 和使用 ESP8266Wi-Fi 模块实现无线通信,在接口上有什么不同?

6. 软件延时的方法有哪些?

7. STM32F103 微控制器使用激光颗粒物浓度传感器 A4-CG 采集 PM2.5 颗粒物浓度值,双方通信需要几根连接线?

8. STM32F103 微控制器使用空气污染检测传感器 MQ135 采集有害气体值,双方通信需要几根连接线?

9. STM32F103 微控制器使用温湿度传感器 DHT11 采集温度和湿度值,双方通信需要几根连接线?

10. STM32F103 微控制器使用 ESP8266Wi-Fi 模块收发信息,双方通信需要几根连接线?

11. STM32F103 微控制器使用 LCD1602 显示信息,双方通信需要几根连接线?

12. STM32F103 微控制器使用温度传感器 DS18B20 采集温度,双方通信需要几根连接线?

附录 A

STM32F103 微控制器大容量产品引脚定义表(STM32F103xC/D/E)

引 脚 名	类 型	I/O 电平	主功能（复位后）	复 用 功 能	
				默认复用功能	重定义功能
PE2	I/O	FT	PE2	TRACECK/FSMC_A23	
PE3	I/O	FT	PE3	TRACED0/FSMC_A19	
PE4	I/O	FT	PE4	TRACED1/FSMC_A20	
PE5	I/O	FT	PE5	TRACED2/FSMC_A21	
PE6	I/O	FT	PE6	TRACED3/FSMC_A22	
V_{BAT}	S		V_{BAT}		
PC13-TAMPER-RTC	I/O		PC13	TAMPER-RTC	
PC14-OSC32_IN	I/O		PC14	OSC32_IN	
PC15-OSC32_OUT	I/O		PC15	OSC32_OUT	
PF0	I/O	FT	PF0	FSMC_A0	
PF1	I/O	FT	PF1	FSMC_A1	
PF2	I/O	FT	PF2	FSMC_A2	
PF3	I/O	FT	PF3	FSMC_A3	
PF4	I/O	FT	PF4	FSMC_A4	
PF5	I/O	FT	PF5	FSMC_A5	
V_{SS_5}	S		V_{SS_5}		
V_{DD_5}	S		V_{DD_5}		
PF6	I/O		PF6	ADC3_IN4/FSMC_NIORD	

引　脚　名	类　型	I/O 电平	主功能（复位后）	复用功能	
				默认复用功能	重定义功能
PF7	I/O		PF7	ADC3_IN5/FSMC_NREG	
PF8	I/O		PF8	ADC3_IN6/FSMC_NIOWR	
PF9	I/O		PF9	ADC3_IN7/FSMC_CD	
PF10	I/O		PF10	ADC3_IN8/FSMC_INTR	
OSC_IN	I		OSC_IN		
OSC_OUT	O		OSC_OUT		
NRST	I/O		NRST		
PC0	I/O		PC0	ADC123_IN10	
PC1	I/O		PC1	ADC123_IN11	
PC2	I/O		PC2	ADC123_IN12	
PC3	I/O		PC3	ADC123_IN13	
V_{SSA}	S		V_{SSA}		
V_{REF-}	S		V_{REF-}		
V_{REF+}	S		V_{REF+}		
V_{DDA}	S		V_{DDA}		
PA0-WKUP	I/O		PA0	WKUP/USART2_CTS/ADC123_IN0/TIM2_CH1_ETR/TIM5_CH1/TIM8_ETR	
PA1	I/O		PA1	USART2_RTS/ADC123_IN1/TIM5_CH2/TIM2_CH2	
PA2	I/O		PA2	USART2_TX/TIM5_CH3/ADC123_IN2/TIM2_CH3	
PA3	I/O		PA3	USART2_RX/TIM5_CH4/ADC123_IN3/TIM2_CH4	
V_{SS_4}	S		V_{SS_4}		
V_{DD_4}	S		V_{DD_4}		
PA4	I/O		PA4	SPI1_NSS/USART2_CK/DAC_OUT1/ADC12_IN4	

续表

引 脚 名	类 型	I/O 电平	主功能（复位后）	复用功能	
				默认复用功能	重定义功能
PA5	I/O		PA5	SPI1_SCK/DAC_OUT2/ADC12_IN5	
PA6	I/O		PA6	SPI1_MISO/TIM8_BKIN/ADC12_IN6/TIM3_CH1	TIM1_BKIN
PA7	I/O		PA7	SPI1_MOSI/TIM8_CH1N/ADC12 _ IN7/TIM3_CH2	TIM1_CH1N
PC4	I/O		PC4	ADC12_IN14	
PC5	I/O		PC5	ADC12_IN15	
PB0	I/O		PB0	ADC12_IN8/TIM3_CH3/TIM8_CH2N	TIM1_CH2N
PB1	I/O		PB1	ADC12_IN9/TIM3_CH4/TIM8_CH3N	TIM1_CH3N
PB2	I/O	FT	PB2/BOOT1		
PF11	S		V_{SS_6}	FSMC_NIOS16	
PF12	I/O	FT	PF12	FSMC_A6	
V_{SS_6}	S		V_{SS_6}		
V_{DD_6}	S		V_{DD_6}		
PF13	I/O	FT	PF13	FSMC_A7	
PF14	I/O	FT	PF14	FSMC_A8	
PF15	I/O	FT	PF15	FSMC_A9	
PG0	I/O	FT	PG0	FSMC_A10	
PG1	I/O	FT	PG1	FSMC_A11	
PE7	I/O	FT	PE7	FSMC_D4	TIM1_ETR
PE8	I/O	FT	PE8	FSMC_D5	TIM1_CH1N
PE9	I/O	FT	PE9	FSMC_D6	TIM1_CH1
V_{SS_7}	S		V_{SS_7}		
V_{DD_7}	S		V_{DD_7}		
PE10	I/O	FT	PE10	FSMC_D7	TIM1_CH2N
PE11	I/O	FT	PE11	FSMC _D8	TIM1_CH2
PE12	I/O	FT	PE12	FSMC_D9	TIM1_CH3N
PE13	I/O	FT	PE13	FSMC_D10	TIM1_CH3

续表

引 脚 名	类 型	I/O 电平	主功能（复位后）	复 用 功 能	
				默认复用功能	重定义功能
PE14	I/O	FT	PE14	FSMC_D11	TIM1_CH4
PE15	I/O	FT	PE15	FSMC_D12	TIM1 _BKIN
PB10	I/O	FT	PB10	I2C2_SCL/USART3_TX	TIM2_CH3
PB11	I/O	FT	PB11	I2C2_SDA/USART3_RX	TIM2 _CH4
V_{SS_1}	S		V_{SS_1}		
V_{DD_1}	S		V_{DD_1}		
PB12	I/O	FT	PB12	SPI2_NSS/I2S2_WS/I2C2 _ SMBA/USART3 _ CK/TIMI_BKIN（8）	
PB13	I/O	FT	PB13	SPI2_SCK/I2S2_CK USART3_CTS/TIM1 _CH1N	
PB14	I/O	FT	PB14	SPI2_MISO/TIM1_CH2N USART3_RTS/	
PB15	I/O	FT	PB15	SPI2_MOSI/I2S2_SD/TIM1_CH3N/	
PD8	I/O	FT	PD8	FSMC_D13	USART3_TX
PD9	I/O	FT	PD9	FSMC_D14	USART3_RX
PD10	I/O	FT	PD10	FSMC_D15	USART3_CK
PD11	I/O	FT	PD11	FSMC_A16	USART3_CTS
PD12	I/O	FT	PD12	FSMC_A17	TIM4_CH1/USART3_RTS
PD13	I/O	FT	PD13	FSMC_A18	TIM4_CH2
V_{SS_8}	S		V_{SS_8}		
V_{DD_8}	S		V_{DD_8}		
PD14	I/O	FT	PD14	FSMC_D0	TIM4_CH3
PD15	I/O	FT	PD15	FSMC_D1	TIM4_CH4
PG2	I/O	FT	PG2	FSMC_A12	
PG3	I/O	FT	PG3	FSMC_A13	
PG4	I/O	FT	PG4	FSMC_A14	

引　脚　名	类　型	I/O 电平	主功能（复位后）	复 用 功 能	
				默认复用功能	重定义功能
PG5	I/O	FT	PG5	FSMC_A15	
PG6	I/O	FT	PG6	FSMC_INT2	
PG7	I/O	FT	PG7	FSMC_INT3	
PG8	I/O	FT	PG8		
V_{SS_9}	S		V_{SS_9}		
V_{DD_9}	S		V_{DD_9}		
PC6	I/O	FT	PC6	I2S2_MCK/TIM8_CH1/SDIO_D6	TIM3_CH1
PC7	I/O	FT	PC7	I2S3_MCK/TIM8_CH2/SDIO_D7	TIM3_CH2
PC8	I/O	FT	PC8	TIM8_CH3/SDIO_D0	TIM3_CH3
PC9	I/O	FT	PC9	TIM8_CH4/SDIO_D1	TIM3_CH4
PA8	I/O	FT	PA8	USART1_CK/TIM1_CH1/MCO	
PA9	I/O	FT	PA9	USART1_TX/TIM1_CH2	
PA10	I/O	FT	PA10	USART1_RX/TIM1_CH3	
PA11	I/O	FT	PA11	USART1_CTS/USBDM/CAN_RX/TIM1_CH4	
PA12	I/O	FT	PA12	USART1_RTS/USBDP/CAN_TX/TIM1_ETR	
PA13	I/O	FT	JTMS_SWDIO		PA13
V_{SS_2}	S		V_{SS_2}		
V_{DD_2}	S		V_{DD_2}		
PA14	I/O	FT	JTCK_SWCLK		PA14
PA15	I/O	FT	JTDI	SPI3_NSS/I2S3_WS	TIM2_CH1_ETR/PA15/SPI1_NSS
PC10	I/O	FT	PC10	UART4_TX/SDIO_D2	USART3_TX
PC11	I/O	FT	PC11	UART4_RX/SDIO_D3	USART3_RX

引　脚　名	类　型	I/O 电平	主功能（复位后）	复用功能	
				默认复用功能	重定义功能
PC12	I/O	FT	PC12	UART5_TX/SDIO_CK	USART3_CK
PD0	I/O	FT	OSC_IN	FSMC_D2	CAN_RX
PD1	I/O	FT	OSC_OUT	FSMC_D3	CAN_TX
PD2	I/O	FT	PD2	TIM3_ETR/UART5_RX/SDIO_CMD	
PD3	I/O	FT	PD3	FSMC_CLK	USART2_CTS
PD4	I/O	FT	PD4	FSMC_NOE	USART2_RTS
PD5	I/O	FT	PD5	FSMC_NWE	USART2_TX
V_{SS_10}	S		V_{SS_10}		
V_{DD_10}	S		V_{DD_10}		
PD6	I/O	FT	PD6	FSMC_NWAIT	USART2_RX
PD7	I/O	FT	PD7	FSMC_NE1/FSMC_NCE2	USART2_CK
PG9	I/O	FT	PG9	FSMC_NE2/FSMC_NCE3	
PG10	I/O	FT	PG10	FSMC_NCE4_1/FSMC_NE3	
PG11	I/O	FT	PG11	FSMC_NCE4_2	
PG12	I/O	FT	PG12	FSMC_NE4	
PG13	I/O	FT	PG13	FSMC_A24	
PG14	I/O	FT	PG14	FSMC_A25	
V_{SS_11}	S		V_{SS_11}		
V_{DD_11}	S		V_{DD_11}		
PG15	I/O	FT	PG15		
PB3	I/O	FT	JTDO	SPI3_SCK/I2S3_CK	PB3/TRACESWO/TIM2＿CH2/SPI1_SCK
PB4	I/O	FT	JNTRST	SPI3_MISO	PB4/TIM3_CH1/SPI1_MISO
PB5	I/O		PB5	I2C1_SMBA/SPI3_MOSI/I2S3_SD	TIM3＿CH2/SPI1_MOSI
PB6	I/O	FT	PB6	I2C1_SCL/TIM4_CH1	USARTI_TX
PB7	I/O	FT	PB7	I2C1_SDA/FSMC_NADV/TIM4_CH2	USART1_RX

续表

引　脚　名	类　型	I/O 电平	主功能 （复位后）	复　用　功　能	
				默认复用功能	重定义功能
BOOT0	I		BOOT0		
PB8	I/O	FT	PB8	TIM4_CH3/SDIO_D4	I2C1 _ SCL/CAN _RX
PB9	I/O	FT	PB9	TIM4_CH4/SDIO_D5	I2C1 _ SDA/CAN _TX
PE0	I/O	FT	PE0	TIM4_ETR/FSMC_NBL0	
PE1	I/O	FT	PE1	FSMC_NBL1	
V_{SS_3}	S		V_{SS_3}		
V_{DD_3}	S		V_{DD_3}		

附录 B

STM32F103 微控制器中容量产品引脚定义表（STM32F103x8/B）

引 脚 名	类型	I/O 电平	主功能（复位后）	复 用 功 能	
				默认复用功能	重定义功能
PE2	I/O	FT	PE2	TRACECK	
PE3	I/O	FT	PE3	TRACED0	
PE4	I/O	FT	PE4	TRACED1	
PE5	I/O	FT	PE5	TRACED2	
PE6	I/O	FT	PE6	TRACED3	
V_{BAT}	S		V_{BAT}		
PC13-TAMPER-RTC	I/O		PC13	TAMPER-RTC	
PC14-OSC32_IN	I/O		PC14	OSC32_IN	
PC15-OSC32_OUT	I/O		PC15	OSC32_OUT	
V_{SS_5}	S		V_{SS_5}		
V_{DD_5}	S		V_{DD_5}		
OSC_IN	I		OSC_IN		
OSC_OUT	O		OSC_OUT		
NRST	I/O		NRST		
PC0	I/O		PC0	ADC12_IN10	
PC1	I/O		PC1	ADC12_IN11	
PC2	I/O		PC2	ADC12_IN12	
PC3	I/O		PC3	ADC12_IN13	

续表

引 脚 名	类型	I/O 电平	主功能（复位后）	复用功能	
				默认复用功能	重定义功能
V_{SSA}	S		V_{SSA}		
V_{REF-}	S		V_{REF-}		
V_{REF+}	S		V_{REF+}		
V_{DDA}	S		V_{DDA}		
PA0-WKUP	I/O		PA0	WKUP/USART2 _ CTS/ADC12 _ IN0/TIM2 _ CH1 _ ETR	
PA1	I/O		PA1	USART2 _ RTS/ADC12 _ IN1/TIM2_CH2	
PA2	I/O		PA2	USART2 _ TX/ADC12 _ IN2/TIM2_CH3	
PA3	I/O		PA3	USART2 _ RX/ADC12 _ IN3/TIM2_CH4	
V_{SS_4}	S		V_{SS_4}		
V_{DD_4}	S		V_{DD_4}		
PA4	I/O		PA4	SPI1_NSS/USART2_CK/ADC12_IN4	
PA5	I/O		PA5	SPI1_SCK/ADC12_IN5	
PA6	I/O		PA6	SPI1_MISO/ADC12_IN6/TIM3_CH1	TIM1_BKIN
PA7	I/O		PA7	SPI1_MOSI/ADC12_IN7/TIM3_CH2	TIM1_CH1N
PC4	I/O		PC4	ADC12_IN14	
PC5	I/O		PC5	ADC12_IN15	
PB0	I/O		PB0	ADC12_IN8/TIM3_CH3	TIM1_CH2N
PB1	I/O		PB1	ADC12_IN9/TIM3_CH4	TIM1_CH3N
PB2	I/O	FT	PB2/BOOT1		
PE7	I/O	FT	PE7		TIM1_ETR
PE8	I/O	FT	PE8		TIM1_CH1N
PE9	I/O	FT	PE9		TIM1_CH1
PE10	I/O	FT	PE10		TIM1_CH2N
PE11	I/O	FT	PE11		TIM1_CH2
PE12	I/O	FT	PE12		TIM1_CH3N

引　脚　名	类型	I/O 电平	主功能（复位后）	复用功能	
				默认复用功能	重定义功能
PE13	I/O	FT	PE13		TIM1_CH3
PE14	I/O	FT	PE14		TIM1_CH4
PE15	I/O	FT	PE15		TIM1_BKIN
PB10	I/O	FT	PB10	I2C2_SCL/USART3_TX	TIM2_CH3
PB11	I/O	FT	PB11	I2C2_SDA/USART3_RX	TIM2_CH4
V_{SS_1}	S		V_{SS_1}		
V_{DD_1}	S		V_{DD_1}		
PB12	I/O	FT	PB12	SPI2_NSS/I2C2_SMBA1/USART3_CK/TIM1_BKIN	
PB13	I/O	FT	PB13	SPI2_SCK/USART3_CTS/TIM1_CH1N	
PB14	I/O	FT	PB14	SPI2 _ MISO/USART3 _ RTS/TIM1_CH2N	
PB15	I/O	FT	PB15	SPI2_MOSI/TIM1_CH3N	
PD8	I/O	FT	PD8		USART3_TX
PD9	I/O	FT	PD9		USART3_RX
PD10	I/O	FT	PD10		USART3_CK
PD11	I/O	FT	PD11		USART3_CTS
PD12	I/O	FT	PD12		TIM4_CH1/USART3_RTS
PD13	I/O	FT	PD13		TIM4_CH2
PD14	I/O	FT	PD14		TIM4_CH3
PD15	I/O	FT	PD15		TIM4_CH4
PC6	I/O	FT	PC6		TIM3_CH1
PC7	I/O	FT	PC7		TIM3_CH2
PC8	I/O	FT	PC8		TIM3_CH3
PC9	I/O	FT	PC9		TIM3_CH4
PA8	I/O	FT	PA8	USART1_CK/TIM1_CH1/MCO	
PA9	I/O	FT	PA9	USART1_TX/TIM1_CH2	

续表

引 脚 名	类型	I/O 电平	主功能（复位后）	复用功能	
				默认复用功能	重定义功能
PA10	I/O	FT	PA10	USART1_RX/TIM1_CH3	
PA11	I/O	FT	PA11	USART1_CTS/CANRX/USBDM/TIM1_CH4	
PA12	I/O	FT	PA12	USART1_RTS/CANTX/USBDP/TIM1_ETR	
PA13	I/O	FT	JTMS/SWDIO		PA13
V_{SS_2}	S		V_{SS_2}		
V_{DD_2}	S		V_{DD_2}		
PA14	I/O	FT	JTCK/SWCLK		PA14
PA15	I/O	FT	JTDI		TIM2_CH1_ETR/PA15/SPI1_NSS
PC10	I/O	FT	PC10		USART3_TX
PC11	I/O	FT	PC11		USART3_RX
PC12	I/O	FT	PC12		USART3_CK
PD0	I/O	FT	OSC_IN		CANRX
PD1	I/O	FT	OSC_OUT		CANTX
PD2	I/O	FT	PD2	TIM3_ETR	
PD3	I/O	FT	PD3		USART2_CTS
PD4	I/O	FT	PD4		USART2_RTS
PD5	I/O	FT	PD5		USART2_TX
PD6	I/O	FT	PD6		USART2_RX
PD7	I/O	FT	PD7		USART2_CK
PB3	I/O	FT	JTDO		TIM2_CH2/PB3/TRACESWO/SPI1_SCK
PB4	I/O	FT	JNTRST		TIM3_CH1/PB4/SPI1_MISO
PB5	I/O		PB5	I2C1_SMBA1	TIM3_CH2/SPI1_MOSI
PB6	I/O	FT	PB6	I2C1_SCL/TIM4_CH1	USART1_TX

引　脚　名	类型	I/O电平	主功能（复位后）	复用功能	
				默认复用功能	重定义功能
PB7	I/O	FT	PB7	I2C1_SDA/TIM4_CH2	USART1_RX
BOOT0	I		BOOT0		
PB8	I/O	FT	PB8	TIM4_CH3	I2C1_SCL/CANRX
PB9	I/O	FT	PB9	TIM4_CH4	I2C1_SDA/CANTX
PE0	I/O	FT	PE0	TIM4_ETR	
PE1	I/O	FT	PE1		
V_{SS_3}	S		V_{SS_3}		
V_{DD_3}	S		V_{DD_3}		

附录 C

STM32F103 微控制器小容量产品引脚
定义表(STM32F103x4/6)

引 脚 名	类型	I/O 电平	主功能 (复位后)	复 用 功 能 默认复用功能	重定义功能
V_{BAT}	S	—	V_{BAT}	—	—
PC13-TAMPER-RTC	I/O	—	PC13	TAMPER-RTC	—
PC14-OSC32_IN	I/O	—	PC14	OSC32_IN	—
PC15-OSC32_OUT	I/O	—	PC15	OSC32_OUT	—
OSC_IN	I	—	OSC_IN	—	PD0
OSC_OUT	O	—	OSC_OUT	—	PD1
NRST	I/O	—	NRST	—	—
PC0	I/O	—	PC0	ADC12_IN10	—
PC1	I/O	—	PC1	ADC12_IN11	—
PC2	I/O	—	PC2	ADC12_IN12	—
PC3	I/O	—	PC3	ADC12_IN13	—
V_{REF+}	S	—	V_{REF+}	—	—
V_{SSA}	S	—	V_{SSA}	—	—
V_{DDA}	S	—	V_{DDA}	—	—
PA0-WKUP	I/O	—	PA0	WKUP/USART2_CTS/ADC12_IN0/TIM2_CH1_ETR	—
PA1	I/O	—	PA1	USART2_RTS/ADC12_IN1/TIM2_CH2	—
PA2	I/O	—	PA2	USART2_TX/ADC12_IN2/TIM2_CH3	—

续表

引　脚　名	类型	I/O 电平	主功能（复位后）	复用功能	
				默认复用功能	重定义功能
PA3	I/O	—	PA3	USART2_RX/ADC12_IN3/TIM2_CH4	—
V_{SS_4}	S	—	V_{SS_4}	—	—
V_{DD_4}	S	—	V_{DD_4}	—	—
PA4	I/O	—	PA4	SPI1_NSS/USART2_CK/ADC12_IN4	—
PA5	I/O	—	PA5	SPI1_SCK/ADC12_IN5	—
PA6	I/O	—	PA6	SPI1_MISO/ADC12_IN6/TIM3_CH1	TIM1_BKIN
PA7	I/O	—	PA7	SPI1_MOSI/ADC12 _IN7/TIM3_CH2	TIM1_CH1N
PC4	I/O	—	PC4	ADC12_IN14	—
PC5	I/O	—	PC5	ADC12_IN15	—
PB0	I/O	—	PB0	ADC12_IN8/TIM3_CH3	TIM1_CH2N
PB1	I/O	—	PB1	ADC12_IN9/TIM3_CH4	TIM1_CH3N
PB2	I/O	FT	PB2/BOOT1	—	—
PB10	I/O	FT	PB10	—	TIM2_CH3
PB11	I/O	FT	PB11	—	TIM2_CH4
V_{SS_1}	S	—	V_{SS_1}	—	—
V_{DD_1}	S	—	V_{DD_1}	—	—
PB12	I/O	FT	PB12	TIM1_BKIN	—
PB13	I/O	FT	PB13	TIM1_CH1N	—
PB14	I/O	FT	PB14	TIM1_CH2N	—
PB15	I/O	FT	PB15	TIM1_CH3N	—
PC6	I/O	FT	PC6	—	TIM3_CH1
PC7	I/O	FT	PC7	—	TIM3_CH2
PC8	I/O	FT	PC8	—	TIM3_CH3
PC9	I/O	FT	PC9	—	TIM3_CH4
PA8	I/O	FT	PA8	USART1_CK/TIM1_CH1/MCO	—
PA9	I/O	FT	PA9	USART1_TX/TIM1_CH2	—
PA10	I/O	FT	PA10	USART1_RX/TIM1_CH3	—
PA11	I/O	FT	PA11	USART1_CTS/CAN_RX/TIM1_CH4/USBDM	—

续表

引 脚 名	类型	I/O 电平	主功能（复位后）	复用功能	
				默认复用功能	重定义功能
PA12	I/O	FT	PA12	USART1_RTS/CAN_TX/TIM1_ETR/USBDP	—
PA13	I/O	FT	JTMS/SWDIO		PA13
V_{SS_2}	S	—	V_{SS_2}	—	—
V_{DD_2}	S	—	V_{DD_2}	—	—
PA14	I/O	FT	JTCK/SWCLK	—	PA14
PA15	I/O	FT	JTDI	—	TIM2_CH1_ETR/PA15/SPI1_NSS/SPI1_NSS
PC10	I/O	FT	PC10	—	—
PC11	I/O	FT	PC11	—	—
PC12	I/O	FT	PC12	—	—
PD0	I/O	FT	PD0	—	—
PD1	I/O	FT	PD1	—	—
PD2	I/O	FT	PD2	TIM3_ETR	—
PB3	I/O	FT	JTDO	—	TIM2_CH2/PB3/TRACESWO/SPI1_SCK
PB4	I/O	FT	JNTRST	—	TIM3_CH1/PB4/SPI1_MISO
PB5	I/O	—	PB5	I2C1_SMBA	TIM3_CH2/SPI1_MOSI
PB6	I/O	FT	PB6	I2C1_SCL	USART1_TX
PB7	I/O	FT	PB7	I2C1_SDA	USART1_RX
BOOT0	I	—	BOOT0	—	—
PB8	I/O	FT	PB8	—	I2C1_SCL/CAN_RX
PB9	I/O	FT	PB9	—	I2C1_SDA/CAN_TX
V_{SS_3}	S	—	V_{SS_3}	—	—
V_{DD_3}	S	—	V_{DD_3}	—	—

附录 D

课程知识模块与思政映射

表 D-1　课程知识模块与思政映射

章节	知识点	思政映射	德育目标	典型案例
第1章	嵌入式操作系统类型	① 鼓励学生在学习和研究中发扬自主创新精神,勇敢面对挑战,追求卓越,为中国科技进步贡献自己的力量。②培养学生的社会责任感,使其意识到个人发展与国家命运息息相关,激发他们的爱国情怀和服务社会的热情	自主创新、责任担当	华为鸿蒙HarmonyOS
	嵌入式处理器华为麒麟和联发科天玑	展示技术进步的力量,传递积极应对挑战的价值观	自主创新、坚韧不拔	华为基于ARM架构自主研发的麒麟系列嵌入式处理器
	嵌入式处理器ARM	引导学生认识到,在全球化背景下,中国企业的成长既面临着机遇也伴随着挑战,而通过不懈的努力和持续的创新,可以克服重重障碍,实现科技自立自强的目标。这不仅是个人职业发展的需要,更是国家长远发展的要求	技术自信、国际视野	中兴通讯公司及其嵌入式处理器发展历程
第3章	Proteus仿真工程	①引导学生在学习和实践中追求卓越、注重细节的工匠精神,提升他们的专业素养和技术能力。②激发学生的社会责任感,使他们意识到个人成长与国家科技发展息息相关,增强服务社会的使命感	精益求精、责任担当	例3-1 跑马灯仿真
第4章	STM32F103的GPIO设计实例	通过按键控制与状态显示的设计,培养学生的逻辑思维能力和工程实践意识,同时强调严谨细致的工作态度和团队协作精神,映射出科技工作者在实际工程项目中追求精确、注重细节的职业素养和社会责任感	责任意识、创新精神	例4-27GPIO按键计数显示设计实例
第5章	中断的应用基础	①培养严谨求实的态度,确保每一个步骤都准确无误。②不同角色之间的有效沟通和协作是成功的关键	严谨求实、团队协作	例5-12 外部中断的按键计数和LED控制设计

续表

章节	知识点	思 政 映 射	德育目标	典型案例
第6章	定时器中断方式控制数码管和 LED 设计	强调时间管理和任务调度的重要性,教导学生在面对多项任务时,应合理规划时间和资源,以达到最佳的工作效率。通过实际操作,培养学生的耐心和细致,这对于解决复杂问题至关重要	高效自律、统筹协调能力	例 6-15 定时器中断方式控制数码管和 LED 设计
	定时器 PWM 输出控制 LED 设计	突出实践与理论相结合的价值观,鼓励学生勇于尝试新技术,并通过动手实验加深理解。说明即使是简单的电子组件,也能通过创新思维转化为有用的产品,从而激发学生的创造力和社会责任感	创新意识、社会责任感	例 6-16 定时器 PWM 输出控制 LED 设计
第7章	USART 中断方式接收和发送设计	理解技术应用背后的原理及其对社会的影响,鼓励学生在未来的职业生涯中秉持严谨的态度和高度的责任感,为社会贡献自己的力量。同时,通过动手操作,激发学生的创新精神和探索未知领域的勇气	工程责任意识、实践创新能力	例 7-12USART 中断方式接收和发送设计
第8章	查询方式的多通道 ADC 采集电压设计	鼓励学生通过实际操作来理解模拟信号到数字信号转换的过程,培养其解决复杂问题的能力。通过设置报警机制,体现工程师对于安全性和可靠性考量的重要性,有助于塑造学生的责任感与严谨的工作态度	工程责任意识、质量与安全意识	例 8-20 查询方式的多通道 ADC 采集电压设计
	中断方式的多通道 ADC 采集电压设计	引导学生认识到合理分配资源的价值。中断机制的应用教会学生如何优化系统性能,同时也强化团队协作意识,因为这类项目通常需要跨学科的合作才能完成	系统思维与资源意识、团队协作与集体担当	例 8-21 中断方式的多通道 ADC 采集电压设计
	ADC 利用 MQ135 传感器采集有害气体设计	引导学生关注环境保护和增强社会责任,通过技术手段解决现实中的环境污染问题,培养学生的社会责任感和环保意识,激发学生探索科技在改善生活质量方面的潜力,培养他们的创新精神	生态责任意识、绿色技术创新精神	例 8-22 ADC 利用 MQ135 传感器采集有害气体设计
第9章	基于 DHT11 的环境温湿度控制系统设计	强调科技在改善生活质量中的作用,引导学生利用所学知识解决实际问题,培养他们对于环境保护和节能减排的关注	工程实践意识、绿色生态理念	基于 DHT11 的环境温湿度控制实例
	基于 Wi-Fi 和 Gizwits 的环境无线监测系统设计	引导学生探索智能设备如何提升生活品质,同时强调数据安全和个人隐私保护的重要性	科技创新意识、信息安全与伦理责任	基于 Wi-Fi 和 Gizwits 的环境无线监测系统设计
	基于 Wi-Fi 和 MQTT 的水位监测报警系统设计	强调预防灾害的重要性和技术手段的应用,引导学生关注公共安全和社会责任	工程安全责任意识、服务社会的使命感	基于 Wi-Fi 和 MQTT 的水位监测报警系统设计
	基于光强度传感器 BH1750 和颜色传感器 TCS3472 的照明舒适度检测系统设计	引导学生对人性化设计和技术美学的理解,提高其服务社会的能力	人本设计理念、服务社会的人文精神	基于光强度传感器 BH1750 和颜色传感器 TCS3472 的照明舒适度检测系统设计

续表

章节	知识点	思政映射	德育目标	典型案例
第 9 章	基于 Wi-Fi 和加速度传感器 JY60 的乘客舒适度检测系统设计	引导学生思考公共交通中用户体验的重要性,促进对服务质量提升的重视	服务人民意识、精益求精的质量观	基于 Wi-Fi 和加速度传感器 JY60 的乘客舒适度检测系统设计
	基于热成像传感器 MLX90640 的热成像测温系统设计	提升学生的公共卫生安全意识,同时强调技术创新在应对突发事件中的关键作用	公共健康责任意识、快速响应与科技担当精神	基于热成像传感器 MLX90640 的热成像测温系统设计
	基于蓝牙模块 JDY-31 和闪电传感器 SEN0290 的静电检测系统设计	帮助学生认识静电危害,以及采取有效措施预防事故的发生,强化安全第一的理念	工程安全责任意识、风险防控与底线思维	基于蓝牙模块 JDY-31 和闪电传感器 SEN0290 的静电检测系统设计
	基于蓝牙模块 HC-05 和土壤湿度传感器 YL-69 的盆栽灌溉系统设计	引导学生对可持续农业和资源高效利用的认识,激发他们对绿色生活的追求	绿色发展意识、生态保护责任感	基于蓝牙模块 HC-05 和土壤湿度传感器 YL-69 的盆栽灌溉系统设计
	基于 UWB 和 DWM1000 的定位系统设计	引导学生关注高精度定位技术在精确导航和位置跟踪中的应用,提升他们的创新思维和技术能力	科技创新意识、前沿探索精神	基于 UWB 和 DWM1000 的定位系统设计
	基于蓝牙模块 JDY-31 和超声波传感器 HC-SR04 的站台门监测系统设计	强调城市交通设施安全性的重要性,引导学生对公共设施维护的责任感	责任意识与服务精神	基于蓝牙模块 JDY-31 和超声波传感器 HC-SR04 的站台门监测系统设计
	基于 DS18B20 和 PWM 的温度控制系统设计	帮助学生理解环境控制技术的基础原理及其在农业生产中的重要性,增强他们支持现代农业发展的意识	环保意识、责任担当	基于 DS18B20 和 PWM 的温度控制系统设计

参 考 文 献

[1] 杨振江. 基于 STM32ARM 处理器的编程技术[M]. 西安：西安电子科技大学出版社，2020.

[2] 王益涵，孙宪坤，史志才. 嵌入式系统原理及应用——基于 ARM Cortex-M3 内核的 STM32F103 系列微控制器[M]. 北京：清华大学出版社，2016.

[3] 符强. 嵌入式实验及实践教程——基于 STM32 与 Proteus[M]. 西安：西安电子科技大学出版社，2022.

[4] 游国栋. STM32 微控制器原理及应用[M]. 西安：西安电子科技大学出版社，2020.

图 书 资 源 支 持

感谢您一直以来对清华版图书的支持和爱护。为了配合本书的使用,本书提供配套的资源,有需求的读者请扫描下方的"书圈"微信公众号二维码,在图书专区下载,也可以拨打电话或发送电子邮件咨询。

如果您在使用本书的过程中遇到了什么问题,或者有相关图书出版计划,也请您发邮件告诉我们,以便我们更好地为您服务。

我们的联系方式:

清华大学出版社计算机与信息分社网站: https://www.shuimushuhui.com/

地　　址: 北京市海淀区双清路学研大厦 A 座 714

邮　　编: 100084

电　　话: 010-83470236　010-83470237

客服邮箱: 2301891038@qq.com

QQ: 2301891038(请写明您的单位和姓名)

资源下载: 关注公众号"书圈"下载配套资源。

资源下载、样书申请

图书案例

书圈

清华计算机学堂

观看课程直播